TRAINING

Realschule

Mathematik 6. Klasse

Dirk Müller

STARK

Autor: Dirk Müller
Seit seinem Staatsexamen 1999 unterrichtete Dirk Müller an den Realschulen in Schöllnach und Burgkunstadt die Fächer Mathematik und Physik. Derzeit erfüllt der Autor seinen Lehrauftrag in diesen Fächern an der staatlichen Realschule in Unterschleißheim.

Bildnachweis
Umschlag: © Can Stock Photo / HandmadePictures
Illustrationen: © David Fuchs, Berlin: S. 3, 18, 32, 39, 48, 50, 52, 53, 56, 60, 76, 99, 139, 176, 197, 201, 232
S. 1: © David Hernandez / Dreamstime.com
S. 4: © Paavo Leinonen / www.sxc.hu
S. 8: © Jan Martin Will / Dreamstime.com
S. 14: © Claudia Martinéz / Dreamstime.com
S. 20: © Robert Eckart / Photocase.com
S. 26: © Anton Funzel / www.pixelquelle.de
S. 27: © Tommounsey / Dreamstime.com
S. 29: © Shahinkia / Dreamstime.com (Hygrometer)
© Helmut Nikla / Fotolia.com (Verkehrsschild)
S. 36: © Arkos Arkoulis / Dreamstime.com
S. 44: © 2007 Walter Myers
S. 51: © NASA
S. 61: © Klaus Rainer Krieger / Dreamstime.com (Kleeblatt vierblättrig)
© Sarah Williams / www.sxc.hu (Kleeblatt dreiblättrig)
© Natalia Volodko / Dreamstime.com (Sternzeichen)
S. 69: © Denis Tabler / Fotolia.com
S. 74: © Tihis / Dreamstime.com
S. 77: © www.vierdrie.nl / jean scheijen / www.sxc.hu
S. 136: © Birgit Reitz-Hofmann / Dreamstime.com (Gießkanne),
© AGITA LEIMANE / Fotolia.com (Wanne),
© Fons Reijsbergen – sxc.hu (Patronen),
© www.pachd.com (Teekanne),
© oelheld GmbH, lizenziert unter CC BY-SA 3.0 DE (Fass)
S. 147: © Renato Maguire / www.sxc.hu
S. 150: © Ove Tøpfer / www.sxc.hu
S. 153: © Cameron Pashak / Dreamstime.com
S. 162: © DeVIce / Fotolia.com
Redaktion: S. 9, 41, 71, 82, 91, 107, 132, 133, 136 (Meßbecher)

1. Auflage 2018

Inhalt

Vorwort an die Schüler*innen
Vorwort an die Eltern

Rationale Zahlen – Brüche, Dezimalzahlen, Prozente **1**
1 Brüche 1
1.1 Der Bruchbegriff – Bruchteile 1
1.2 Bruchteile von Größen 4
1.3 Bestimmung des Ganzen 7
1.4 Brüche als Quotienten 9
1.5 Umwandeln eines unechten Bruchs in einen gemischten Bruch 10
1.6 Umwandeln eines gemischten Bruchs in einen unechten Bruch 11
1.7 Darstellung an der Zahlenhalbgeraden 12
1.8 Erweitern und Kürzen 14
2 Dezimalzahlen 19
2.1 Dezimalschreibweise von Brüchen 19
2.2 Umwandeln von Dezimalzahlen in gemeine Brüche 20
2.3 Umwandeln von Brüchen in Dezimalzahlen 21
2.4 Arten von Dezimalzahlen 24
2.5 Runden 26
3 Prozente 29
4 Die Menge $\mathbb{Q}$ der rationalen Zahlen 33
4.1 Vergleichen und Ordnen von Brüchen 34
4.2 Vergleichen und Ordnen von Dezimalzahlen 40
4.3 Vergleichen und Ordnen von rationalen Zahlen 42

Rechnen mit rationalen Zahlen **44**
1 Rechnen mit Brüchen 44
1.1 Addition und Subtraktion gleichnamiger Brüche 44
1.2 Addition und Subtraktion ungleichnamiger Brüche 50
1.3 Multiplikation eines Bruchs mit einer rationalen Zahl 55
1.4 Multiplikation von Brüchen 57
1.5 Division von Brüchen 59
1.6 Rechengesetze und Regeln im Umgang mit Brüchen 63
2 Rechnen mit Dezimalzahlen 71
2.1 Addition und Subtraktion von Dezimalzahlen 71
2.2 Multiplikation und Division von Dezimalzahlen 74
2.3 Rechnen mit Größen 81

(Fortsetzung nächste Seite)

3 Rechnen mit rationalen Zahlen 84

Terme und Gleichungen **87**
1 Terme, Wertetabellen und äquivalente Terme 87
1.1 Terme und Wertetabellen 87
1.2 Aufstellen von Termen 90
1.3 Äquivalente Terme 93
2 Lösen von Gleichungen 94
2.1 Vorkenntnisse – Aussage, Aussageform, Grund- und Lösungsmenge 94
2.2 Einfache Äquivalenzumformungen 95
2.3 Aufstellen von Gleichungen 100
2.4 Lösungsstrategien – Probieren und Rückwärtsrechnen 103

Achsenspiegelung und Symmetrie **105**
1 Eigenschaften von Ur- und Bildfigur 105
2 Konstruktion von Bildpunkten 107
3 Fundamentalsätze 110
4 Fundamentalkonstruktionen – Senkrechte, Mittelsenkrechte, Lot und Winkelhalbierende 112
5 Übersicht: Eigenschaften achsensymmetrischer Dreiecke und Vierecke ... 118

Flächeninhalt ebener Figuren **120**
1 Vergleich von Figuren 120
2 Der Flächeninhalt des Parallelogramms 121
3 Der Flächeninhalt des Dreiecks 123
4 Der Flächeninhalt des Trapezes 125
5 Der Flächeninhalt des Drachenvierecks 126
6 Der Flächeninhalt eines Vielecks 128
7 Der Oberflächeninhalt von Quader und Würfel 131

Rauminhalte **134**
1 Raumeinheiten und Hohlmaße 134
2 Volumen von Quader und Würfel 137
3 Volumen von zusammengesetzten Körpern und Restkörpern 140

Direkte Proportionalität und Prozentrechnung **143**
1 Zuordnungen und Graphen 143
2 Direkte Proportionalität 147
2.1 Kennzeichen und grafische Darstellung 147
2.2 Berechnung fehlender Werte bei direkt proportionalen Zuordnungen 151

3 Prozentrechnung 154
3.1 Grundwert, Prozentwert, Prozentsatz 154
3.2 Berechnung des Prozentwerts 154
3.3 Berechnung des Grundwerts 157
3.4 Berechnung des Prozentsatzes 159

Lösungen **163**

Autor: Dirk Müller

Vorwort an die Schüler*innen

Liebe Schülerin, lieber Schüler,

du kannst mit diesem Buch den gesamten Lehrstoff der 6. Jahrgangsstufe trainieren und dein Wissen festigen.

Das Buch ist folgendermaßen aufgebaut:
- Jedes neue Thema beginnt mit einer **kurzen Einleitung**, die dich zur Durcharbeitung des Folgenden motivieren soll.
- In den **Merkkästen** wird der Stoff leicht verständlich erklärt.
- **Beispiele** erläutern und veranschaulichen den Inhalt.
- Es folgt eine Auswahl an abwechslungsreichen **Aufgaben**.
- Zu jeder Aufgabe gibt es ausführlich vorgerechnete **Lösungen** am Ende des Buches.

Arbeite mit dem Buch am besten wie folgt:
- Suche dir das Kapitel, das du bearbeiten willst.
- Löse ein paar Aufgaben und überprüfe die Lösungen.
- Wenn du die Aufgaben korrekt gelöst hast, bearbeite die übrigen Aufgaben des Kapitels, um zu sehen, ob du bereits den gesamten Stoff beherrschst.
- Kannst du eine Aufgabe nicht auf Anhieb lösen, arbeite zunächst die Merkkästen und Beispiele genau durch und setze dich dann erneut an die Aufgabe.
- Gelingt dir die Lösung der Aufgabe trotzdem nicht, markiere die Aufgabe und lies dir die Lösung hinten im Buch durch. Probiere nach einigen Tagen erneut, die Aufgabe zu lösen. Wenn dir das gelingt, kannst du sicher sein, sie verstanden zu haben.

Bei der Arbeit mit dem Buch wünsche ich dir Freude und viele Erfolgserlebnisse.

Dirk Müller

Vorwort an die Eltern

Liebe Eltern,

ich freue mich, dass Sie Ihr Kind auf dem Weg durch die Realschule unterstützen, und wünsche Ihnen dabei viel Erfolg.

Das Buch enthält das gesamte **Grundwissen** der 6. Jahrgangsstufe in prägnanter und schülergerechter Form und ist somit eine optimale Ergänzung zum Unterricht:

- Mithilfe von eingängigen Beispielen und abwechslungsreichen Aufgaben kann Ihr Kind den gesamten **Schulstoff nacharbeiten und festigen**.
- Bestehende **Lücken** können leicht **beseitigt** werden, indem das entsprechende Kapitel bearbeitet wird und die zugehörigen Aufgaben gerechnet werden.
- Ihr Kind kann sich mit dem Buch ideal **auf Klassenarbeiten vorbereiten** oder am Ende des Schuljahres den **gesamten Stoff wiederholen**.

Bitte berücksichtigen Sie folgende **Vorgehensweise** beim Einsatz des Buches:

- Ihr Kind sollte die Aufgaben selbstständig lösen, ohne den Lösungsteil zu benutzen – dieser dient nur der Überprüfung.
- Gelingt das Lösen der Aufgabe nicht, hilft es, wenn Ihr Kind zunächst das Grundwissen und die einschlägigen Beispiele durcharbeitet und sich anschließend erneut mit der Aufgabe befasst.
- Erscheint die Aufgabe dennoch im Moment zu schwierig, sollte Ihr Kind die Aufgabe markieren, sie mithilfe des Lösungsteils bearbeiten und nach einer gewissen Zeit die Aufgabe noch einmal selbst lösen.

Ich wünsche Ihrem Kind viel Freude bei der Arbeit mit dem Buch und anhaltenden Erfolg in der Schule.

Dirk Müller

Rationale Zahlen – Brüche, Dezimalzahlen, Prozente

1 Brüche

1.1 Der Bruchbegriff – Bruchteile

Brüche gibt es überall.
Schneidet man ein Brot in der Mitte auseinander, so erhält man zwei gleich große Hälften. Wie oft musst du diese Hälften noch halbieren um 8 Achtel zu erhalten?

Brüche und Bruchzahlen kann man sich besonders gut vorstellen, wenn man eine Menge oder eine Fläche in gleich große Teile zerlegt.

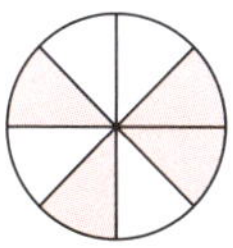

Die rot schraffierte Fläche entspricht $\frac{4}{8}$ der Gesamtfläche.

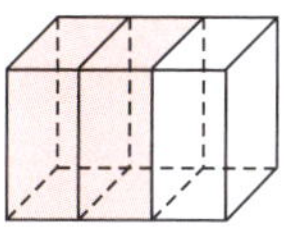

Die rot schraffierte Fläche entspricht $\frac{2}{3}$ des Gesamtkörpers.

$\frac{3}{4}$ → Zähler, → Bruchstrich, → Nenner   gesprochen: „drei Viertel"

- Der **Nenner** steht unterhalb des Bruchstrichs und gibt an, in wie viele gleiche Teile geteilt wird.
- Der **Zähler** steht oberhalb des Bruchstrichs und gibt an, wie viele dieser Teile gebraucht werden.
- Der **Bruchstrich** trennt Zähler und Nenner.

Allgemein gilt:
Die Menge aller Zahlen der Form $\frac{a}{b}$, mit $a \in \mathbb{N}_0$ und $b \in \mathbb{N}$ heißt **Menge der positiven rationalen Zahlen**. In Zeichen: $\mathbb{Q}_0^+$

Beispiel

Welcher Bruchteil ist gefärbt?
Wie groß ist der Rest?

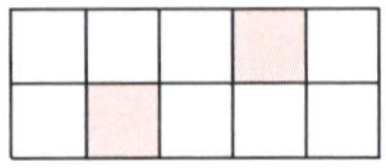

Lösung:

Gefärbt: $\frac{2}{10}$

Rest: $\frac{8}{10}$

Anzahl aller Kästchen in den Nenner.
Anzahl der gefärbten Kästchen in den Zähler.
Es sind 10 Kästchen. In den Nenner wird daher 10 geschrieben. 2 Kästchen sind gefärbt. In den Zähler wird also 2 geschrieben.

1 Welcher Bruchteil wird durch die gefärbte Fläche dargestellt?
Wie groß ist der Rest?

a) 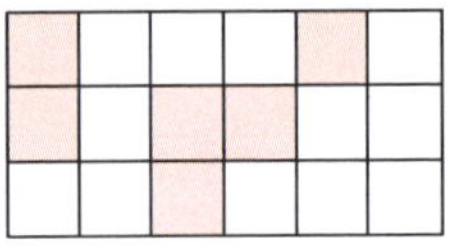

b) 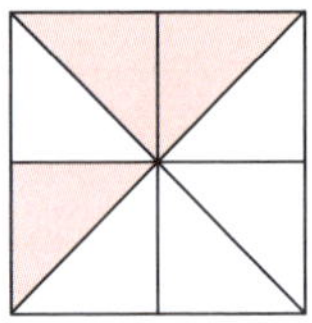

c) 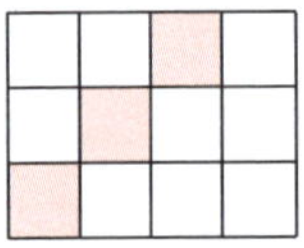

d) 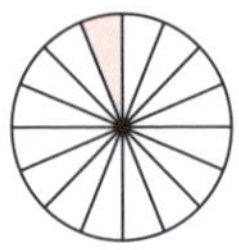

e) 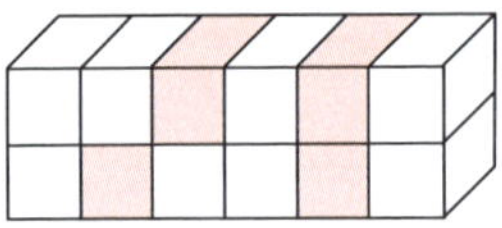

f) 

2 Wie viele Halbe, Drittel, Achtel oder Vierzigstel ergeben ein Ganzes?

3 Welcher Bruchteil des Stabes ist abgebrochen?

a) 

b) 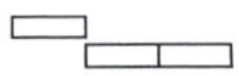

c) 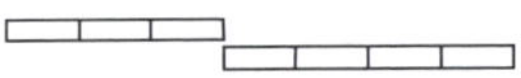

d) 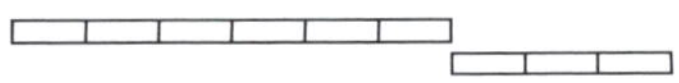

4 Färbe den angegebenen Bruchteil der Fläche mit dem Bleistift.

a) $\frac{4}{10}$ 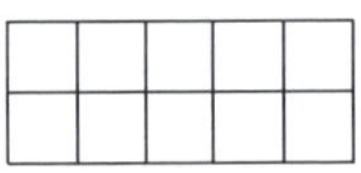

b) $\frac{5}{9}$ 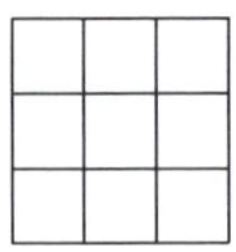

c) $\frac{3}{4}$ 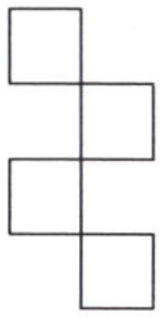

d) $\frac{5}{7}$ 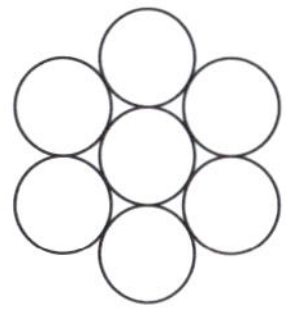

5 Zeichne jeweils ein geeignetes Rechteck und färbe die Bruchteile ein.

a) $\frac{4}{6}$

b) $\frac{3}{12}$

c) $\frac{12}{15}$

d) $\frac{5}{8}$

6 Hanna kauft Überraschungseier.

a) Gib ein Überraschungsei als Bruchteil des Ganzen an.

b) Welcher Bruchteil der Überraschungseier ist bereits verkauft?

c) Welcher Bruchteil ist noch übrig?

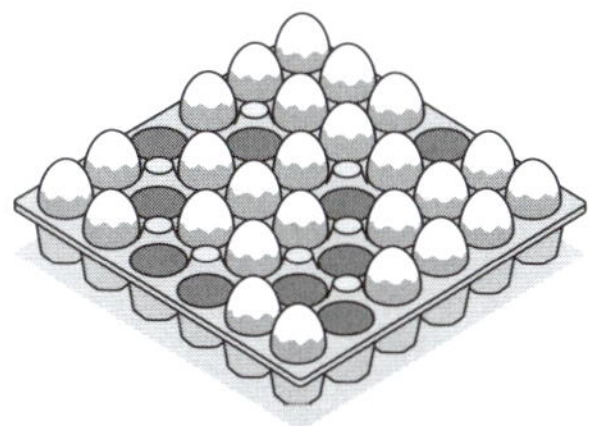

7 Bei einem Sturm wurden einige Dachschindeln eines Hausdaches beschädigt und müssen ausgetauscht werden.

a) Welcher Bruchteil des Daches muss repariert werden?

b) Welcher Bruchteil des Daches blieb beim Sturm unbeschadet?

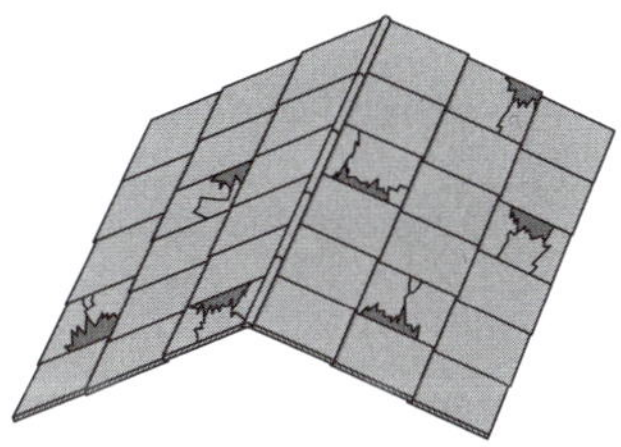

8 In einem Park sollen Blumenbeete angelegt werden. Damit eine exakte Fläche bepflanzt werden kann, umspannt der Gärtner einen Teil der neun Holzpfosten mit cinem Strick.
Welcher Bruchteil der Fläche wird jeweils bepflanzt?

a) 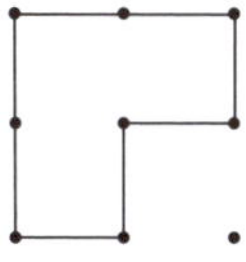

b) 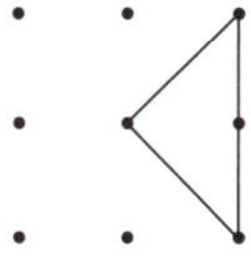

c) 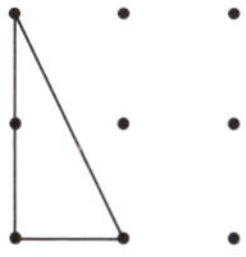

d) 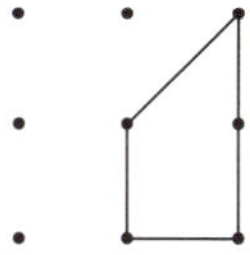

1.2 Bruchteile von Größen

Bisher wurden hauptsächlich Bruchteile von geometrischen Figuren betrachtet. Bruchteile von Größen und Einheiten sind aber natürlich auch möglich.
Wie viel Euro sind $\frac{2}{5}$ von 100 €? Wie viele Minuten sind $\frac{6}{10}$ von einer Stunde?

> Man kann mit einem **Bruch** $\frac{a}{b}$ den Anteil an einer beliebigen **Größe n (kg, min, €, …)** angeben. Dabei **dividiert** man die **Maßzahl n** der Größe durch den **Nenner b** des Bruchs und **multipliziert** anschließend das Ergebnis mit dem **Zähler a** des Bruchs.
> Die **Maßeinheit** wird beibehalten.

Beispiele

1. Wie viel Euro sind $\frac{2}{5}$ von 100 €?

Lösung:

$100\text{ €} : 5 = 20\text{ €}$

$20\text{ €} \cdot 2 = 40\text{ €}$

$\frac{2}{5}$ von 100 € sind somit 40 €.

100 ist die Maßzahl, der Nenner ist 5, der Zähler beträgt 2.
Teile die 100 € in 5 gleiche Teile.
Multipliziere dann mit 2.

2. Wie viele Minuten sind $\frac{6}{10}$ von 1 h?

Lösung:

$1\text{ h} = 60\text{ min}$ — Rechne in Minuten um.

$60\text{ min} : 10 = 6\text{ min}$ — Teile in 10 gleiche Teile.

$6\text{ min} \cdot 6 = 36\text{ min}$ — Multipliziere dann mit 6.

$\frac{6}{10}$ von einer Stunde sind also 36 min.

3. Ein 350 cm langes Verkehrsschild ragt zu $\frac{4}{5}$ aus dem Boden.
Wie tief wurde es im Boden eingegraben?

Lösung:

$\frac{4}{5}$ von 350 cm

$350\text{ cm} : 5 = 70\text{ cm}$

$70\text{ cm} \cdot 4 = 280\text{ cm}$

$350\text{ cm} - 280\text{ cm} = 70\text{ cm}$

Das Verkehrsschild wurde 70 cm tief eingegraben.

Zur Erinnerung: **Die wichtigsten Einheitsumrechnungen**

Länge: 1 m = 100 cm = 1 000 mm

Volumen: 1 ℓ = 1 dm^3
1 m^3 = 1 000 dm^3

Zeit: 1 h = 60 min = 3 600 s
1 d = 24 h
1 a = 365 d

Masse: 1 kg = 1 000 g = 1 000 000 mg

Fläche: 1 ha = 10 000 m^2
1 m^2 = 10 000 cm^2

9 Berechne die Bruchteile.

… von	24 kg	288 ha	96 €
$\frac{1}{2}$			
$\frac{8}{12}$			
$\frac{2}{3}$			
$\frac{5}{8}$			
$\frac{3}{4}$			

10 Wandle zuerst in die nächstkleinere Einheit um und berechne dann.

a) $\frac{2}{8}$ von 32 €

b) $\frac{7}{11}$ von 55 h

c) $\frac{2}{3}$ von 150 ℓ

d) $\frac{4}{5}$ von 3,55 t

e) $\frac{3}{16}$ von 64 a

f) $\frac{3}{7}$ von 21 m^2

11 Berechne den gefärbten Bruchteil der Flächen in m^2 und den der Körper in m^3. Gib den Rest an.

a) 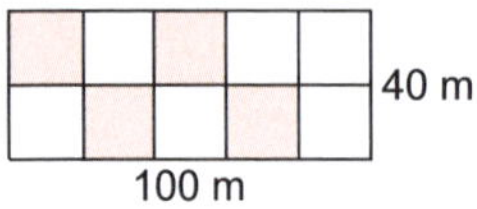

b) 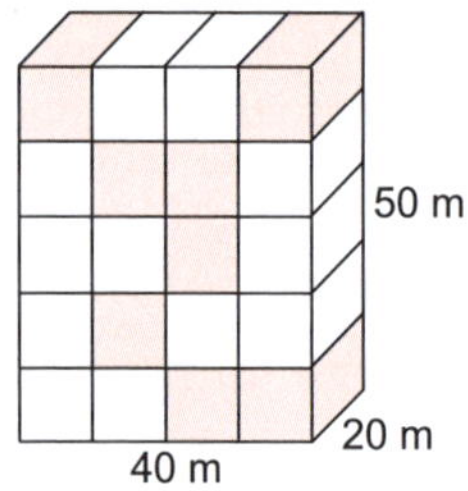

c) 

d) 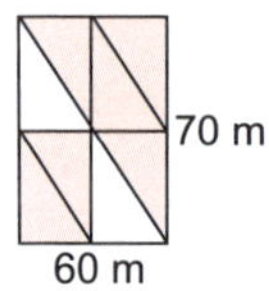

12 In seiner Schultüte findet Luis einen Riesenlutscher mit einem Durchmesser von 12 cm. Nach einer Stunde Lutschen ist der Durchmesser auf $\frac{3}{4}$ der ursprünglichen Größe geschrumpft. Welchen Durchmesser hat der Lutscher jetzt?

13 Ein Heimwerker muss eine 224 cm lange Tischplatte um $\frac{2}{8}$ ihrer Länge kürzen. Wie lang ist die gekürzte Tischplatte?

14 Als Anne Ende August im 21 °C warmen Walchensee schwimmen geht, stellt sie fest: „Anfang Mai war der See noch um ein Siebtel kälter.“
Welche Temperatur hatte der See im Mai?

15 Die Medienanstalt wertet täglich die Einschaltquoten der Fernsehsender aus. Für die Zeit, während der die Fußballnationalmannschaft spielte, ergaben sich folgende Zahlen:
Insgesamt haben in diesem Zeitraum 25,8 Mio. Menschen eingeschaltet. Den Sender 1, auf dem das Fußballspiel lief, schalteten $\frac{4}{6}$ der Menschen ein, den Sender 2 schalteten $\frac{2}{10}$ ein.
Wie viele Zuschauer verteilten sich auf die restlichen Sender?

16 In einer Alpenregion waren letztes Jahr 4 200 Bergfreunde unterwegs. Davon waren $\frac{2}{7}$ Mountainbiker, $\frac{2}{4}$ Bergtourengeher und $\frac{6}{28}$ Kletterer.
Wie viele Mountainbiker, Bergtourengeher und Kletterer sind es gewesen?

17 Bademeister Ralf überlegt, wie viele Motorboote auf dem Starnberger See zugelassen wären, wenn von den 900 Booten ein Drittel Motorboote wären und deren Anzahl verdoppelt würde?

1.3 Bestimmung des Ganzen

Ein Bruch wie $\frac{3}{4}$ beschreibt den Anteil von einem Ganzen, z. B. $\frac{3}{4}$ von einer Stunde bzw. 60 min.

Der Nenner 4 gibt an, dass das Ganze 4 Teile hat. Der Zähler 3 gibt an, dass der Anteil 3 Teile der insgesamt 4 Teile umfasst.

Vom Ganzen zum Bruchteil gelangt man also, indem man das Ganze durch 4 teilt und dann mit 3 multipliziert.

Statt wie bisher vom Ganzen auf den Bruchteil einer Größe zu schließen, kann man auch den umgekehrten Weg gehen und **vom Bruchteil einer Größe auf das Ganze schließen**.

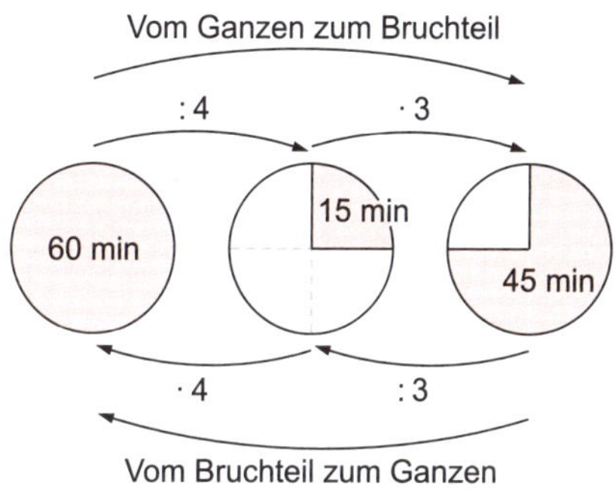

Man kann von einem **Bruch** $\frac{a}{b}$ und dem zugehörigen Anteil auf das Ganze einer beliebigen **Größe (kg, min, €, ...)** schließen. Dabei **dividiert** man die **Maßzahl** des Anteils durch den **Zähler a** des Bruchs und **multipliziert** anschließend das Ergebnis mit dem **Nenner b** des Bruchs.
Die **Maßeinheit** wird beibehalten.

eispiele

1. 45 min entsprechen $\frac{3}{4}$ der Fahrtzeit. Wie lange dauert die Fahrt insgesamt?

Lösung:

45 min : 3 = 15 min
15 min · 4 = 60 min = 1 h
Die gesamte Fahrtzeit beträgt 1 Stunde.

45 ist die Maßzahl, der Zähler des Bruchs ist 3, der Nenner ist 4.
Bei der Division durch 3 erhältst du $\frac{1}{4}$ der Fahrzeit. Bei der Multiplikation mit 4 erhältst du $\frac{4}{4}$, also die gesamte Fahrzeit.

2. 40 € entsprechen $\frac{2}{5}$ des Gesamtbetrags. Wie hoch ist der Gesamtbetrag?

Lösung:

40 € : 2 = 20 €
20 € · 5 = 100 €
Der Gesamtbetrag beläuft sich auf 100 €.

40 ist die Maßzahl, der Zähler ist 2, der Nenner beträgt 5.
Bei der Division durch 2 erhältst du $\frac{1}{5}$ des Gesamtbetrags. Bei der Multiplikation mit 5 erhältst du $\frac{5}{5}$, also den Gesamtbetrag.

18 Die Masse der verbliebenen Kuchenstücke ist angegeben.
Wie schwer war der ganze Kuchen?

a) 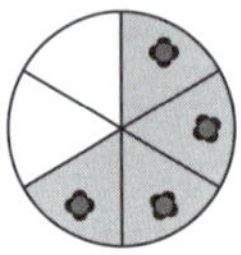
600 g

b) 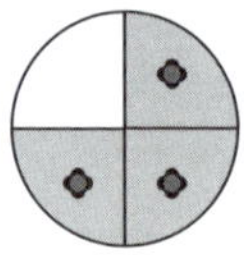
720 g

c) 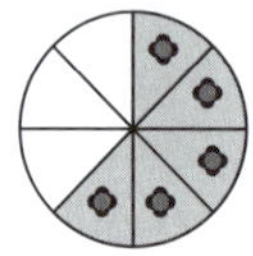
880 g

d) 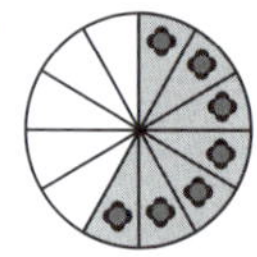
1 435 g

19 Ergänze die folgenden Schemas.

a) 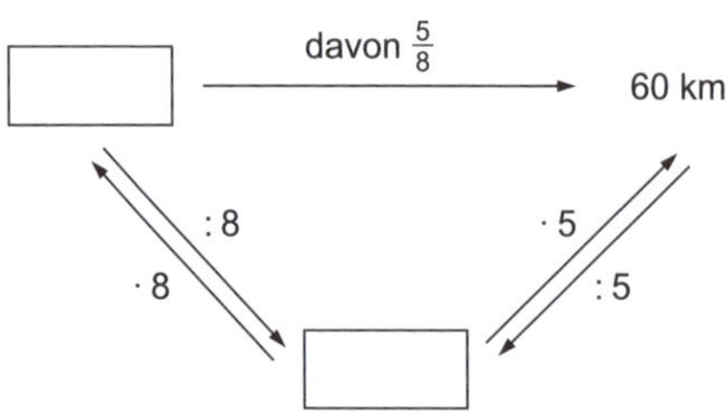

b) 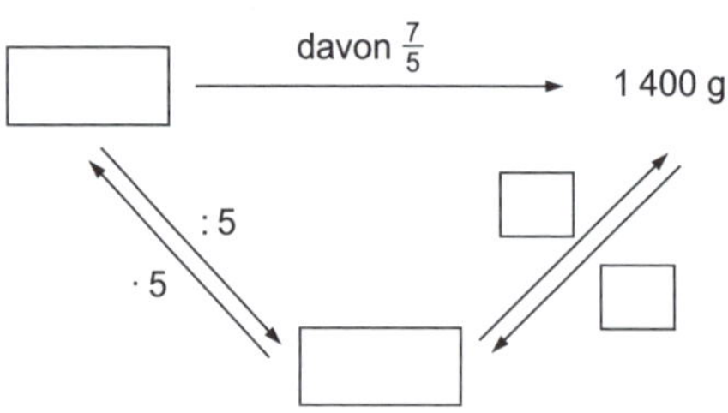

20 Eisberge sind größer als der Teil, der aus dem Wasser ragt. Von einem Eisberg befinden sich immer $\frac{9}{10}$ unter Wasser.

Welche Masse hat ein Eisberg, wenn der Teil unter Wasser 180 000 t wiegt?

1.4 Brüche als Quotienten

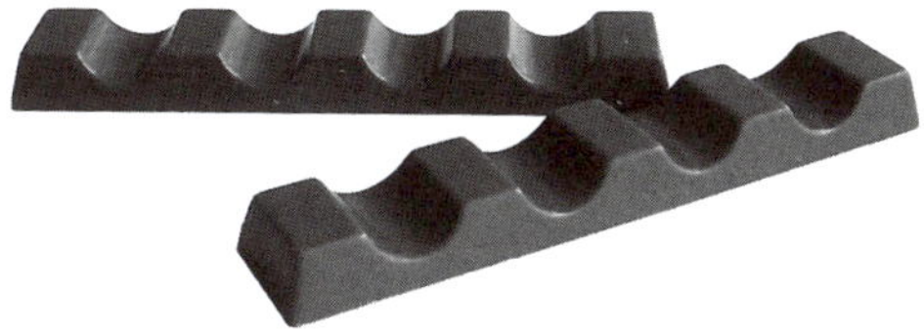

Wie lassen sich 2 Schokoriegel gerecht unter 3 Kindern aufteilen?

Man kann einen Bruch auch als **Quotient** zweier natürlicher Zahlen auffassen.
Somit ist der Bruchstrich mit dem **Divisionszeichen** gleichzusetzen: $\frac{a}{b} = a : b$

Beispiele

1. Welche Brüche sind hier gemeint?

a) $4 : 5 = \frac{4}{5}$

Der Doppelpunkt kann als Bruchstrich geschrieben werden.

b) $7 : 3 = \frac{7}{3}$

2. Schreibe ohne Bruchstrich und berechne, wenn möglich.

a) $\frac{3}{7} = 3 : 7$

Der Bruchstrich kann als Geteilt-durch-Zeichen geschrieben werden.

b) $\frac{8}{4} = 8 : 4 = 2$

Hier kann man den Quotienten vereinfachen und ausrechnen.

21 3 Tafeln Schokolade werden gerecht auf 4 Kinder verteilt.
Welchen Anteil bekommt jedes Kind?

22 Schreibe die Brüche ohne Bruchstrich und berechne, wenn möglich.
Male die 6 Sterne aus, die sich als natürliche Zahl schreiben lassen.
Ihre Summe ergibt die Zahl 38.

1.5 Umwandeln eines unechten Bruchs in einen gemischten Bruch

Man unterscheidet zwei Arten von Brüchen:

> Wenn $a < b$ ist, heißt $\frac{a}{b}$ **echter Bruch**.
>
> Wenn $a > b$ ist, heißt $\frac{a}{b}$ **unechter Bruch**.

Beispiele

Echter Bruch:

$\frac{3}{5}$; $\frac{13}{20}$; $\frac{124}{200}$

Der Zähler ist hier stets kleiner als der Nenner.

Unechter Bruch:

$\frac{5}{3}$; $\frac{17}{4}$; $\frac{56}{20}$

Der Zähler ist hier stets größer als der Nenner.

Ein unechter Bruch, der sich nicht als natürliche Zahl schreiben lässt, kann auch als gemischter Bruch geschrieben werden.

> **Gemischte Brüche** bestehen aus einer natürlichen Zahl und einem Bruch. Die natürliche Zahl gibt die Anzahl der Ganzen an, die in dem Bruch enthalten sind. Der Bruch gibt den Rest an. Die gemischte Schreibweise gibt es nur bei unechten Brüchen.

Beispiele

$$1\frac{2}{3} = 1 + \frac{2}{3}$$

$$4\frac{1}{4} = 4 + \frac{1}{4}$$

Um einen unechten Bruch wie $\frac{16}{3}$ in einen gemischten Bruch umzuwandeln, geht man wie in folgendem Beispiel vor:

Beispiel

$$\frac{16}{3} = 5\frac{1}{3}, \text{ denn } 16 : 3 = 5 \text{ Rest } 1$$

Man schreibt den Bruch als Quotienten.
$16 : 3 = 5$ Rest 1

5 ist die gesuchte natürliche Zahl und 1 wird der Zähler des gesuchten Bruchs. Der Nenner 3 wird beibehalten.

Sprechweise: „5 Ganze, ein Drittel“

23 Gib als gemischten Bruch an.

a) $\frac{7}{3}$ b) $\frac{12}{5}$

c) $\frac{23}{4}$ d) $\frac{17}{3}$

e) $60:9$ f) $34:8$

g) $\frac{11}{2}$ h) $19:7$

i) $9:4$ j) $45:6$

1.6 Umwandeln eines gemischten Bruchs in einen unechten Bruch

Um eine Aufgabe besser lösen zu können, muss ein **gemischter Bruch** wie $3\frac{4}{5}$ häufig in einen unechten Bruch umgewandelt werden. Dabei gehst du am besten wie in folgendem Beispiel vor:

Beispiel Wandle $3\frac{4}{5}$ in einen unechten Bruch um.

Lösung:

$3\frac{4}{5} = 3 + \frac{4}{5}$ Schreibe den gemischten Bruch als Summe aus den Ganzen und dem echten Bruch.

$= \frac{15}{5} + \frac{4}{5}$ Schreibe die Ganzen als Bruch mit dem Nenner des echten Bruchs.

$= 15:5 + 4:5$ Schreibe die Brüche als Quotienten.

$= (15+4):5$ Klammere aus.

$= 19:5$ Berechne.

$= \frac{19}{5}$ Schreibe als Bruch.

24 Wandle in einen unechten Bruch um.

a) $2\frac{2}{3}$ b) $8\frac{1}{5}$

c) $6\frac{13}{15}$ d) $4\frac{7}{9}$

25 Ordne jedem der gemischten Brüche links einen der unechten Brüche rechts zu. Zu jedem unechten Bruch gehört ein Lösungsbuchstabe. Bei richtiger Zuordnung ergibt sich ein Lösungswort.

1 $3\frac{1}{4}$	**R** $\frac{62}{5}$
2 $12\frac{2}{5}$	**I** $\frac{103}{4}$
3 $5\frac{2}{3}$	**F** $\frac{13}{4}$
4 $25\frac{3}{4}$	**E** $\frac{22}{5}$
5 $22\frac{1}{3}$	**E** $\frac{17}{3}$
6 $4\frac{2}{5}$	**T** $\frac{78}{5}$
7 $7\frac{2}{4}$	**Z** $\frac{67}{3}$
8 $15\frac{3}{5}$	**I** $\frac{30}{4}$

1	2	3	4	5	6	7	8

1.7 Darstellung an der Zahlenhalbgeraden

Der Skispringer Martin S. springt $\frac{4}{6}$ der Strecke bis zum Punkt P. Sven H. springt $\frac{2}{3}$ der Strecke und Roland A. springt $\frac{3}{4}$ der Strecke. Wie stellt man diese Brüche an der Zahlenhalbgeraden dar?

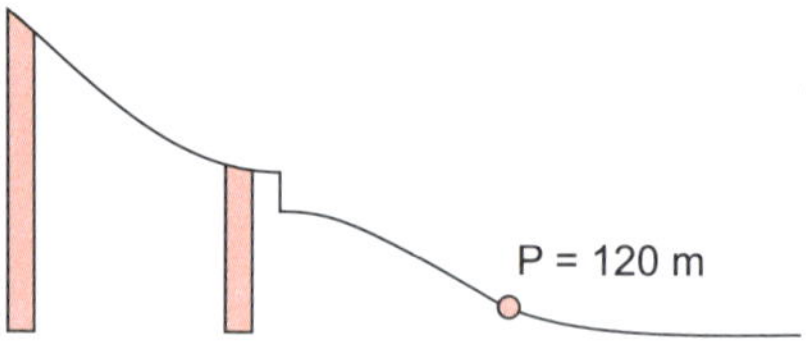

Wie jeder natürlichen Zahl kann auch jedem Bruch genau ein Bildpunkt oder Zahlenpfeil an der Zahlenhalbgerade zugeordnet werden. Brüche kann man auch als Zahlen auffassen, sogenannte **Bruchzahlen**.
Dabei wird die Zahlenhalbgerade von 0 bis 1 in **gleich große Teile** unterteilt. Der Nenner gibt dabei an, in **wie viele gleich große Teile** die Strecke unterteilt werden muss. Der Zähler gibt die **Anzahl der Teile** an.
Jede Bruchzahl kann durch beliebig viele verschiedene Brüche dargestellt werden.

Beispiel

Welche Brüche stellen die Buchstaben auf der Zahlenhalbgeraden dar?

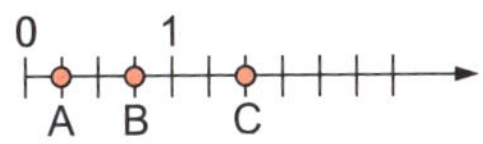

Lösung:

$A = \frac{1}{4}$

$B = \frac{3}{4}$

$C = \frac{6}{4}$

Die Strecke [0,1] ist in 4 gleiche Teile geteilt.

A liegt auf dem 1. Strich, also $\frac{1}{4}$.

B liegt auf dem 3. Strich, also $\frac{3}{4}$.

C liegt auf dem 6. Strich, also $\frac{6}{4}$.

26 Welche Brüche stellen die Buchstaben auf der Zahlenhalbgeraden dar?

a)

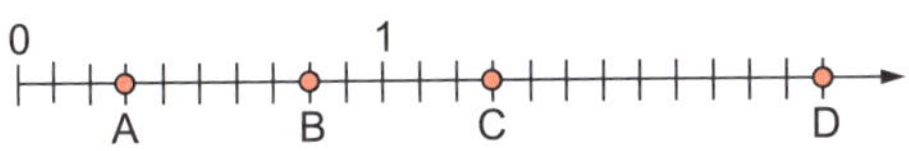

b)

c)

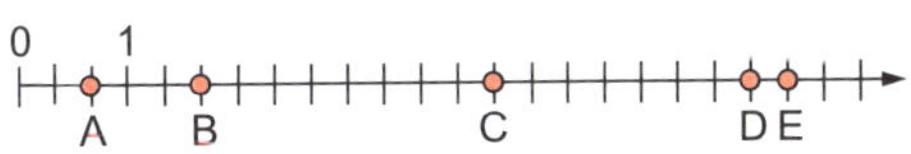

d)

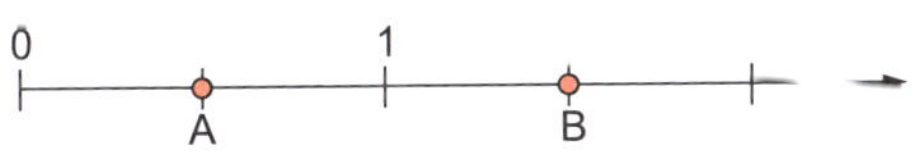

27 Zeichne eine Zahlenhalbgerade mit einer 3 cm langen Einheitsstrecke und verlängere sie bis zur Zahl 2.
Trage anschließend die folgenden Brüche als Bildpunkte ab.
Welche Brüche gehören zur selben Zahl?

$\frac{1}{3}$; $\frac{3}{6}$; $\frac{2}{6}$; $\frac{2}{3}$; $\frac{5}{6}$; $1\frac{1}{3}$; $1\frac{4}{6}$; $1\frac{2}{3}$

1.8 Erweitern und Kürzen

Simone hat $\frac{1}{3}$ vom Kuchen gegessen.

Leon hat $\frac{2}{6}$ vom Kuchen gegessen.

Clara hat $\frac{3}{9}$ vom Kuchen gegessen.

Wer hat mehr gegessen?

Beim **Erweitern** werden Zähler und Nenner eines Bruchs mit der gleichen natürlichen Zahl multipliziert.

Schreibweise: $\frac{a \cdot n}{b \cdot n}$ oder $\frac{a}{b} \overset{\cdot n}{=} \frac{a \cdot n}{b \cdot n}$

Beim Erweitern eines Bruchs ändert sich sein Wert nicht.

Beispiele

1. Erweitere den Bruch $\frac{16}{6}$ mit 3.

Lösung:

$$\frac{16}{6} \overset{\cdot 3}{=} \frac{16 \cdot 3}{6 \cdot 3} = \frac{48}{18}$$

Multipliziere Zähler und Nenner mit 3.

2. $\frac{2}{3} = \frac{\square}{12}$

Lösung:

$$\frac{2}{3} \overset{\cdot 4}{=} \frac{2 \cdot 4}{3 \cdot 4} = \frac{8}{12}$$

Überlege, mit welcher Zahl man den Nenner multiplizieren muss, um 12 zu erhalten.

Multipliziere dann Zähler und Nenner mit dieser Zahl.

28 Erweitere die Brüche mit 2 und 9.

a) $\frac{12}{7}$

b) $\frac{6}{4}$

c) $\frac{9}{5}$

d) $\frac{7}{3}$

e) $\frac{4}{11}$

f) $\frac{6}{9}$

29 Erweitere.

a) $\frac{3}{4}$ auf den Nenner 12

b) $\frac{2}{7}$ auf den Nenner 49

c) $\frac{3}{6}$ auf den Zähler 18

d) $\frac{5}{8}$ auf den Nenner 32

e) $\frac{11}{9}$ auf den Zähler 121

f) $\frac{6}{13}$ auf den Nenner 78

Beim **Kürzen** werden Zähler und Nenner eines Bruchs durch die gleiche natürliche Zahl dividiert.

Schreibweise: $\frac{a:n}{b:n}$ oder $\frac{a}{b} \overset{:n}{=} \frac{a:n}{b:n}$

Beim Kürzen eines Bruchs ändert sich sein Wert nicht.
Ein Bruch soll immer so weit wie möglich gekürzt werden. Er ist vollständig gekürzt, wenn Zähler und Nenner keinen gemeinsamen Teiler mehr besitzen.

Beispiele

1. Kürze die Brüche.

a) mit 5: $\frac{120}{35}$

b) mit 7: $\frac{147}{56}$

Lösung:

a) $\frac{120}{35} \overset{:5}{=} \frac{120:5}{35:5} = \frac{24}{7}$ — Teile Zähler und Nenner durch 5.

b) $\frac{147}{56} \overset{:7}{=} \frac{147:7}{56:7} = \frac{21}{8}$ — Teile Zähler und Nenner durch 7.

2. Kürze die Brüche $\frac{30}{45}$ und $\frac{36}{78}$ vollständig.

Lösung:

$\frac{30}{45} \overset{:5}{=} \frac{30:5}{45:5} = \frac{6}{9} \overset{:3}{=} \frac{6:3}{9:3} = \frac{2}{3}$

$\frac{36}{78} \overset{:2}{=} \frac{36:2}{78:2} = \frac{18}{39} \overset{:3}{=} \frac{18:3}{39:3} = \frac{6}{13}$

Finde eine Zahl, durch die 30 und auch 45 teilbar ist. Kürze den Bruch damit. Dann überlege dir, ob es eine Zahl gibt, durch die sowohl 6 als auch 9 teilbar ist. Suche so viele gemeinsame Teiler wie möglich. Wenn Zähler und Nenner keinen gemeinsamen Teiler mehr besitzen, ist der Bruch vollständig gekürzt.

Eine Zahl ist teilbar durch …
… 2, wenn die letzte Ziffer gerade ist.
… 3, wenn die Quersumme durch 3 teilbar ist.
… 4, wenn die letzten beiden Ziffern durch 4 teilbar sind oder auf 00 lauten.
… 5, wenn die letzte Ziffer 0 oder 5 lautet.
… 6, wenn die Zahl durch 2 und durch 3 teilbar ist.
… 8, wenn die letzten drei Ziffern durch 8 teilbar sind oder auf 000 lauten.
… 9, wenn die Quersumme durch 9 teilbar ist.

30 a) Kürze mit 3.

$$\frac{12}{21}, \frac{33}{6}, \frac{18}{15}, \frac{51}{39}, \frac{63}{27}$$

b) Kürze mit 4.

$$\frac{12}{8}, \frac{32}{24}, \frac{60}{16}, \frac{8}{20}, \frac{28}{64}$$

31 Kürze vollständig und schreibe das Ergebnis, wenn möglich, als gemischten Bruch auf.

a) $\frac{124}{32}$

b) $\frac{320}{70}$

c) $\frac{96}{36}$

d) $\frac{72}{16}$

e) $\frac{212}{336}$

f) $\frac{540}{120}$

g) $\frac{153}{408}$

h) $\frac{228}{192}$

32 a) Wie viele Viertel, Sechstel und Achtel sind $\frac{1}{2}$?

b) Wie viele Achtel und Sechzehntel sind $\frac{1}{4}$?

c) Wie viele Zehntel und Dreißigstel sind $\frac{1}{5}$?

33 Wenn du den Platzhalter mit der richtigen Zahl belegst, ergibt sich, in der Reihenfolge der zu lösenden Aufgaben, ein Lösungswort.

a) $\frac{2}{10} = \frac{\square}{40}$

b) $\frac{25}{\square} = \frac{5}{12}$

c) $\frac{\square}{4} = \frac{39}{12}$

d) $\frac{4}{\square} = \frac{24}{66}$

e) $\frac{21}{\square} = \frac{3}{8}$

f) $\frac{14}{3} = \frac{\square}{30}$

g) $\frac{7}{12} = \frac{84}{\square}$

h) $\frac{42}{\square} = \frac{3}{5}$

i) $\frac{8}{\square} = \frac{96}{12}$

j) $\frac{\square}{42} = \frac{150}{84}$

k) $\frac{12}{7} = \frac{\square}{21}$

60	56	144	13	8	11	36	70	1	75	140
C	L	E	H	S	U	N	R	I	E	F

34 Setze das richtige Zeichen ein: = oder ≠

a) $\frac{3}{14} \square \frac{9}{42}$

b) $\frac{3}{2} \square \frac{12}{9}$

c) $\frac{7}{3} \square \frac{35}{15}$

d) $\frac{17}{12} \square \frac{34}{24}$

e) $\frac{3}{5} \square \frac{9}{15}$

f) $\frac{1}{3} \square \frac{7}{20}$

35 Zeige, dass die Brüche den gleichen Wert besitzen.

a) $\frac{20}{30}$ und $\frac{28}{42}$

b) $\frac{18}{24}$ und $\frac{30}{40}$

c) $\frac{20}{32}$ und $\frac{50}{80}$

d) $\frac{11}{33}$ und $\frac{22}{66}$

36 Finde einen Weg vom Start zum Ziel. Du darfst nur Kreuzungen benutzen, deren Wert $\frac{25}{10}$ ist. Kürze dazu die Brüche oder erweitere.

37 Welche der folgenden Aussagen treffen auf einen Wald mit insgesamt 450 Bäumen zu?

- Wenn der Wald zu $\frac{1}{3}$ aus Laubbäumen besteht, hat er 150 Laubbäume.
- Wenn der Wald zu $\frac{2}{6}$ aus Laubbäumen besteht, hat er 150 Laubbäume.
- Wenn der Wald zu $\frac{3}{9}$ aus Laubbäumen besteht, hat er 150 Laubbäume.

Begründe deine Antwort mithilfe einer kurzen Rechnung.

2 Dezimalzahlen

2.1 Dezimalschreibweise von Brüchen

Der Dollarkurs beträgt 1 € = 1,1456 $ (am 23. 10. 2018).
Was bedeutet das?

Bei der Dezimalschreibweise von Brüchen stehen rechts vom Komma Zehntel, Hundertstel, Tausendstel, … Eine Ziffer rechts vom Komma heißt **Dezimale** oder **Dezimalstelle**. Man bezeichnet diese Zahlen auch als **Dezimalzahlen**.

Beispiel

1 € = 1, 1456 $. Benenne die Ziffern der Zahl **1,1456**.

Lösung:

1,1456 besteht aus

1 Einer (E),
1 Zehntel (z),
4 Hundertstel (h),
5 Tausendstel (t) und
6 Zehntausendstel (zt).

Die Ziffern rechts neben dem Komma nennt man von links nach rechts Zehntel, Hundertstel, Tausendstel, Zehntausendstel, Hunderttausendstel usw.

1,1456 ist eine andere Schreibweise für $1 + \frac{1}{10} + \frac{4}{100} + \frac{5}{1\,000} + \frac{6}{10\,000}$.

Man kann dies auch in einer **Stellenwerttafel** zusammenfassen:

H	Z	E	$z\left(\frac{1}{10}\right)$	$h\left(\frac{1}{100}\right)$	$t\left(\frac{1}{1\,000}\right)$	$zt\left(\frac{1}{10\,000}\right)$
		1	1	4	5	6

38 Schreibe die Dezimalzahlen mithilfe einer Stellenwerttafel.

	Dezimalzahl	H	Z	E	z	h	t	zt
a)	12,346							
b)	0,12							
c)	7,3489							
d)	10,043							

39 Wie heißt die Dezimalzahl?

	H	Z	E	z	h	t	zt	Dezimalzahl
a)	1	4	1	0	4	7		
b)				1	3	6		
c)		2	4	3				

2.2 Umwandeln von Dezimalzahlen in gemeine Brüche

Der Abflugplan eines Flughafens ist aufgrund von Computerproblemen durcheinander geraten.
Wann startet das Flugzeug nach Hamburg?

> Um eine **Dezimalzahl** als **Bruch** zu schreiben, schreibt man die **Dezimalen als Zähler** und setzt als **Nenner** eine **Stufenzahl** (10, 100, 1 000, 10 000…), deren Nullen der Anzahl der Dezimalen entspricht.

Beispiel

Schreibe als Bruch und kürze.

a) $5{,}4 = 5\frac{4}{10} = 5\frac{2}{5} = \frac{27}{5}$

Rechts neben dem Komma steht die Zahl 4. Schreibe 4 in den Zähler. Weil die 4 an erster Stelle steht, schreibe 10 in den Nenner.

b) $7{,}75 = 7\frac{75}{100} = 7\frac{3}{4}$

Rechts neben dem Komma steht die Zahl 75. Schreibe 75 in den Zähler. Weil die 5 an zweiter Stelle steht, schreibe 100 in den Nenner. Kürze mit 25.

40 Schreibe als gemischten Bruch und kürze, wenn möglich.

a) 23,17
b) 9,560
c) 3,8
d) 1,75
e) 345,2
f) 11,125
g) 4,061
h) 81,07
i) 913,001
j) 2,5

41 Schreibe als Bruch und kürze, wenn möglich.

a) 0,04 b) 0,25

c) 1,375 d) 0,42

e) 2,625 f) 3,5

g) 0,02 h) 2,25

2.3 Umwandeln von Brüchen in Dezimalzahlen

Für Schokoladenpudding braucht man unter anderem $\frac{1}{8}\,\ell$ Schlagsahne und $\frac{1}{2}\,\ell$ Milch. Auf dem Messbecher stehen aber nur Dezimalangaben.
Kannst du trotzdem einen Pudding kochen?

Wird ein **Bruch** so erweitert, dass sein **Nenner eine Stufenzahl** ist, kann er als **Dezimalzahl** geschrieben werden.

Vorgehen zur Umwandlung eines Bruchs in eine Dezimalzahl:

- Erweitere den Bruch so, dass der **Nenner eine Stufenzahl** ist.
- Schreibe die Ziffern des neuen Zählers ab.
- Zähle die Nullen im Nenner.
- Setze an dieser Stelle ein Komma (von rechts nach links zählen!).
- Hat der Nenner mehr Nullen als der Zähler Stellen, wird die Zahl mit Nullen ergänzt.

Beispiel

Schreibe folgende gemischte Zahlen als Dezimalzahl.

a) $\frac{3}{200} \underset{\cdot 5}{=} \frac{15}{1\,000} = 0{,}015$

Erweitere, sodass im Nenner die Stufenzahl 1 000 steht. Da der Zähler 2 Stellen hat, der Nenner aber 3 Nullen, ergänze eine Null.

b) $12\frac{7}{10} = 12{,}7$

Die Ganzen ergeben die Zahl vor dem Komma. 10 hat eine Null. Schreibe deshalb 7 an die erste Stelle hinter dem Komma.

c) $154\frac{12}{1\,000} = 154{,}012$

1 000 hat 3 Nullen. Schreibe deshalb die 2 an die 3. Stelle hinter dem Komma, und die 1 an 2. Stelle.

d) $1\frac{2}{50} = 1\frac{4}{100} = 1{,}04$

Hier musst du noch einen Zwischenschritt machen und den Bruch auf die Stufenzahl 100 erweitern. 100 hat 2 Nullen. Schreibe deshalb die 4 aus dem Zähler an die 2. Stelle hinter dem Komma.

42 Schreibe als Dezimalzahl.

a) $9\frac{2}{10}$ b) $224\frac{51}{100}$

c) $7\frac{13}{1\,000}$ d) $1\frac{3}{100}$

e) $32\frac{581}{1\,000}$ f) $21\frac{131}{1\,000}$

g) $81\frac{3}{5}$ h) $0\frac{1}{8}$

i) $12\frac{3}{4}$ j) $671\frac{4}{8}$

43 Welche Dezimalzahl versteckt sich hinter folgender Schreibweise?
Notiere die Dezimalzahl.

a) 19 Hundertstel b) 85 Zehntel

c) 32 Tausendstel d) 162 Hundertstel

e) 6 Zehntel f) 2 Hundertstel

44 Moderne Fahrradcomputer haben Tageskilometerzähler, die die gefahrene Strecke bis auf drei Nachkommastellen angeben können. Ist man z. B. 205 km und 33 m gefahren, sieht die Anzeige so aus:

2	0	5	0	3	3

Finde heraus, wie weit die einzelnen Radler an einem Tag gefahren sind, indem du jeweils die gemischte Zahl in eine Dezimalzahl umwandelst.

a) $251\frac{5}{100}$

b) $42\frac{17}{1\,000}$

c) $5\frac{3}{10}$

d) $62\frac{3}{25}$

e) $7\frac{73}{100}$

f) $21\frac{2}{40}$

Du weißt nun schon wie man durch Erweitern zeigt, dass $\frac{1}{8}$ ℓ Schlagsahne 0,125 ℓ entspricht. Willst du jedoch $\frac{1}{7}$ ℓ Schlagsahne in eine Dezimalzahl umwandeln, so findest du keine geeignete Stufenzahl, auf die man den Nenner erweitern kann.

$\mathbf{\frac{1}{7} = ?}$

Hier gibt es eine zweite Möglichkeit, Brüche in Dezimalzahlen umzuwandeln.

> Man erhält die Dezimalschreibweise eines Bruches, indem man den **Zähler durch** den **Nenner dividiert**. Das Komma wird gesetzt, wenn die Ziffern des Zählers „aufgebraucht“ sind. Danach rechnet man mit Nullen weiter.

eispiel

Wandle den Bruch $\frac{1}{8}$ in eine Dezimalzahl um.

Rechnung	Erklärung
$1 : 8 = 0{,}125$ $\underline{0}$ 10	Die 8 passt 0-mal in die 1. 0 mal 8 ist 0. 1 minus 0 ist 1. Die Stellen des Zählers sind nun aufgebraucht. Setze ein Komma hinter das bisherige Ergebnis und eine 0 hinter die 1.
$\underline{8}$ 20	Die 8 passt 1-mal in die 10. 1 mal 8 ist 8. 10 minus 8 ist 2. Schreibe eine 0 hinter die 2.
$\underline{16}$ 40	Die 8 passt 2-mal in die 20. 2 mal 8 ist 16. 20 minus 16 ist 4. Schreibe eine 0 hinter die 4.
$\underline{40}$ 0	40 geteilt durch 8 ist 5. 40 minus 40 ist 0. Die Division geht auf.

45 Finde die zugehörige Dezimalzahl.

a) $\frac{9}{6}$

b) $\frac{45}{12}$

c) $\frac{27}{12}$

d) $\frac{7}{16}$

2.4 Arten von Dezimalzahlen

Die Zahl π ist eine wichtige Zahl. Man braucht sie zum Beispiel, wenn man die Fläche eines Kreises berechnen will. Aber auch bei der Berechnung anderer Figuren spielt sie eine Rolle.

π ist unendlich lang. Die ersten 100 Dezimalen lauten folgendermaßen:

$\pi = 3{,}1415926535897932384626433832795028841971693993751058209749445$
$923078164062862089986280348253421170679\ldots$

> Ein Bruch kann als **endliche Dezimalzahl** geschrieben werden, wenn die Division Zähler durch Nenner aufgeht.
> Geht die Division Zähler durch Nenner nicht auf, so erhält man eine **nichtendliche Dezimalzahl**. Dieser wird auch **periodische Dezimalzahl** genannt, weil immer derselbe Rest („Periode“) auftritt.
> Die Periode kennzeichnet man mit einem **Querstrich** darüber.
> Es gibt **sofortperiodische** und **nicht sofortperiodische** Dezimalzahlen.

Beispiele

1. $\frac{1}{2}$ ist eine endliche Dezimalzahl.

$1:2 = 0{,}5$
0
10
10
0

Die Division geht auf, es gibt keinen Rest.

2. $\frac{1}{3}$ ist ein **sofortperiodischer** Bruch.

$1:3 = 0{,}333\ldots = 0{,}\overline{3}$
0
10
9
10
9
…

Es tritt immer der Rest 1 auf. Die Division wird nie aufgehen. Bei jedem Schritt kommt noch eine 3 als Dezimale dazu. Das bedeutet, die Dezimalzahl ist nicht endlich.

Die Schreibweise $0{,}\overline{3}$ besagt, dass noch unendlich oft die Ziffer 3 kommt.

3. $\frac{1}{6}$ ist ein **nicht sofortperiodischer** Bruch.

$1:6 = 0{,}1666\ldots = 0{,}1\overline{6}$
0
10
6
40
36
40
36
…

Ab dem zweiten Rechenschritt tritt immer der Rest 4 auf.

Weil die Wiederholung nicht sofort auftritt, nennt man $0{,}1\overline{6}$ einen nicht sofortperiodischen Bruch.

Folgende wichtige Zahlen solltest du dir gut einprägen.

Endliche Dezimalzahlen:

$\frac{1}{2} = 0{,}5$

$\frac{1}{4} = 0{,}25$

$\frac{3}{4} = 0{,}75$

$\frac{1}{8} = 0{,}125$

$\frac{1}{5} = 0{,}2$

Periodische Dezimalzahlen:

$\frac{1}{3} = 0{,}\overline{3}$

$\frac{1}{6} = 0{,}1\overline{6}$

$\frac{1}{9} = 0{,}\overline{1}$

$\frac{1}{99} = 0{,}\overline{01}$

$\frac{2}{99} = 0{,}\overline{02}$

46 Wandle in Dezimalzahlen um. Wenn sich eine Periode ergibt, kennzeichne diese mit einem Querstrich.

a) $\frac{5}{3}$

b) $\frac{12}{9}$

c) $\frac{2}{8}$

d) $\frac{4}{6}$

47 Jede der folgenden Aufgaben hat einen bestimmten Wert. Nicht alle Aufgaben sind richtig gelöst.
Suche alle Fehler und verbessere sie jeweils.
Die Summe der Werte aller fehlerhaften Aufgaben ergibt 366 €.

a) $1\frac{27}{100} = 1{,}027$ **(7 €)**

b) $0{,}031 = \frac{31}{100}$ **(12 €)**

c) $81{,}1 = 81\frac{1}{10}$ **(2 €)**

d) $91\frac{121}{100} = 91{,}121$ **(213 €)**

e) $-0{,}1 = -\frac{2}{10}$ **(19 €)**

f) $407\frac{331}{10\,000} = 407{,}331$ **(87 €)**

g) $33\frac{1}{100} = 33{,}1$ **(28 €)**

h) $2\,131\frac{3}{100} = 2\,131{,}03$ **(9 €)**

i) $4\frac{11}{1\,000} = 4{,}011$ **(53 €)**

2.5 Runden

Die Zugspitze ist 2 962,06 m hoch. Um die Höhe des Bergs mit der anderer Berge vergleichen zu können, reicht aber eine gerundete Angabe.

Rundet man auf eine bestimmte Stelle nach dem Komma, so ist die **Ziffer, die eine Stelle weiter rechts steht**, entscheidend.
0, 1, 2, 3, 4 → abrunden
5, 6, 7, 8, 9 → aufrunden

Beispiel

Runde 32,148 auf …
a) Hundertstel.
b) Zehntel.
c) Einer.

Lösung:
a) $32{,}148 \approx 32{,}15$ Die Tausendstelstelle entscheidet. Runde auf.
b) $32{,}148 \approx 32{,}1$ Die Hundertstelstelle entscheidet. Runde ab.
c) $32{,}148 \approx 32$ Die Zehntelstelle entscheidet. Runde ab.

48 Runde auf …

	45,3691	0,23489	892,236	13,5814	52,1235
Einer					
Zehntel					
Hundertstel					
Tausendstel					

49 Die folgenden Bodenerhebungen (Quelle: statistisches Bundesamt) sind in Metern angegeben.

a) Gib alle Bodenerhebungen in km an.

b) Gib alle Bodenerhebungen in km und auf Hundertstel gerundet an.

c) Gib alle Bodenerhebungen in km und auf Zehntel gerundet an.

Berg	Gebirge bzw. Landschaft	Höhe in m
Alpen		
Zugspitze	Nördliche Kalkalpen	2 962
Höllentalspitze		2 745
Watzmann		2 713
Kreuzspitze	Schwäbisch-Oberbayerische Voralpen	2 185
Säuling		2 047
Rotwand		1 884
Mittelgebirge		
Feldberg	Schwarzwald, Oberrheinisches Tiefland	1 493
Belchen		1 414
Schauinsland		1 284
Großer Aber	Oberpfälzer und Bayerischer Wald	1 456
Großer Rachel		1 453
Dreisesselberg		1 332
Lemberg	West- und Süddeutsches Stufen- und Bergland	1 015
Schneeberg	Thüringisch-Fränkisches Mittelgebirge	1 051

50 Mit einem Schraubenmikrometer wird der Durchmesser von optischen Linsen gemessen. Linsen, die einen gerundeten Durchmesser von 4,6 mm aufweisen, sind versandfertig. Welche optischen Linsen wurden entsprechend geschliffen?

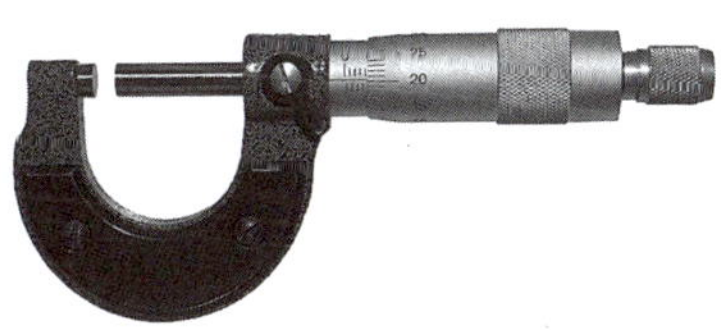

a) 4,56 mm
b) 4,54 mm
c) 4,59 mm
d) 4,62 mm
e) 4,68 mm
f) 4,51 mm
g) 4,58 mm
h) 4,64 mm
i) 4,61 mm
j) 4,65 mm

51 Hier siehst du eine Erhebung des statistischen Bundesamtes über die Bevölkerungszahlen der einzelnen Bundesländer.

a) Runde den männlichen Bevölkerungsanteil jedes Bundeslandes auf Millionen mit zwei Nachkommastellen.

b) Runde den weiblichen Bevölkerungsanteil jedes Bundeslandes auf Millionen mit einer Nachkommastelle.

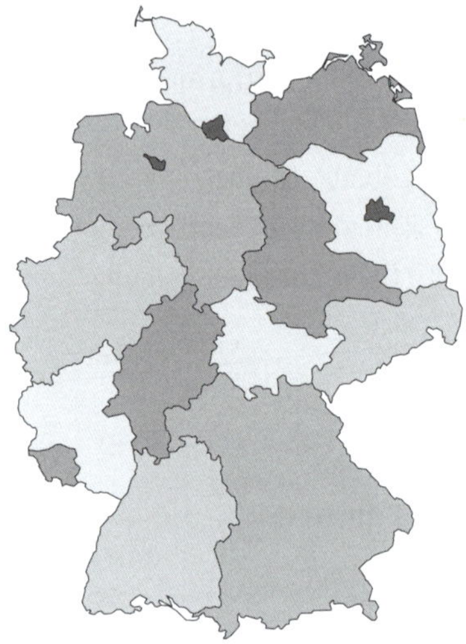

Land	Fläche in km²	Bevölkerung in 1 000			Einwohner je km²
		insges.	männlich	weiblich	Anzahl
Baden-Württemberg	35 751,65	10 693	5 247	5 445	299
Bayern	70 549,19	12 423	6 079	6 344	176
Berlin	891,75	3 388	1 651	1 737	3 800
Brandenburg	29 477,16	2 575	1 273	1 302	87
Bremen	404,23	663	321	342	1 640
Hamburg	755,16	1 743	843	891	2 296
Hessen	21 114,72	6 089	2 982	3 108	288
Mecklenburg-Vorp.	23 174,17	1 732	858	874	75
Niedersachsen	47 618,24	7 993	3 915	4 078	168
Nordrhein-Westf.	34 083,52	18 080	8 803	9 277	530
Rheinland-Pfalz	19 847,39	4 059	1 989	2 070	204
Saarland	2 568,65	1 061	516	546	413
Sachsen	18 413,91	4 321	2 103	2 219	235
Sachsen-Anhalt	20 445,26	2 523	1 231	1 292	123
Schleswig-Holstein	15 763,18	2 823	1 380	1 443	179
Thüringen	16 172,14	2 373	1 166	1 207	147
Deutschland	**357 030,32**	**82 532**	**40 356**	**42 176**	**231**

3 Prozente

Prozentangaben begegnen dir überall im täglichen Leben:

- Luftfeuchtigkeit
- Schlussverkauf
- Wahlen
- Verkehrsschilder
- Sparbuch
- Mehrwertsteuer
- …

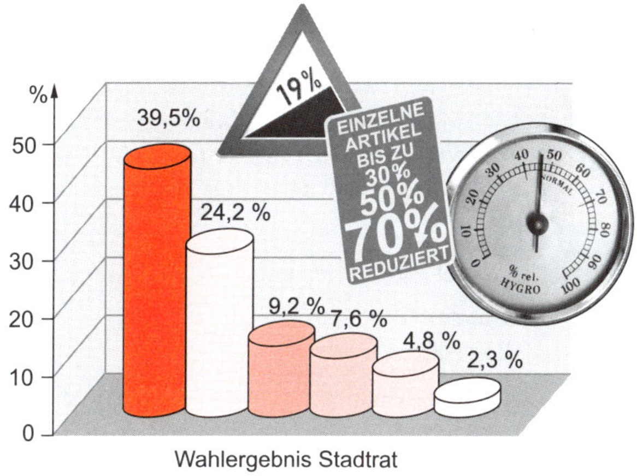

Diese angegebenen Prozente sind Anteile vom Ganzen eines gegebenen Wertes und können auch als **Brüche** oder **Dezimalzahlen** geschrieben werden.

Bei Angaben in **Prozent** (%) ist der Anteil von einem Ganzen angegeben. Das Wort Prozent kommt aus dem Italienischen und bedeutet „per cento", also „von Hundert". Es gilt:

$$1\% = \frac{1}{100} = 0{,}01$$

Prozent Bruch Dezimalzahl

1 Prozent (1 %) bedeutet $\frac{1}{100}$, also **ein Hundertstel von einem Ganzen.**

x Hundertstel sind x Prozent:

$$\frac{x}{100} = x\,\%$$

Beispiele

1. Wie viel Prozent sind $\frac{5}{100}$?

   Lösung:

   $$\frac{5}{100} = 5 \cdot \frac{1}{100} = 5\,\%$$

   % ist nur eine andere Schreibweise für $\frac{1}{100}$.

2. Ein Vollwinkel hat 360°. Wie viel Grad sind 50 %, 20 % und 10 % davon?

   Lösung:

   $$50\,\% = \frac{50}{100} = \frac{1}{2} \qquad \frac{1}{2} \text{ von } 360° \text{ sind } \frac{360°}{2} = 180°$$

   $$20\,\% = \frac{20}{100} = \frac{1}{5} \qquad \frac{1}{5} \text{ von } 360° \text{ sind } \frac{360°}{5} = 72°$$

   $$10\,\% = \frac{10}{100} = \frac{1}{10} \qquad \frac{1}{10} \text{ von } 360° \text{ sind } \frac{360°}{10} = 36°$$

Dezimalzahl in Prozent umwandeln

Um eine Dezimalzahl in Prozent umzuwandeln, wird diese mit 100 multipliziert. Das Komma verschiebt sich um zwei Stellen nach rechts und der Anteil entspricht dem Ganzen in Prozent.

Beispiel

Wie viel Prozent entsprechen 0,35 Anteile an einem Aktienpaket?

Lösung:

$0{,}35 \cdot 100 = 35\,\%$

Die Anteile an dem Aktienpaket entsprechen 35 %.

Brüche mit Nenner ungleich Hundert in Prozent umwandeln

Wenn ein Bruch den Anteil an einem Ganzen angibt und der Nenner nicht 100 ist, kann auf verschiedene Arten in Prozent umgerechnet werden:

- **Dividieren:** Der Zähler wird durch den Nenner dividiert und anschließend die entstandene Dezimalzahl umgewandelt.

  $\frac{6}{15} = 6:15 = 0{,}4 = 40\,\%$

- **Erweitern:** Der Bruch wird, falls möglich, auf Hundertstel erweitert.

  $\frac{12}{20} = \frac{12 \cdot 5}{20 \cdot 5} = \frac{60}{100} = 0{,}60 = 60\,\%$

- **Zehntelbruch:** Der Bruch wird, falls möglich, durch Kürzen erst in einen Zehntelbruch umgeformt und dann die entstandene Dezimalzahl umgewandelt.

  $\frac{36}{60} = \frac{36:6}{60:6} = \frac{6}{10} = 0{,}6 = 60\,\%$

Zusammenhang zwischen besonderen Brüchen, Dezimalzahlen und Prozenten:

$\frac{1}{2} = 0{,}5 = 50\,\%$ $\frac{1}{4} = 0{,}25 = 25\,\%$ $\frac{1}{5} = 0{,}20 = 20\,\%$

$\frac{1}{8} = 0{,}125 = 12{,}5\,\%$ $\frac{1}{10} = 0{,}10 = 10\,\%$

Beispiele

1. Wie viel Prozent sind $\frac{7}{20}$?

   Lösung:

   $\frac{7}{20} = \frac{7 \cdot 5}{20 \cdot 5} = \frac{35}{100} = 35\,\%$

   Erweitere auf Hundertstel.
   Setze dann das Prozentzeichen.

2. Bei einem Wettkampf trifft Dartspieler 1 von 20 Versuchen 8-mal ins Schwarze, Dartspieler 2 hat bei 25 Versuchen 11-mal Erfolg. Wer hat besser abgeschnitten?

Lösung:

Dartspieler 1:
$\frac{8}{20} = \frac{8 \cdot 5}{20 \cdot 5} = \frac{40}{100} = 40\,\%$

Dartspieler 2:
$\frac{11}{25} = \frac{11 \cdot 4}{25 \cdot 4} = \frac{44}{100} = 44\,\%$

Dartspieler 2 hat besser abgeschnitten.

3. In der Klasse 6a stehen 6 von 30 Schüler*innen zurzeit auf der Note 1.

a) Wie viel Prozent sind das?

b) Wie viel Prozent der Schüler*innen stehen auf Note 5 oder Note 6?

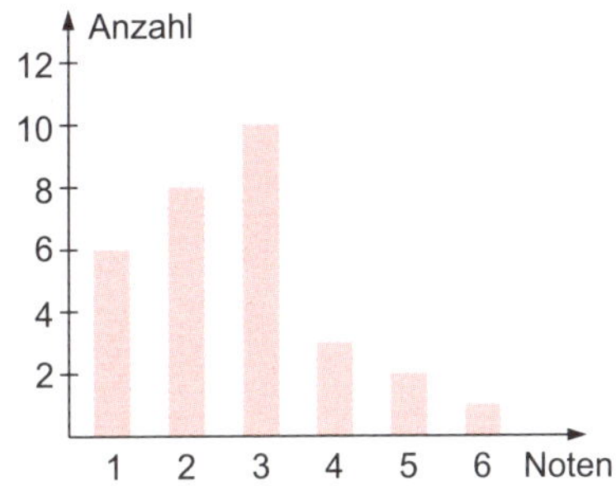

Lösung:

a) $\frac{6}{30} = \frac{6:3}{30:3} = \frac{2}{10} = 0{,}2 = 20\,\%$

20 % der Schüler*innen stehen auf Note 1.

b) Ablesen aus dem Säulendiagramm:
Note 5: 2 Schüler*innen
Note 6: 1 Schüler*in
3 von 30 Schüler*innen stehen auf der Note 5 oder der Note 6.
Das sind $\frac{3}{30} = \frac{3:3}{30:3} = \frac{1}{10} = 0{,}1$ also 10 %.

52 Ordne den Bruchteilen die entsprechenden Prozentangaben zu.

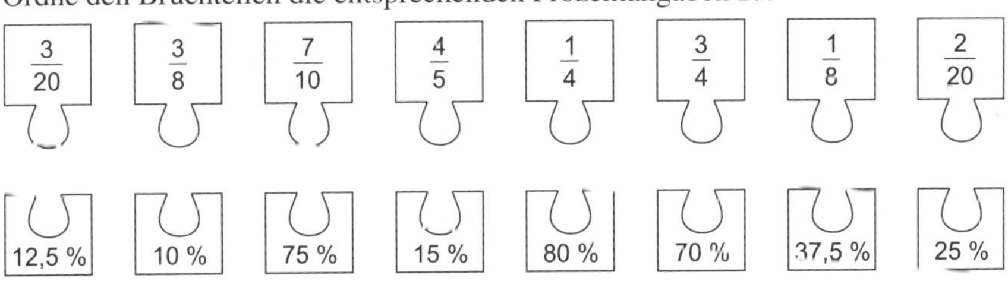

53 Beim Ringewerfen trifft Carlo von 10 Versuchen 7-mal einen Gegenstand. Enya hat bei 25 Versuchen 20-mal Erfolg.
Wer hat besser abgeschnitten?

54 In einer Welpenschule mit 40 schwarzen, braunen und weißen Welpen haben 18 Welpen schwarzes Fell, 12 Welpen haben braunes Fell.
Wie viel Prozent der Welpen haben weißes Fell?

55 Bestimme den Anteil der gefärbten Flächen an der Gesamtfläche in Prozent.

a)

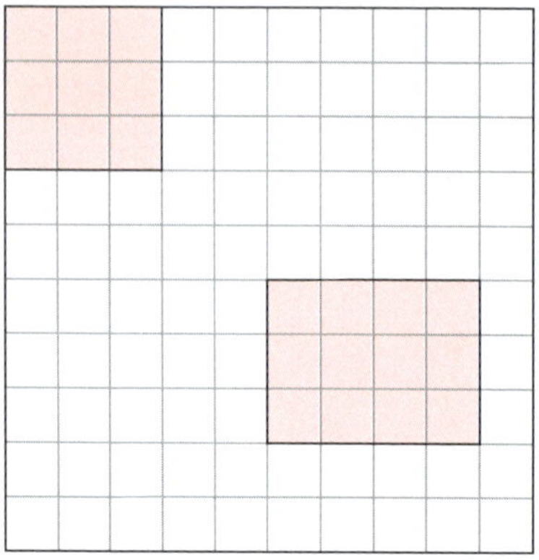

b)

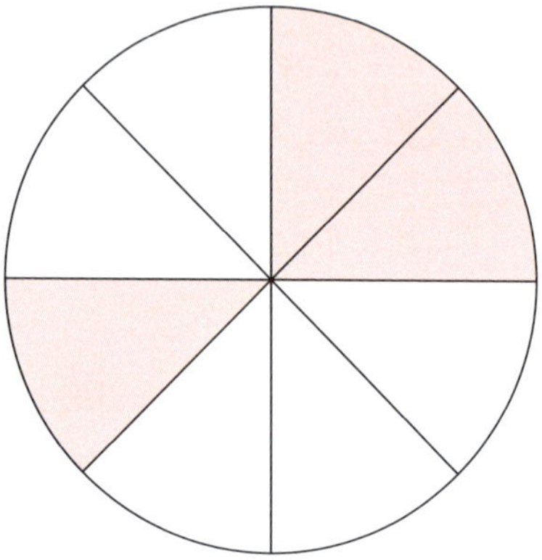

c)

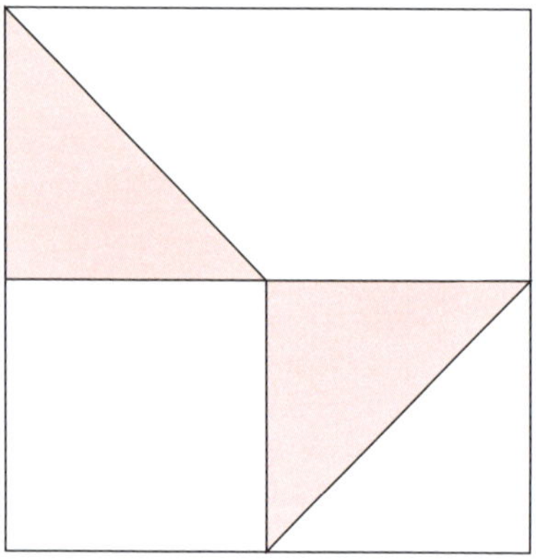

d)

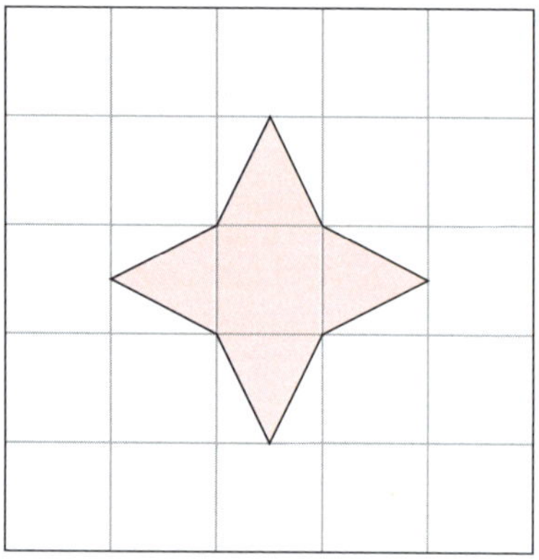

56 Im nebenstehenden Diagramm ist der Notenschlüssel der letzten Schulaufgabe der Klasse 6a zu sehen.
Entscheide, welche der folgenden Aussagen richtig und welche falsch sind.
Begründe jeweils deine Entscheidungen.

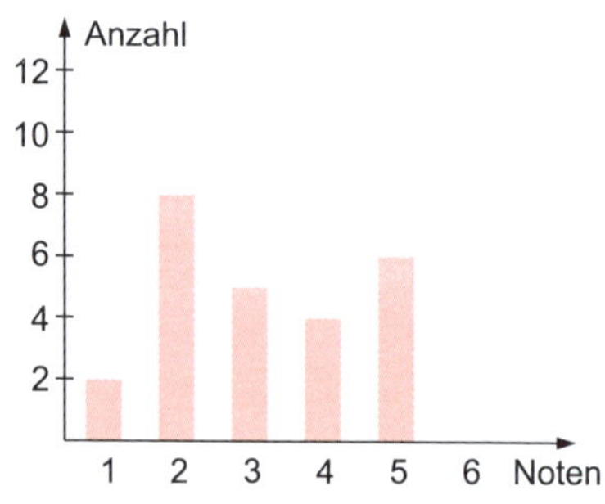

a) 40 % haben die Note 1 oder 2 erreicht.

b) Weniger als 25 % haben die Note 5 oder die Note 6 erhalten.

c) 10 % der Schüler*innen liegen mit der Note 3 im Mittelfeld.

57 Wie viel Prozent des ursprünglichen Preises muss jetzt für einen Outdoor-Artikel bezahlt werden?
Was kosten die ehemals 300 € teuren Bergschuhe jetzt noch?

4 Die Menge ℚ der rationalen Zahlen

Temperaturen können unter 0 Grad Celsius fallen. An den Thermometern kannst du ablesen, dass die Temperatur in Moskau niedriger als in München ist. In Moskau sind es –2,6 °C, in München –1,5 °C.

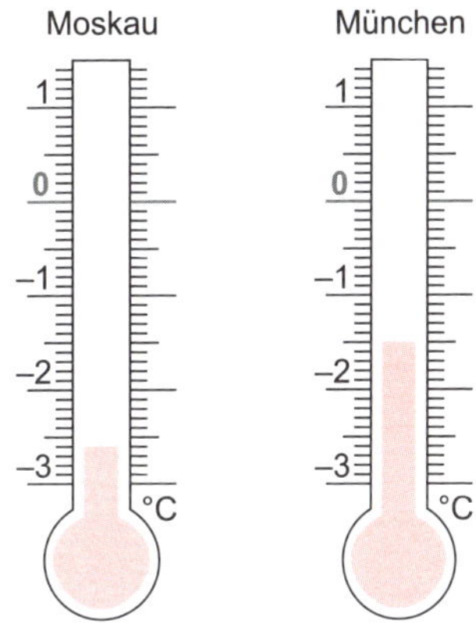

Von zwei negativen Zahlen ist die Zahl kleiner, deren Betrag größer ist, also gilt:
–2,6 °C < –1,5 °C

Ergänzt man den Zahlenstrahl um die negativen Zahlen links von der Null, ergibt sich eine **Zahlengerade**. Auf der Zahlengeraden liegt die kleinere Zahl weiter links:

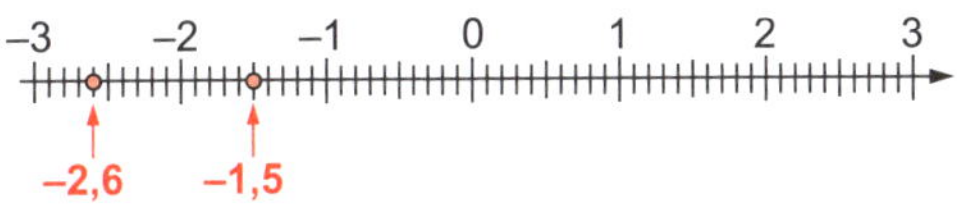

Jeder Bruch lässt sich als Dezimalzahl schreiben. Also lassen sich auch die negativen und positiven Brüche an der Zahlengeraden darstellen:

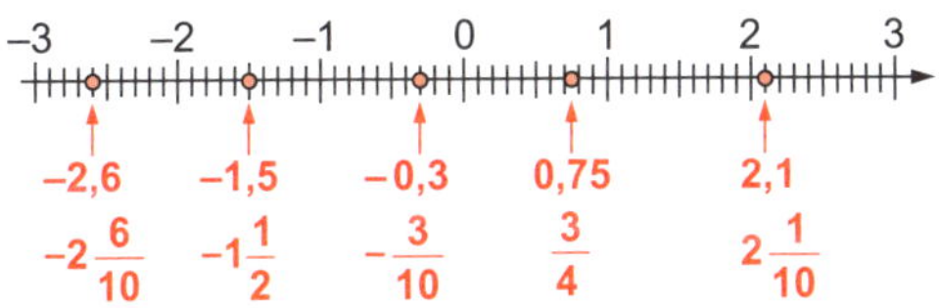

Die bislang bekannten negativen und positiven Zahlen bilden zusammen die **Menge der rationalen Zahlen**.

Die Menge ℚ der rationalen Zahlen

Zur Menge ℚ der rationalen Zahlen gehört die Menge der ganzen Zahlen ℤ = {… –3; –2; –1; 0; 1; 2; 3; …} sowie alle positiven und negativen Brüche. Diese lassen sich auch als Dezimalzahlen schreiben.

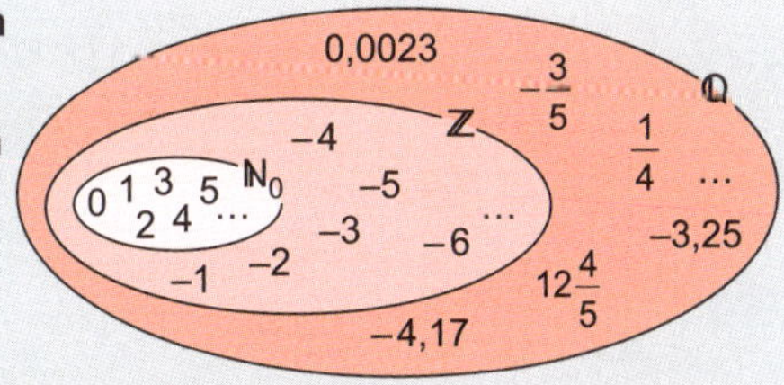

Die rationalen Zahlen lassen sich auf der Zahlengeraden anordnen und vergleichen. Die kleinere Zahl liegt dabei auf der Zahlengeraden weiter links.
Unter positiven Zahlen hat die kleinere Zahl den kleineren Betrag,
unter negativen Zahlen hat die kleinere Zahl den größeren Betrag.

4.1 Vergleichen und Ordnen von Brüchen

Die Sonne besteht in etwa zu $\frac{75}{100}$ aus Wasserstoff und zu $\frac{23}{100}$ aus Helium. Die übrigen $\frac{2}{100}$ sind schwere Elemente, wie z. B. Metalle.
Was kommt am häufigsten vor?

> Negative Brüche sind stets kleiner als positive Brüche.
> Für a, b ∈ ℕ und n, m ∈ ℕ gilt:
> $-\frac{a}{n} < \frac{b}{m}$

Beispiel

$-\frac{5}{4} < \frac{17}{6}$

> Brüche mit gleichen Nennern heißen **gleichnamige Brüche** und können miteinander verglichen werden. Man zieht bei gleichnamigen Brüchen ggf. das Vorzeichen in den Zähler und vergleicht dann die Zähler miteinander. Je größer der Zähler ist, desto größer ist der Wert des Bruchs.
> Für a, b ∈ ℤ und n ∈ ℕ gilt:
> - falls $a < b$, dann $\frac{a}{n} < \frac{b}{n}$
> - falls $a > b$, dann $\frac{a}{n} > \frac{b}{n}$

Beispiel

Ordne die Brüche, beginne mit dem kleinsten.

$-\frac{61}{4}, \frac{23}{4}, -\frac{17}{4}, \frac{33}{4}, \frac{5}{4}, \frac{29}{4}$

Lösung:

$-\frac{61}{4} < -\frac{17}{4} < \frac{5}{4} < \frac{23}{4} < \frac{29}{4} < \frac{33}{4}$

Ziehe das Vorzeichen der negativen Brüche auf den Zähler:

$-\frac{61}{4} = \frac{-61}{4}, \ -\frac{17}{4} = \frac{-17}{4}$

Vergleiche jetzt die Zähler:
$-61 < -17 < 5 < 23 < 29 < 33$

Brüche mit gleichen Zählern werden nach der Größe des Nenners geordnet.

- Bei **positiven** Brüchen gilt: Je größer der Nenner, desto kleiner ist der Wert des Bruchs. Für $z \in \mathbb{N}_0$ und $a, b \in \mathbb{N}$ gilt:
  - falls $a < b$, dann $\frac{z}{a} > \frac{z}{b}$
  - falls $a > b$, dann $\frac{z}{a} < \frac{z}{b}$
- Bei **negativen** Brüchen gilt: Je größer der Nenner, desto größer ist der Wert des Bruchs. Für $z \in \mathbb{N}_0$ und $a, b \in \mathbb{N}$ gilt:
  - falls $a < b$, dann $-\frac{z}{a} < -\frac{z}{b}$
  - falls $a > b$, dann $-\frac{z}{a} > -\frac{z}{b}$

Beispiel

Ordne die Brüche, beginne mit dem größten.

$-\frac{17}{15}, \frac{17}{5}, \frac{17}{73}, -\frac{17}{46}$

Lösung:

$\frac{17}{15} > \frac{17}{73} > -\frac{17}{46} > -\frac{17}{5}$

Die positiven Brüche sind größer als die negativen. Unter den positiven Brüchen mit gleichem Zähler ist der kleinste Nenner 15, also gilt:

$\frac{17}{15} > \frac{17}{73}$

Unter den negativen Brüchen mit gleichem Zähler ist der größte Nenner 46, also gilt:

$-\frac{17}{46} > -\frac{17}{5}$

58 Setze das richtige Zeichen ein: > oder <

a) $\frac{3}{2} \square \frac{7}{2}$ b) $-\frac{5}{12} \square -\frac{5}{18}$

c) $\frac{14}{3} \square \frac{13}{3}$ d) $-\frac{4}{9} \square -\frac{12}{9}$

e) $\frac{2}{10} \square \frac{2}{100}$ f) $\frac{21}{6} \square \frac{21}{4}$

g) $-\frac{11}{7} \square -\frac{5}{7}$ h) $\frac{2}{5} \square \frac{20}{5}$

Nach einem Handballturnier soll der beste Siebenmeter-Torhüter ausgezeichnet werden. Die Jury fragt sich, ob Manuel mit 15 gehaltenen von 20 Siebenmeterwürfen oder Tobias, der von 10 Würfen 8 gehalten hat, der bessere ist.

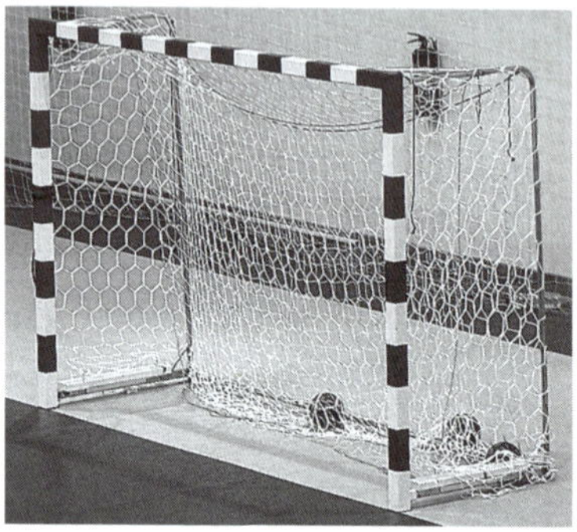

Brüche mit ungleichen Nennern heißen **ungleichnamige Brüche**.

- Ungleichnamige Brüche müssen erst durch **Erweitern** oder **Kürzen** auf den **gleichen Nenner** gebracht werden, bevor sie geordnet und verglichen werden können.
- Der gemeinsame Nenner – **Hauptnenner HN** – ist das kleinste gemeinsame Vielfache (Abkürzung kgV) der Nenner der vollständig gekürzten Brüche.
- Um den Hauptnenner zu finden, benötigt man oft die **Primfaktorzerlegung**: Jede Zahl lässt sich in ein Produkt aus Primfaktoren zerlegen. Die gegebene Zahl wird dabei durch eine Primzahl dividiert. Das Ergebnis wird erneut durch eine Primzahl dividiert bis als Ergebnis die Zahl 1 übrig bleibt.

Beispiele

1. Ordne die Brüche beginnend mit dem kleinsten.

$\frac{5}{4}, \frac{8}{5}, \frac{12}{8}$

Lösung:

$4 = 2 \cdot 2$
$5 = 5$
$8 = 2 \cdot 2 \cdot 2$

$\text{kgV} = 2 \cdot 2 \cdot 2 \cdot 5 = 40$

Um die Brüche zu vergleichen, müssen alle auf den Hauptnenner erweitert werden. Der Hauptnenner wird bestimmt durch die Ermittlung des kgV der Nenner mithilfe der Primfaktorzerlegung.

HN: 40

$\frac{5 \cdot \mathbf{10}}{4 \cdot \mathbf{10}} = \frac{50}{\mathbf{40}}$ — $\frac{5}{4}$ wird mit 10 erweitert.

$\frac{8 \cdot \mathbf{8}}{5 \cdot \mathbf{8}} = \frac{64}{\mathbf{40}}$ — $\frac{8}{5}$ wird mit 8 erweitert.

$\frac{12 \cdot \mathbf{5}}{8 \cdot \mathbf{5}} = \frac{60}{\mathbf{40}}$ — $\frac{12}{8}$ wird mit 5 erweitert.

$\frac{50}{40} < \frac{60}{40} < \frac{64}{40}$, somit ist $\frac{5}{4} < \frac{12}{8} < \frac{8}{5}$.

2. Welcher Bruch liegt von $\frac{1}{3}$ weiter entfernt, $\frac{2}{5}$ oder $\frac{9}{15}$?

Lösung:

$\frac{1 \cdot 5}{3 \cdot 5} = \frac{5}{15}$

Um die Brüche zu vergleichen, müssen alle auf den Hauptnenner erweitert werden. Der kleinste gemeinsame Nenner ist 15.

$\frac{2 \cdot 3}{5 \cdot 3} = \frac{6}{15}$

$\frac{9}{15}$

$\frac{9}{15}$ muss nicht erweitert werden, da der Nenner bereits 15 ist.

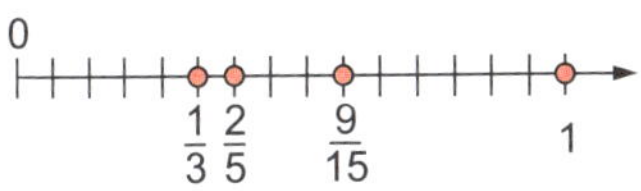

An der Zahlenhalbgeraden kann man nun ablesen, welcher Punkt weiter von $\frac{1}{3}$ entfernt liegt.

Der Bruch $\frac{9}{15}$ liegt weiter von $\frac{1}{3}$ entfernt als der Bruch $\frac{2}{5}$.

3. Gib jeweils einen Bruch an, der zwischen den beiden gegebenen Brüchen liegt.

a) $\frac{2}{5}$ und $\frac{4}{5}$

b) $\frac{17}{16}$ und $\frac{5}{4}$

c) $-\frac{2}{5}$ und $-\frac{3}{5}$

Lösung:

a) $\frac{3}{5}$

Denn $\frac{2}{5} < \frac{3}{5} < \frac{4}{5}$.

b) $\frac{5}{4 \cdot 4} = \frac{20}{16}$

Die Brüche müssen zunächst auf einen gemeinsamen Nenner gebracht werden. Der kleinste gemeinsame Nenner ist 16.

$\frac{17}{16}$ hat bereits den Nenner 16.

Es liegen die Brüche $\frac{18}{16}$ und $\frac{19}{16}$ zwischen den beiden Brüchen.

Denn $\frac{17}{16} < \frac{18}{16} < \frac{19}{16} < \frac{20}{16}$.

c) $-\frac{2}{5 \cdot 2} = -\frac{4}{10}$

Man bringt die beiden Brüche zunächst auf den nächstgrößeren gemeinsamen Nenner. Das ist der Nenner 10.

$-\frac{3}{5 \cdot 2} = -\frac{6}{10}$

Der Bruch $-\frac{5}{10}$ liegt zwischen den beiden Brüchen.

Denn $-\frac{4}{10} > -\frac{5}{10} > -\frac{6}{10}$.

59 Finde zunächst den gemeinsamen Hauptnenner der Brüche und ordne sie dann ihrer Größe nach. Beginne mit dem kleinsten Bruch.

a) $\frac{1}{2}; \frac{2}{3}$

b) $\frac{2}{3}; \frac{4}{15}; \frac{3}{5}$

c) $\frac{3}{4}; \frac{2}{8}; \frac{7}{12}$

d) $\frac{3}{2}; \frac{1}{4}; \frac{4}{6}$

e) $\frac{5}{8}; \frac{7}{4}; \frac{11}{16}$

f) $\frac{8}{15}; -\frac{10}{3}; -\frac{4}{5}; \frac{11}{9}$

60 Welcher der Brüche liegt am nächsten bei $\frac{4}{5}$?

a) $\frac{12}{20}; \frac{6}{15}; \frac{12}{10}$

b) $\frac{5}{12}; \frac{9}{15}; \frac{45}{30}$

c) $\frac{7}{8}; \frac{7}{10}; \frac{1}{4}$

d) $\frac{1}{2}; \frac{3}{4}; \frac{7}{9}$

61 Gib jeweils einen Bruch an, der zwischen den beiden Brüchen liegt.

a) $\frac{3}{8}$ und $\frac{6}{8}$

b) $\frac{3}{6}$ und $\frac{4}{6}$

c) $\frac{2}{5}$ und $\frac{1}{4}$

d) $\frac{2}{3}$ und $\frac{1}{7}$

e) $\frac{9}{12}$ und $\frac{12}{9}$

f) $-\frac{3}{2}$ und $-\frac{15}{17}$

62 Im Herbst fliegen viele Vögel in wärmere Regionen der Erde.
Finde die Bezeichnung für diese Vögel heraus, indem du die Brüche der Größe nach ordnest und mit dem kleinsten beginnst. Die Buchstaben, die neben den Brüchen stehen, ergeben in der richtigen Reihenfolge die Bezeichnung für diese Vögel.

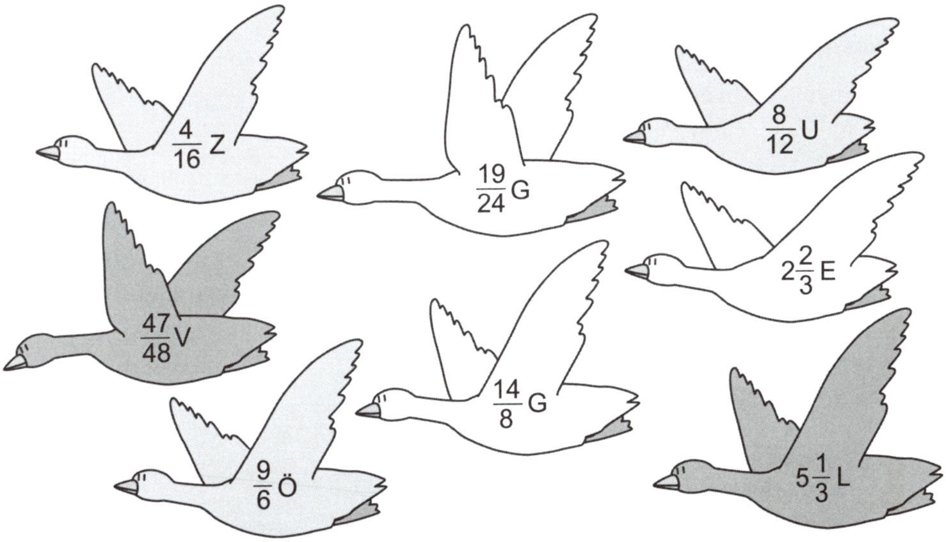

63 In einem Werbeflyer bewirbt ein Schnellrestaurant seine fettarmen Burger.
Ermittle rechnerisch, welcher Burger den geringsten Fettanteil hat.

	Burger 1	Burger 2	Burger 3
Burgergewicht	120 g	180 g	90 g
Fettgehalt	28 g	55 g	30 g

64 Welches Glücksrad bringt die besten Gewinnchancen?
Bei 60 Feldern gibt es 5 Gewinnfelder.
Bei 40 Feldern gibt es 3 Gewinnfelder.
Bei 80 Feldern gibt es 7 Gewinnfelder.

4.2 Vergleichen und Ordnen von Dezimalzahlen

Vergleiche die Preise der folgenden Tankstellen.

Tankstelle 1	1,159 €
Tankstelle 2	1,129 €
Tankstelle 3	1,149 €
Tankstelle 4	1,119 €

Wo tankt man am billigsten?

Dezimalzahlen werden miteinander **verglichen**, indem man die einzelnen Stellenwerte **von links nach rechts** miteinander vergleicht. Es entscheidet die **erste Stelle**, an der die Ziffern verschieden sind.

Zu jeder Dezimalzahl gibt es auf der Zahlengeraden einen **Bildpunkt** und einen **Zahlenpfeil**.

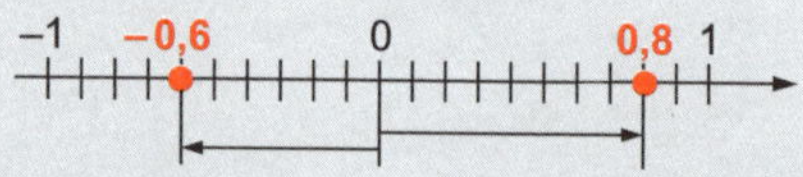

- Negative Dezimalzahlen sind kleiner als positive.
- Für **positive** Dezimalzahlen gilt:
  - Je **länger** der Zahlenpfeil und je **weiter rechts** der Bildpunkt ist, desto **größer** ist die zugehörige Zahl.
  - Je **größer der Betrag**, desto **größer** ist die Zahl.
- Für **negative** Dezimalzahlen gilt:
  - Je **länger** der Zahlenpfeil und je **weiter links** der Bildpunkt ist, desto **kleiner** ist die zugehörige Zahl.
  - Je **größer der Betrag**, desto **kleiner** ist die Zahl.

Beispiele

1. Bei den Bundesjugendspielen wurden die fünf schnellsten Läufer*innen im 50-m-Lauf ermittelt. Ordne die Zeiten, beginne mit der schnellsten.

Mia:	7,23 s	Lea:	7,57 s	Arda:	7,49 s
Nils:	7,53 s	Anne:	7,86 s		

Lösung:

7,23 s	Mia
7,49 s	Arda
7,53 s	Nils
7,57 s	Lea
7,86 s	Anne

Die Ziffern links vom Komma sind bei allen gleich. Entscheidend sind also die Dezimalstellen.

$2 < 4 < 5 < 8$

Nils und Lea haben beide 5 Zehntel. Wichtig sind in diesem Fall die Hundertstel.

2. Trage auf der Zahlengeraden die Bildpunkte der Dezimalzahlen ein.

A 1,1 B 0,4 C –0,9

Lösung:

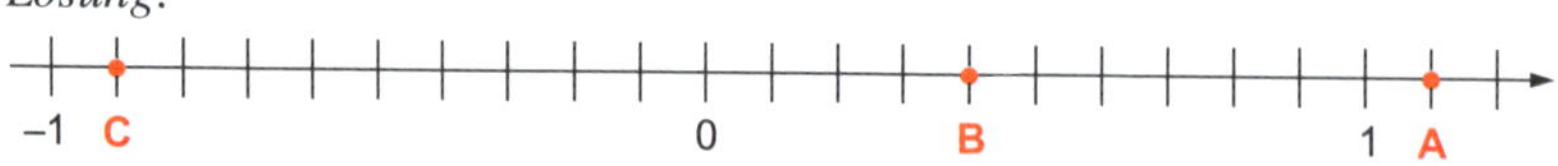

65 Welche Dezimalzahlen sind an der Zahlengeraden markiert?
Trage die Dezimalzahlen in das darunter stehende Kästchen ein.

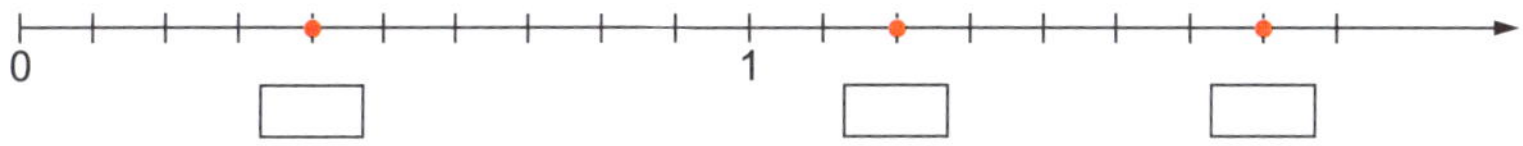

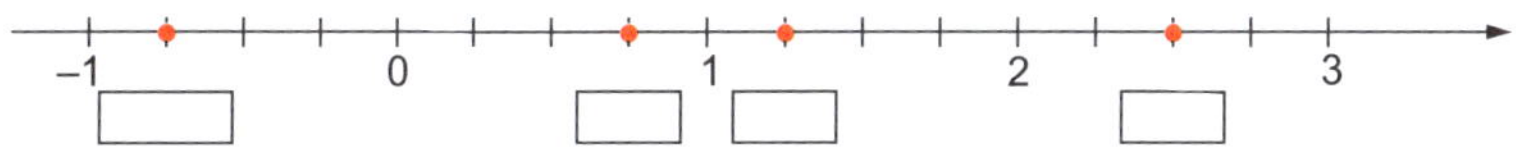

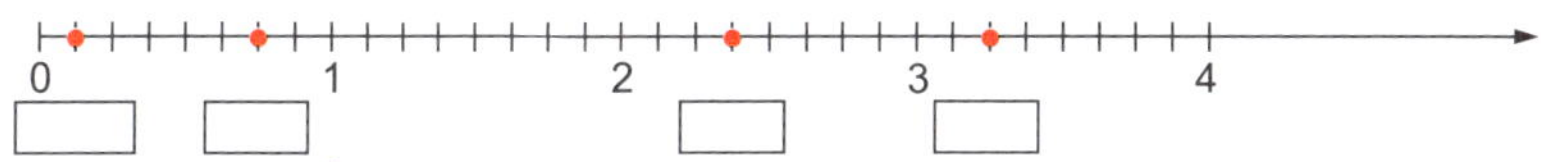

66 Setze das richtige Zeichen ein: >, = oder <

a) 3,78	☐	3,79	b) 21,583	☐	21,581
c) 11,17	☐	11,16	d) 3,5	☐	$3\frac{1}{2}$
e) 141,50	☐	141,50	f) –0,3478	☐	–0,3488
g) –1,379	☐	–1,37	h) –7,45	☐	–7,48
i) –17,01	☐	–17,015	j) –111,011	☐	–111,0011

67 Ordne die Dezimalzahlen. Beginne mit der größten Zahl.

a) 17,35; 17,53; 17,42; 17,91; 16,86

b) 2,356; 2,355; –2,535; 2,542; 2,352

68 Auf der Geburtstagsfeier von Lisa veranstalten die Kinder eine Wasserbombenschlacht. Dabei stellen sie fest, dass es besonderes Geschick erfordert, eine möglichst große und schwere Wasserbombe zu befüllen, ohne dass dabei der Luftballon platzt. Entscheide, wer die vier Geschicktesten waren.

Eva	1,04 kg
Frank	0,89 kg
Lisa	1,01 kg
Sabrina	0,99 kg
Stefan	1,00 kg
Thomas	0,98 kg

4.3 Vergleichen und Ordnen von rationalen Zahlen

Nun sollen Zahlen, Dezimalzahlen, Brüche und gemischte Brüche miteinander verglichen und geordnet werden. Wende dazu das erworbene Wissen wie folgt an:

- Je weiter links eine Zahl auf der Zahlengeraden liegt, desto kleiner ist die Zahl.
- Eine negative Zahl ist kleiner als jede positive Zahl.
- Je größer der Betrag einer negativen Zahl ist, desto kleiner ist die negative Zahl.
- Gleichnamige Brüche (mit Vorzeichen in den Zähler geschrieben): Je größer der Zähler, desto größer der Bruch.
- Brüche mit gleichen Zählern:
  Bei **positiven** Brüchen gilt: Je größer der Nenner, desto kleiner ist der Wert.
  Bei **negativen** Brüchen gilt: Je größer der Nenner, desto größer ist der Wert.

Um gemischte Brüche oder normale Brüche vergleichen zu können, muss man sie vorher oft umwandeln.

Beispiel

Vergleiche.

$4\frac{4}{6}$ und $\frac{15}{3}$

Lösung:

$$4\frac{4}{6} = \frac{4\cdot 6+4}{6} = \frac{28}{6}$$

Wandle den gemischten Bruch in einen unechten Bruch um.

$$\frac{15}{3} \underset{\cdot 2}{=} \frac{30}{6}$$

Erweitere den zweiten Bruch so, dass er den gleichen Nenner wie der erste Bruch hat.

$$28 < 30$$

Bei gleichnamigen Brüchen gilt: Je größer der Zähler, desto größer der Bruch.

$$\Rightarrow \quad 4\frac{4}{6} < \frac{15}{3}$$

69 Gib drei Zahlen an, die zwischen den genannten Zahlen liegen.

a) 0,2 und 0,75

b) $-2\frac{1}{5}$ und 0

c) $-\frac{1}{2}$ und 0,25

70 Setze das richtige Zeichen ein: „<“ „>“ „=“

a) $1{,}2 \;\square\; \frac{6}{5}$

b) $-2{,}7° \;\square\; -3{,}4°$

c) $5\frac{1}{4}$ kg $\square$ 5,2 kg

d) 24,61 € $\square$ –103,45 €

e) $-10{,}5 \;\square\; -15\frac{1}{8}$

71 Ordne der Größe nach, beginne mit der kleinsten Zahl.

$-4\frac{3}{4}$; $2{,}6$; $\frac{7}{5}$; $-1{,}96$; 0; $-3{,}52$; $2\frac{2}{3}$

72 Bei der Angabe von Höhen über bzw. unter dem Meeresspiegel wird seit 2017 nicht mehr das Normalnull (NN), sondern das Normalhöhennull (NHN) verwendet. Ordne den folgenden Höhen die passende Zahl auf der Zahlengeraden zu.

- 45 m unter NHN
- $\frac{20}{4}$ m über NHN
- $\frac{450}{10}$ m über NHN
- 12,5 m unter NHN

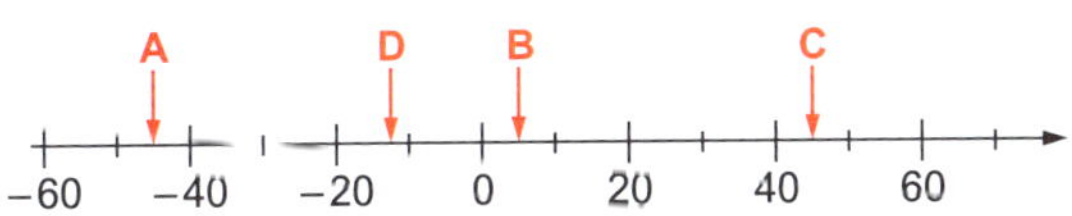

Rechnen mit rationalen Zahlen

1 Rechnen mit Brüchen

1.1 Addition und Subtraktion gleichnamiger Brüche

Der Olympus Mons ist mit etwa 25 km der höchste Berg unseres Sonnensystems und befindet sich auf dem Mars. Der Mount Everest hat ungefähr $\frac{9}{25}$, der Mont Blanc $\frac{5}{25}$ und der Elbrus $\frac{6}{25}$ der Höhe des Olympus Mons.
Sind die drei Berge zusammen höher als der Olympus Mons?

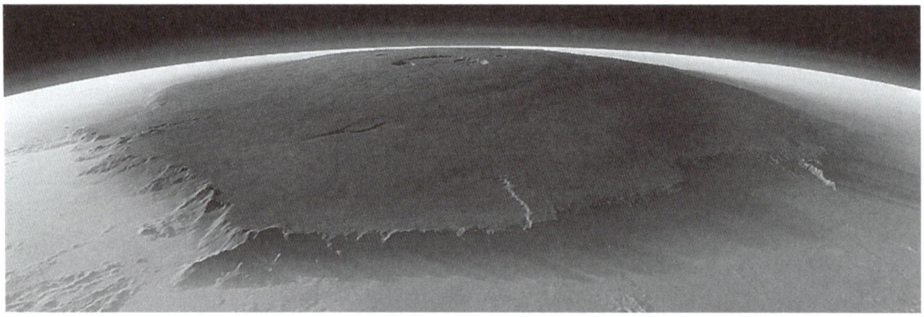

Man **addiert oder subtrahiert gleichnamige Brüche**, indem man die Zähler gemäß den Rechenregeln für ganze Zahlen addiert bzw. subtrahiert und den Nenner beibehält. Beachte:

- Das Ergebnis erhält das **Vorzeichen des Zählers mit dem größeren Betrag**.
- Bei **gleichen Vorzeichen** werden im Zähler die **Beträge addiert**.
  $+\frac{a}{c}+\frac{b}{c}=+\frac{a+b}{c}$ und $-\frac{a}{c}-\frac{b}{c}=-\frac{a+b}{c}$ für $a, b \in \mathbb{N}_0$ und $c \in \mathbb{N}$
- Bei **unterschiedlichen Vorzeichen** wird im Zähler der **kleinere vom größeren Betrag subtrahiert**.
  Für $a > b$: $+\frac{a}{c}-\frac{b}{c}=+\frac{a-b}{c}$ und $-\frac{a}{c}+\frac{b}{c}=-\frac{a-b}{c}$ für $a, b \in \mathbb{N}_0$ und $c \in \mathbb{N}$
  Für $b > a$: $+\frac{a}{c}-\frac{b}{c}=-\frac{b-a}{c}$ und $-\frac{a}{c}+\frac{b}{c}=+\frac{b-a}{c}$ für $a, b \in \mathbb{N}_0$ und $c \in \mathbb{N}$
- Das **Ergebnis** wird so weit wie möglich **gekürzt** angegeben.

Beispiele

1. $+\frac{4}{5}+\frac{7}{5}=+\frac{4+7}{5}=\frac{11}{5}=2\frac{1}{5}$

Schreibe das **gemeinsame Vorzeichen** vor den Bruch und die Zähler als **Summe** auf einen gemeinsamen Bruchstrich. Der Nenner wird beibehalten. Schreibe das Ergebnis als gemischte Zahl.

2. $-\frac{3}{4}-\frac{1}{4}=-\frac{3+1}{4}=-\frac{4}{4}_{:4}=-1$

Schreibe das **gemeinsame Vorzeichen** vor den Bruch und die Zähler als **Summe** auf einen gemeinsamen Bruchstrich mit dem alten Nenner. Addiere dann die Zahlen im Zähler. Kürze!

3. $-\frac{3}{4}+\frac{2}{4}=-\frac{3-2}{4}=-\frac{1}{4}$

Schreibe das **Vorzeichen des betragsmäßig größeren Zählers** (hier: −3) vor den Bruch. **Subtrahiere** dann den kleineren vom größeren Betrag.

4. $-\frac{5}{15}+\frac{8}{15}=+\frac{8-5}{15}=\frac{3}{15}_{:3}=\frac{1}{5}$

Schreibe das **Vorzeichen des betragsmäßig größeren Zählers** (hier: +8) vor den Bruch. **Subtrahiere** dann den kleineren vom größeren Betrag.

5. $\frac{32}{35}-\frac{12}{35}=+\frac{32-12}{35}=\frac{20}{35}_{:5}=\frac{4}{7}$

Der **betragsmäßig größere Zähler** (+32) bestimmt das Vorzeichen. **Subtrahiere** dann den kleineren vom größeren Betrag.

6. $\frac{2}{3}-\frac{5}{3}=-\frac{5-2}{3}=-\frac{3}{3}_{:3}=-1$

Der **betragsmäßig größere Zähler** (−5) bestimmt das Vorzeichen. **Subtrahiere** dann den kleineren vom größeren Betrag.

7. $\frac{14}{6}-\frac{4}{6}-\frac{11}{6}=+\frac{14-4}{6}-\frac{11}{6}=\frac{10}{6}-\frac{11}{6}=-\frac{11-10}{6}=-\frac{1}{6}$

Rechne von links nach rechts.

oder:

$\frac{14}{6}-\frac{4}{6}-\frac{11}{6}=\frac{14-4-11}{6}=\frac{10-11}{6}=\frac{-1}{6}=-\frac{1}{6}$

Schreibe alle Zähler auf einen gemeinsamen Bruchstrich und vereinfache nach den Rechenregeln für ganze Zahlen.

73 Schreibe die entsprechende Aufgabe auf und gib das Ergebnis an.

a) 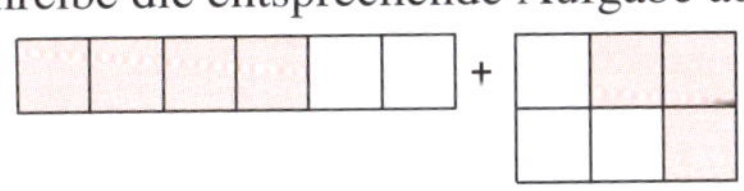

b) 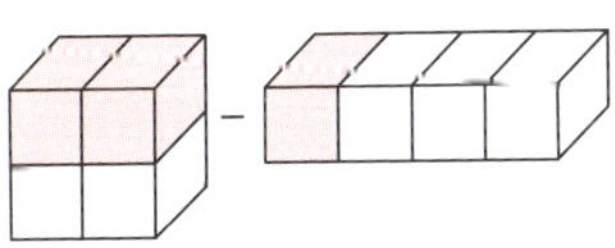

c) 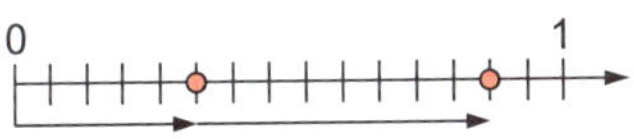

74 Berechne.

a) $\frac{1}{8}+\frac{4}{8}+\frac{2}{8}+\frac{6}{8}$

b) $+\frac{20}{6}-\frac{15}{6}$

c) $-\frac{4}{12}+\frac{17}{12}$

d) $\frac{6}{7}+\frac{10}{7}-\frac{17}{7}$

75 Berechne.

a) $\frac{65}{25}-\frac{21}{25}-\frac{8}{25}$

b) $\frac{15}{5}-\frac{6}{5}-\frac{3}{5}-\frac{2}{5}$

c) $\frac{34}{20}-\frac{13}{20}-\frac{17}{20}-\frac{7}{20}$

d) $\frac{17}{3}-\frac{14}{3}-\frac{2}{3}-\frac{1}{3}$

76 Beim 100-m-Lauf erreichen der Reihenfolge nach Franziska, Verena, Susanne, Lisa und Beate das Ziel. Verena kommt $\frac{22}{100}$ Sekunden nach der Siegerin, Susanne $\frac{45}{100}$ Sekunden nach Verena, Lisa $\frac{60}{100}$ Sekunden nach Susanne und Beate $\frac{65}{100}$ Sekunden nach Lisa ins Ziel.
Wie viele Sekunden nach Franziska kommt Beate ins Ziel?

77 Kann ein Arbeiter von einem 80 m langen Kabel nacheinander $20\frac{2}{3}$ m, $16\frac{2}{3}$ m und $24\frac{1}{3}$ m Kabel abschneiden?
Berechne, wie viele Meter Kabel fehlen oder übrig bleiben.

Bei der **Addition gemischter Brüche** trennt man die Ganzen von den Bruchteilen und addiert die **Summe der Ganzen** und die **Summe der Bruchteile**. Das Ergebnis wird so weit wie möglich gekürzt angegeben.

Beispiele

1. $2\frac{1}{4}+4\frac{2}{4}=\underbrace{2+4}_{\text{Summe der Ganzen}}+\underbrace{\frac{1}{4}+\frac{2}{4}}_{\text{Summe der Bruchteile}}=6+\frac{1+2}{4}=6\frac{3}{4}$

Die Ganzen werden von den Bruchteilen getrennt und dann die Ganzen und die Bruchteile untereinander addiert.

2. $3\frac{2}{3}+5\frac{2}{3}=3+5+\frac{2}{3}+\frac{2}{3}=8+\frac{2+2}{3}=8\frac{4}{3}=9\frac{1}{3}$

78 Addiere alle Brüche im nebenstehenden Quadrat, die eine komplette Spalte, Zeile oder Diagonale bilden.

$3\frac{5}{12}$	$3\frac{8}{12}$	$12\frac{8}{12}$
	$4\frac{7}{12}$	$1\frac{12}{12}$
$5\frac{4}{12}$	$2\frac{10}{12}$	

79 Zur Pausenversorgung werden $8\frac{6}{8}$ kg Butter, 24 kg Wurst, $20\frac{4}{8}$ kg Käse und $5\frac{6}{8}$ kg Müsliriegel bestellt.
Beträgt das Gesamtgewicht der wöchentlichen Bestellung 60 kg?

Bei der **Subtraktion gemischter Brüche** trennt man die Ganzen von den Bruchteilen und addiert die **Differenz der Ganzen** und die **Differenz der Bruchteile**. Das Ergebnis wird so weit wie möglich gekürzt angegeben.

Beispiel

1. $2\frac{3}{5}-1\frac{2}{5}=\underbrace{2-1}_{\text{Differenz der Ganzen}}+\underbrace{\frac{3}{5}-\frac{2}{5}}_{\text{Differenz der Bruchteile}}=1\frac{1}{5}$

Die Ganzen werden von den Bruchteilen getrennt und dann die Ganzen und die Bruchteile untereinander subtrahiert.

2. $9\frac{12}{15}-17\frac{8}{15}=9-17+\frac{12}{15}-\frac{8}{15}=-8\frac{4}{15}$

3. $2\frac{3}{8}-4\frac{2}{8}-1\frac{1}{8}=(2-4-1)+\left(\frac{3}{8}-\frac{2}{8}-\frac{1}{8}\right)$

$=-3+\frac{3-2-1}{8}$

$=-3+\frac{0}{8}$

$=-3$

4. $4\frac{3}{6}-2\frac{4}{6}=4-2+\left(\frac{3}{6}-\frac{4}{6}\right)=2+\left(-\frac{1}{6}\right)=1\frac{5}{6}$

Ist die Differenz der Bruchteile negativ, zieht man von der ganzen Zahl ab.

5. $4\frac{2}{7}-2\frac{4}{7}=\frac{30}{7}-\frac{18}{7}=\frac{12}{7}=1\frac{5}{7}$

Du kannst gemischte Brüche auch einfach in unechte Brüche umwandeln.

80 Zu der Differenz aus $\frac{4}{5}$ und $\frac{11}{5}$ soll der gemischte Bruch $3\frac{3}{5}$ addiert werden. Erstelle einen Rechenausdruck und berechne anschließend.

81 Subtrahiere alle Brüche, die eine komplette Spalte, Zeile oder Diagonale bilden, von links nach rechts und von oben nach unten.

$25\frac{17}{18}$	$8\frac{12}{18}$	$12\frac{4}{18}$
	$4\frac{2}{18}$	
	$2\frac{1}{18}$	$2\frac{11}{18}$

82 Mit dem Wasser aus einer Regentonne, die ein Fassungsvermögen von 500 ℓ hat, wird der Garten gegossen.
Wie viele Liter Wasser sind noch in der Regentonne, wenn folgende Mengen entnommen werden:

$24\frac{24}{60}$ ℓ, $25\frac{45}{60}$ ℓ und $4\frac{20}{60}$ ℓ

83 Gib das Ergebnis als gemischten Bruch an, wenn möglich.

a) $\frac{9}{14}+\frac{8}{14}$

b) $\frac{19}{9}+\frac{4}{9}$

c) $\frac{112}{54}-\frac{87}{54}$

d) $\frac{11}{30}+\frac{151}{30}$

e) $\frac{742}{215}-\frac{142}{215}$

f) $\frac{188}{150}-\frac{28}{150}$

84 Manche Steine im Fluss sitzen sehr locker. Auf welche Steine muss man treten, um trockenen Fußes über den Fluss zu gelangen?
Löse die Aufgaben der Reihe nach. Die richtigen Ergebnisse zeigen den Weg.

a) $\frac{3}{8}+\frac{4}{8}$

b) $\frac{5}{10}-\frac{4}{10}$

c) $\frac{1}{4}+\frac{3}{4}+\frac{7}{4}$

d) $\frac{20}{5}-\frac{4}{5}-\frac{3}{5}$

e) $2\frac{9}{12}+3\frac{4}{12}$

f) $\frac{19}{8}+\frac{11}{8}+\frac{4}{8}$

g) $\frac{8}{15}+\frac{14}{15}-1\frac{2}{15}$

h) $\frac{2}{3}+1\frac{1}{3}-\frac{1}{3}$

i) $\frac{19}{36}+\frac{20}{36}$

85 Ergänze so, dass eine wahre Aussage entsteht.

a) $\frac{\square}{28}+\frac{10}{28}=\frac{26}{28}$

b) $\frac{38}{62}+\frac{18}{\square}=\frac{56}{62}$

c) $\frac{146}{64}-\frac{78}{64}=\frac{\square}{64}$

d) $\frac{72}{106}+\frac{30}{106}=\frac{186}{106}-\frac{\square}{106}$

86 Löse die Aufgaben der Reihenfolge nach und finde das Lösungswort.

a) $\frac{11}{17}-\frac{10}{17}+\frac{32}{17}+\frac{13}{17}$

b) $\frac{125}{20}-\frac{26}{20}-\frac{19}{20}-\frac{51}{20}$

c) $\frac{11}{13}+\frac{12}{13}-\frac{14}{13}+\frac{18}{13}$

d) $\frac{10}{6}+\frac{20}{6}+\frac{30}{6}-\frac{40}{6}$

e) $\frac{1}{3}+3\frac{1}{3}-\frac{9}{3}$

f) $12\frac{1}{4}-3\frac{3}{4}+4\frac{2}{4}$

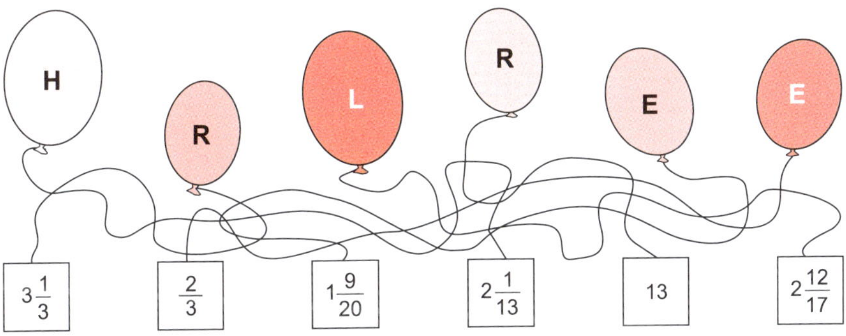

87 Bei den Bundesjugendspielen wurden von Sonja und Eva im Hochsprung die unten eingezeichneten Höhen übersprungen.

a) Wie viel höher ist Sonja im Vergleich zu Eva gesprungen?

b) Wie hoch sind beide zusammen gesprungen?

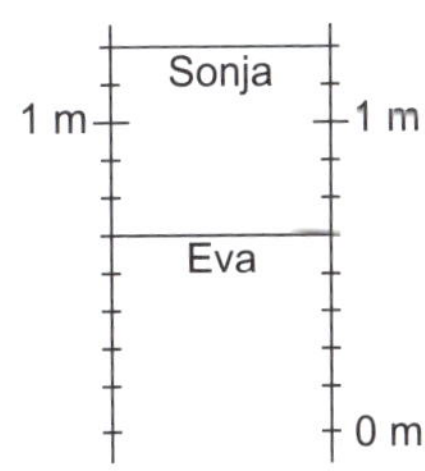

88 Auf einem Flughafen landeten in einem Monat 1 200 Flugzeuge. Darunter waren $\frac{7}{25}$ vom Typ Airbus, $\frac{6}{25}$ vom Typ Boeing und $\frac{3}{25}$ vom Typ Antonow.
Wie viele Flugzeuge eines anderen Typs sind in diesem Zeitraum auf dem Flughafen gelandet?

1.2 Addition und Subtraktion ungleichnamiger Brüche

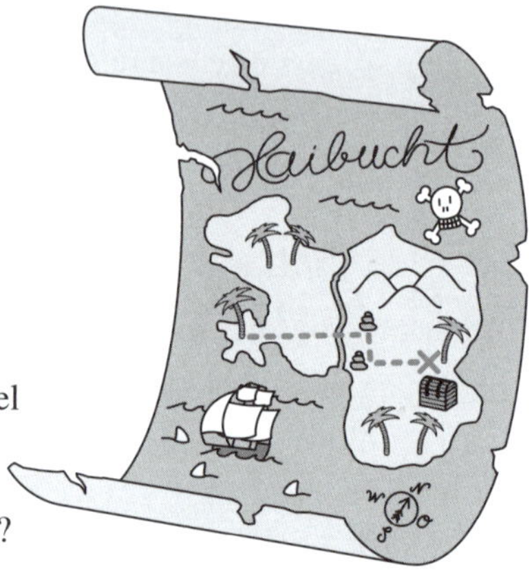

Vier Schatzjäger haben eine alte Karte gefunden. Sie ist vom Piraten Eisenbart, der einen riesigen Schatz auf einer verlassenen Insel vergraben hat.
Wenn sie den Schatz gefunden haben, soll der Anführer die Hälfte, der Kapitän ein Viertel und der Matrose ein Achtel des Schatzes erhalten.
Bleibt für den Schiffsjungen noch etwas übrig?

Nur gleichnamige Brüche können addiert oder subtrahiert werden. Ungleichnamige Brüche werden addiert (subtrahiert), indem man

- ihren Hauptnenner bestimmt,
- die Brüche durch Erweitern gleichnamig macht und
- die gleichnamigen Brüche addiert (subtrahiert).

Sind beide Nenner teilerfremd, ergibt sich der Hauptnenner aus ihrem Produkt.
Das Ergebnis wird so weit wie möglich gekürzt angegeben.

Beispiele

1. $\frac{5}{6}+\frac{4}{24}$

Lösung:
HN: 24

$=\frac{5\cdot 4}{6\cdot 4}+\frac{4}{24}=\frac{20}{24}+\frac{4}{24}=\frac{24}{24}=1$

Einer der beiden Nenner ist bereits der Hauptnenner.
Erweitere mit 4.

2. $-\frac{3}{4}+\frac{2}{5}$

Lösung:
HN: $4\cdot 5=20$

$=-\frac{3\cdot 5}{4\cdot 5}+\frac{2\cdot 4}{5\cdot 4}=-\frac{15}{20}+\frac{8}{20}=-\frac{7}{20}$

Die beiden Nenner sind teilerfremd. Der HN ist das Produkt aus beiden.
Erweitere mit 5 und 4.

3. $\frac{5}{8}-\frac{3}{12}$

Lösung:

$8 \quad = 2 \cdot 2 \cdot 2$

$12 \quad = 2 \cdot 2 \cdot \quad 3$

$HN = 2 \cdot 2 \cdot 2 \cdot 3 = 24$

Der Hauptnenner wird mithilfe des kgV ermittelt.

$= \frac{5 \cdot 3}{8 \cdot 3} - \frac{3 \cdot 2}{12 \cdot 2} = \frac{15}{24} - \frac{6}{24} = \frac{9}{24 :3} = \frac{3}{8}$

Erweitere mit 3 und 2.

4. $-7\frac{4}{9} + 2\frac{7}{12}$

Lösung:

$= -\frac{67}{9} + \frac{31}{12}$

Wandle in unechte Brüche um.

$9 \quad = \quad 3 \cdot 3$

$12 \quad = 2 \cdot 2 \cdot 3$

$HN = 2 \cdot 2 \cdot 3 \cdot 3 = 36$

Der Hauptnenner wird mithilfe des kgV ermittelt.

$= -\frac{67 \cdot 4}{9 \cdot 4} + \frac{31 \cdot 3}{12 \cdot 3} = -\frac{268}{36} + \frac{93}{36}$

Erweitere mit 4 und 3.

$= -\frac{268 - 93}{36}$

$= -\frac{175}{36} = -4\frac{31}{36}$

89 Wohin fliegt die Raumsonde? Die richtigen Lösungen ergeben das Reiseziel.

a) $\frac{8}{30} + \frac{12}{150}$ b) $\frac{21}{8} - \frac{4}{3}$

c) $-\frac{3}{5} + \frac{2}{10}$ d) $\frac{1}{12} - \frac{1}{15}$

e) $-\frac{4}{6} - \frac{10}{4}$ f) $\frac{35}{256} + \frac{20}{16}$

$-\frac{2}{5}$ **T**	$1\frac{99}{256}$ **N**
$1\frac{7}{24}$ **A**	$\frac{26}{75}$ **S**
$\frac{1}{60}$ **U**	$-3\frac{1}{6}$ **R**

90 Berechne und kürze, wenn möglich, vollständig.

a) $\frac{2}{3}+\frac{4}{10}$

b) $\frac{1}{4}+\frac{1}{6}$

c) $\frac{6}{8}-\frac{5}{12}$

d) $\frac{16}{25}+\frac{11}{20}$

e) $\frac{6}{9}-\frac{6}{15}$

f) $\frac{3}{4}-\frac{4}{5}$

g) $\frac{7}{9}-\frac{3}{8}$

h) $\frac{3}{5}+\frac{4}{6}$

i) $\frac{2}{10}+\frac{4}{40}$

j) $\frac{9}{12}-\frac{2}{9}$

Schraffiere die Felder mit den richtigen Lösungen und es entsteht ein Tier.

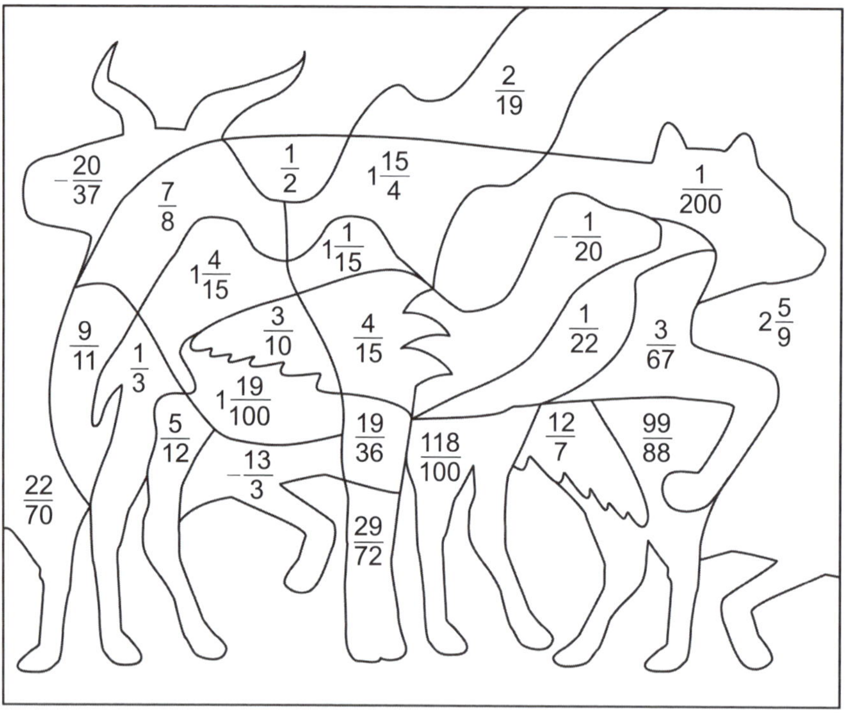

91 Löse die einzelnen Aufgaben rechnerisch.

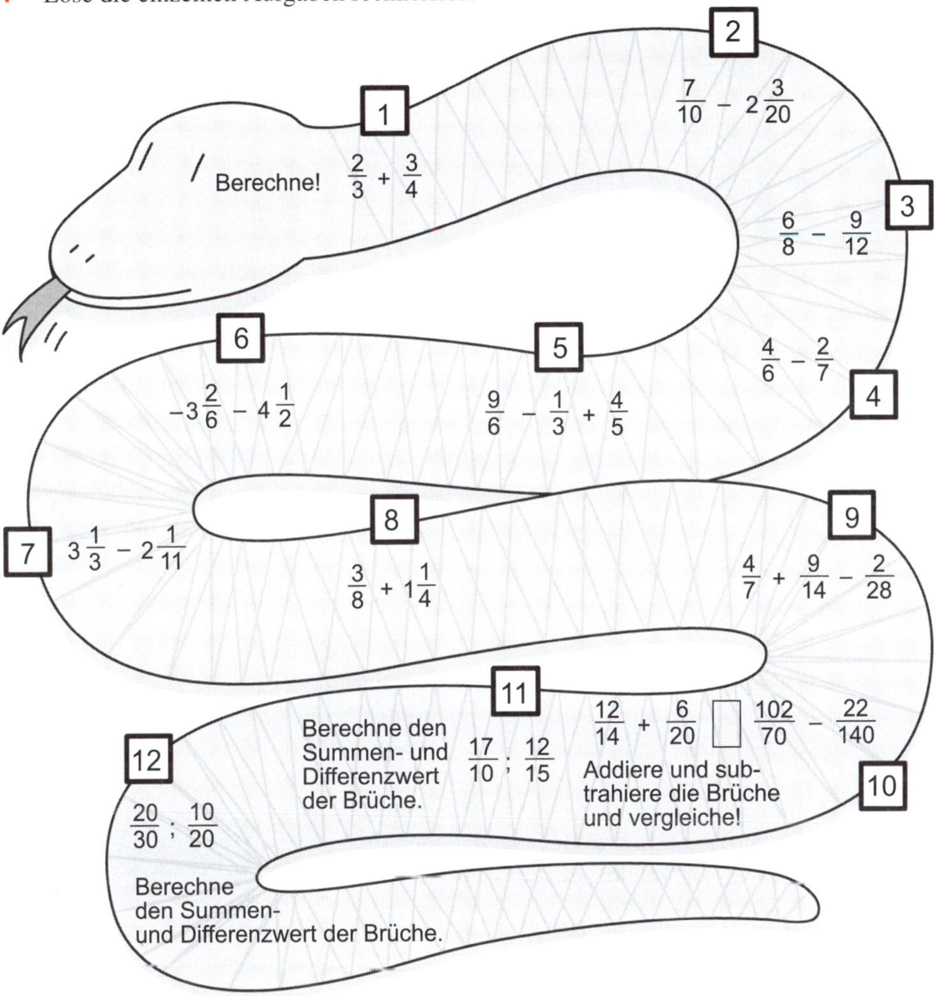

92 Das Bild zeigt ein magisches Quadrat aus Brüchen.
Was fällt dir auf, wenn die Summe jeder Zeile, jeder Spalte und jeder Diagonale berechnet wird?

$\frac{1}{12}$	$\frac{3}{8}$	$\frac{1}{6}$
$\frac{7}{24}$	$\frac{5}{24}$	$\frac{1}{8}$
$\frac{1}{4}$	$\frac{1}{24}$	$\frac{2}{6}$

93 Die Oberfläche der Erde beträgt 510 Mio. km². Davon sind $\frac{3}{10}$ Land. Naturkatastrophen werden immer häufiger.
Wie viel Land würde laut der Grafik den Überflutungen, Bränden und Wirbelstürmen zum Opfer fallen?
Der Zeitraum beträgt 1 Jahr.

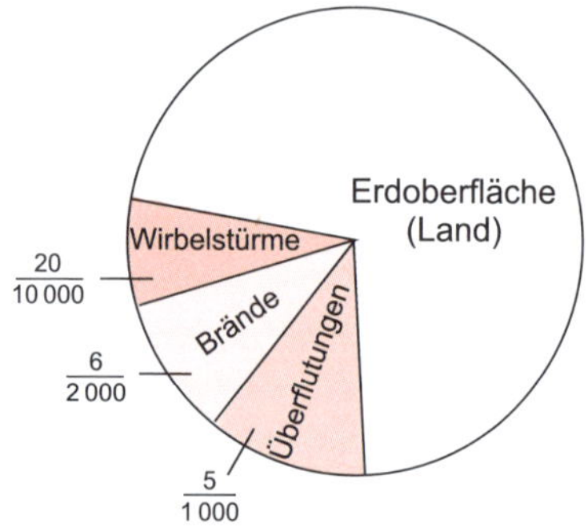

94 Die natürlichen Feinde von Blattläusen sind Marienkäfer und Florfliegenlarven. Pro Tag fressen die Marienkäfer $\frac{2}{7}$ und die Florfliegenlarven $\frac{2}{3}$ von 2 100 Läusen.
Wie viele Blattläuse werden pro Tag von diesen natürlichen Feinden gefressen?

95 Im Herbst färben sich die Blätter des Essigbaums in den verschiedensten Farben. Von 1 800 grünen Blättern färben sich $\frac{5}{12}$ in einem Rotton, $\frac{1}{4}$ in einem Gelbton und $\frac{1}{8}$ in einem Orangeton.
Wie viele Blätter des Essigbaums sind noch grün?

96 Auf einer Party trinkt Angela aus einer 0,7-ℓ-Wasserflasche.
Wie viele $m\ell$ Flüssigkeit befinden sich am Ende noch in der Flasche, wenn sie nach dem ersten Absetzen $\frac{1}{5}$ und nach dem zweiten $\frac{1}{4}$ des Gesamtinhalts getrunken hat?

97 Mit der Überlaufmethode kann das Volumen von Gegenständen ermittelt werden. 1 $m\ell$ entspricht 1 cm³. In drei Gefäßen befinden sich jeweils 100 $m\ell$ Wasser.
Berechne das Gesamtvolumen der drei Gegenstände.

Gegenstand	verdrängtes Wasser
Schere	$\frac{1}{4}$
Actionfigur	$\frac{1}{3}$
Spitzer	$\frac{1}{6}$

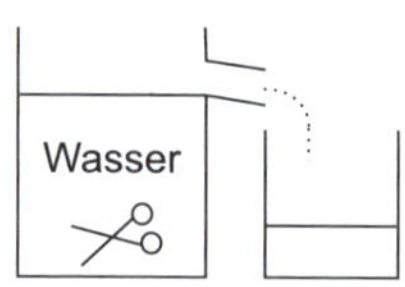

98 Für einen Kindergeburtstag wird eine Himbeer-Melonen-Bowle vorbereitet. Für 3 Liter Bowle werden $\frac{1}{4}$ ℓ Himbeersirup und $1\frac{1}{2}$ ℓ Melonensaft benötigt.
Der Rest wird mit Mineralwasser aufgefüllt.
Wie viele Liter Mineralwasser werden gebraucht?

1.3 Multiplikation eines Bruchs mit einer rationalen Zahl

Jonas trinkt gerne Eistee. Heute hat er schon 8 Halbe-Liter-Flaschen getrunken. Wie viele Liter sind das?

Ein **Bruch** wird mit einer **rationalen Zahl multipliziert**, indem man den **Zähler** mit der **rationalen Zahl multipliziert** und den **Nenner beibehält**. Handelt es sich um einen gemischten Bruch, so ist der gemischte Bruch vorher in einen unechten Bruch umzuwandeln. Allgemein gilt:

$\mathbf{a \cdot \frac{b}{c} = \frac{a \cdot b}{c}}$ für alle a, b ∈ $\mathbb{Z}$ und c ∈ $\mathbb{Z}\setminus\{0\}$

Beachte die Vorzeichenregel:

- Bei **gleichen Vorzeichen** ist der **Produktwert positiv**.
- Bei **unterschiedlichen Vorzeichen** ist der **Produktwert negativ**.

Das Ergebnis wird so weit wie möglich gekürzt angegeben.

Beispiel

a) $6 \cdot \frac{3}{5} = \frac{6 \cdot 3}{5} = \frac{18}{5} = 3\frac{3}{5}$ Der Zähler wird mit der Zahl multipliziert, der Nenner beibehalten.

b) $-5 \cdot 2\frac{3}{4} = -5 \cdot \frac{11}{4} = -\frac{5 \cdot 11}{4} = -\frac{55}{4} = -13\frac{3}{4}$ Der gemischte Bruch muss zunächst in einen unechten Bruch umgewandelt werden.

c) $-\frac{7}{12} \cdot (-8) = +\frac{7 \cdot 8}{12} = \frac{56}{12 :4} = \frac{14}{3} = 4\frac{2}{3}$ Minus mal minus gibt plus. Kürze mit 4.

d) $6 \cdot 2\frac{3}{18} = 6 \cdot \frac{39}{18} = \frac{\cancel{6} \cdot 39}{\cancel{18}} = \frac{1 \cdot \cancel{39}}{\cancel{3}} = 13$ Kürze 6 und 18 mit 6. Kürze 39 und 3 mit 3.

99 Welche Fläche hat ein Tisch, der 5 m lang und $2\frac{2}{5}$ m breit ist?

100 In der letzten Viertelstunde haben an einer Tankstelle 3 baugleiche Autos jeweils $40\frac{2}{6}$ ℓ Benzin getankt und 4 baugleiche Motorräder jeweils $10\frac{3}{4}$ ℓ Benzin. Wie viel Benzin wurde insgesamt abgegeben?

101 Löse die Aufgaben. Für die Ergebnisse stehen Buchstaben, die in der richtigen Reihenfolge den Namen des Sees ergeben.

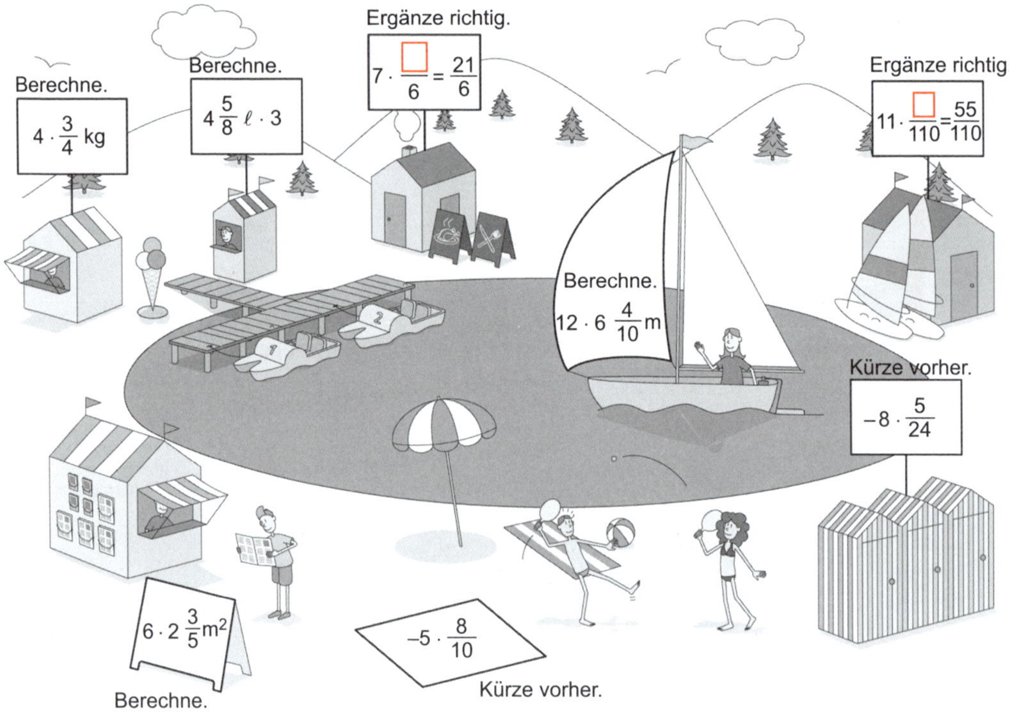

$7\frac{17}{25}$ m = **A**	-4 = **E**	2 = **D**	$3\frac{1}{4}$ kg = **S**	$15\frac{3}{5}\,m^2$ = **I**
$76\frac{4}{5}$ m = **M**	$17\frac{1}{5}\,m^2$ = **L**	40 = **O**	3 kg = **C**	$\frac{4}{12}$ kg = **T**
5 = **E**	$13\frac{7}{8}\,\ell$ = **H**	3 = **S**	$-1\frac{2}{3}$ = **E**	$6\frac{1}{4}$ = **N**

102 Wie weit ist ein Gewitter entfernt, wenn zwischen dem Blitz und dem Donner 6 Sekunden vergehen? Der Schall legt in der Luft je Sekunde einen drittel Kilometer zurück.

103 Die Entfernung von der Erde zur Sonne beträgt 150 Mio. km. Die Entfernung zum Mond beträgt ungefähr $\frac{1}{375}$ von der Entfernung Erde – Sonne.
Wie viele km fliegt eine Raumfähre von der Erde zum Mond und wieder zurück?

1.4 Multiplikation von Brüchen

Der Viehbestand eines Bauern besteht genau zur Hälfte aus Kühen.
Davon sind $\frac{3}{4}$ braun gefleckt.
Wie groß ist der Anteil dieser braunen Kühe am Gesamtviehbestand?
Überlegung: Wie viel sind $\frac{3}{4}$ von der Hälfte?

Brüche werden **multipliziert**, indem man **Zähler mit Zähler** und **Nenner mit Nenner** multipliziert. Handelt es sich um einen gemischten Bruch, so ist der gemischte Bruch vorher in einen unechten Bruch umzuwandeln.
Allgemein gilt:

$\frac{a}{b} \cdot \frac{c}{d} = \frac{a \cdot c}{b \cdot d}$ für alle a, c ∈ ℤ und b, d ∈ ℤ\{0}

Beachte die Vorzeichenregel:

- Bei **gleichen Vorzeichen** ist der **Produktwert positiv**.
- Bei **unterschiedlichen Vorzeichen** ist der **Produktwert negativ**.

Das Ergebnis wird so weit wie möglich gekürzt angegeben.
Bevor die Brüche multipliziert werden, prüft man, ob man kürzen kann. Das vereinfacht die Rechnung.

Beispiel

a) $-\frac{\overset{3}{\cancel{42}}}{19} \cdot \frac{36}{\underset{1}{\cancel{14}}} = -\frac{3 \cdot 36}{19 \cdot 1} = -\frac{108}{19} = -5\frac{13}{19}$ — Kürze 42 und 14 mit 14.

b) $2\frac{4}{9} \cdot 3\frac{3}{8} = \frac{\overset{11}{\cancel{22}} \cdot \overset{3}{\cancel{27}}}{\underset{1}{\cancel{9}} \cdot \underset{4}{\cancel{8}}} = \frac{11 \cdot 3}{1 \cdot 4} = \frac{33}{4} = 8\frac{1}{4}$ — Kürze 22 und 8 mit 2. Kürze 9 und 27 mit 9.

c) $\frac{\overset{3}{\cancel{48}}}{\underset{13}{\cancel{26}}} \cdot \frac{\overset{4}{\cancel{8}}}{\underset{2}{\cancel{32}}} = \frac{3 \cdot \overset{2}{\cancel{4}}}{13 \cdot \underset{1}{\cancel{2}}} = \frac{3 \cdot 2}{13 \cdot 1} = \frac{6}{13}$ — Kürze 48 und 32 mit 16. Kürze 26 und 8 mit 2. Kürze dann 4 und 2 mit 2.

d) $-\frac{150}{51} \cdot \left(-\frac{17}{80}\right) = +\frac{\overset{30}{\cancel{150}}}{\underset{3}{\cancel{51}}} \cdot \frac{\overset{1}{\cancel{17}}}{\underset{16}{\cancel{80}}}$ — Minus mal minus gibt plus. Kürze 150 und 80 mit 5. Kürze 51 und 17 mit 17.

$= \frac{\overset{10}{\cancel{30}} \cdot 1}{\underset{1}{\cancel{3}} \cdot 16}$ — Kürze 30 und 3 mit 3.

$= \frac{\overset{5}{\cancel{10}} \cdot 1}{1 \cdot \underset{8}{\cancel{16}}}$ — Kürze 10 und 16 mit 2.

$= \frac{5}{8}$

104 Berechne. Kürze, wenn möglich.

a) $\frac{12}{7} \cdot \frac{21}{26}$

b) $\frac{15}{24} \cdot \left(-\frac{36}{20}\right)$

c) $4\frac{1}{4} \cdot \frac{18}{15}$

d) $\frac{60}{49} \cdot 4\frac{4}{12}$

e) $-\frac{224}{125} \cdot \frac{25}{28}$

f) $\frac{196}{64} \cdot \frac{40}{35}$

g) $-\frac{99}{66} \cdot \left(-\frac{11}{33}\right)$

h) $\frac{12}{13} \cdot \frac{38}{8}$

i) $3\frac{1}{5} \cdot 5\frac{5}{6}$

j) $-\frac{4}{10} \cdot 2\frac{3}{5}$

k) $5\frac{1}{4} \cdot \frac{56}{77}$

l) $\frac{368}{315} \cdot \frac{75}{224}$

105 Berechne und gib alle Aufgabenpaare mit gleichen Produktwerten an.

a) $\frac{14}{30} \cdot \frac{12}{70}$

b) $\frac{4}{35} \cdot \left(-\frac{7}{10}\right)$

c) $-\frac{18}{44} \cdot \left(-\frac{4}{54}\right)$

d) $\frac{2}{9} \cdot \frac{3}{22}$

e) $-\frac{7}{10} \cdot \left(-\frac{20}{175}\right)$

f) $-\frac{2}{20} \cdot \frac{8}{10}$

106 Weise durch Rechnung nach, ob die Behauptung richtig oder falsch ist:

	richtig	falsch
a) Die Hälfte von der Hälfte ist ein Viertel.	☐	☐
b) Drei Viertel von vier Dritteln sind drei Drittel.	☐	☐
c) Zwei Achtel von zwei Fünfteln sind zwei Vierzigstel.	☐	☐
d) Zwei Fünfzigstel von zehn Vierteln sind zwei Zehntel.	☐	☐
e) Ein Sechstel von sieben Halben ist sieben Zwölftel.	☐	☐
f) Ein Drittel von drei Neunteln ist ein Neuntel.	☐	☐
g) Vier Fünftel von fünf Zehnteln sind zwei Fünftel.	☐	☐
h) Neun Zehntel von achtzehn Hundertsteln sind zwei Tausendstel.	☐	☐
i) Fünfzehn Zehntel von einem Zehntel sind fünfzehn Hundertstel.	☐	☐

1.5 Division von Brüchen

Wie viele Rundhölzer von $\frac{1}{4}$ m Länge lassen sich aus einem $\frac{5}{2}$ m langen Rundholz für Handbesenstiele sägen?

Brüche werden **dividiert**, indem man den Dividenden mit dem **Kehrbruch** des Divisors multipliziert. Handelt es sich um einen gemischten Bruch, so ist der gemischte Bruch vorher in einen unechten Bruch umzuwandeln.
Allgemein gilt:
$\frac{a}{b} : \frac{c}{d} = \frac{a}{b} \cdot \frac{d}{c}$ für alle $a \in \mathbb{Z}$ und $b, c, d \in \mathbb{Z} \setminus \{0\}$

Beachte die Vorzeichenregel:
- Bei **gleichen Vorzeichen** von Dividend und Divisor ist der **Quotientenwert positiv**.
- Bei **unterschiedlichen Vorzeichen** von Dividend und Divisor ist der **Quotientenwert negativ**.

Beispiel

a) $-\frac{3}{4} : \frac{21}{8} = -\frac{\cancel{3}^{1}}{\cancel{4}_{1}} \cdot \frac{\cancel{8}^{2}}{\cancel{21}_{7}} = -\frac{1 \cdot 2}{1 \cdot 7} = -\frac{2}{7}$

Multipliziere mit dem Kehrbruch von $\frac{21}{8}$. Kürze dann mit 3 und 4.

b) $2\frac{2}{6} : 12\frac{2}{4} = \frac{14}{6} : \frac{50}{4} = \frac{\cancel{14}^{7}}{\cancel{6}_{3}} \cdot \frac{\cancel{4}^{2}}{\cancel{50}_{25}}$
$= \frac{7 \cdot 2}{3 \cdot 25} = \frac{14}{75}$

Wandle die gemischten Brüche in unechte Brüche um.
Multipliziere dann mit dem Kehrbruch von $\frac{50}{4}$. Kürze mit 2.

c) $\frac{3}{4} : 6 = \frac{\cancel{3}^{1}}{4} \cdot \frac{1}{\cancel{6}_{2}} = \frac{1 \cdot 1}{4 \cdot 2} = \frac{1}{8}$

Der Kehrbruch einer ganzen Zahl ist ein Bruch.

Brüche, in deren Zähler und Nenner Brüche vorkommen, werden als **Doppelbrüche** bezeichnet.
Allgemein gilt:
$\frac{\frac{a}{b}}{\frac{c}{d}} = \frac{a}{b} : \frac{c}{d} = \frac{a}{b} \cdot \frac{d}{c}$ für alle $a \in \mathbb{Z}$ und $b, c, d \in \mathbb{Z} \setminus \{0\}$
Das Ergebnis wird so weit wie möglich gekürzt angegeben.

Beispiel

$\frac{\frac{2}{7}}{\frac{3}{14}} = \frac{2}{7} : \frac{3}{14} = \frac{2}{\cancel{7}_{1}} \cdot \frac{\cancel{14}^{2}}{3} = \frac{2 \cdot 2}{1 \cdot 3} = \frac{4}{3} = 1\frac{1}{3}$

Löse den Doppelbruch auf, indem du statt des Bruchstrichs das Divisionszeichen schreibst. Berechne dann Bruch mal Kehrbruch.

107 Berechne.

a) $\frac{3}{4} : \frac{3}{2}$

b) $-\frac{7}{9} : \left(-\frac{2}{15}\right)$

c) $1\frac{3}{5} : \frac{2}{10}$

d) $\frac{112}{96} : \frac{76}{48}$

e) $-\frac{10}{12} : 2\frac{3}{6}$

f) $\frac{\frac{15}{8}}{\frac{20}{40}}$

g) $\frac{3\frac{1}{3}}{4\frac{1}{6}}$

h) $\frac{56}{27} : \frac{35}{72}$

i) $\frac{10}{\frac{5}{4}}$

j) $\frac{\frac{1}{4}}{4} : \frac{1}{32}$

k) $\frac{1}{2} : \left(\frac{4}{7} : \frac{14}{21}\right)$

l) $\left(11 : \frac{2}{11}\right) : \left(-2\frac{1}{5} : \frac{1}{5}\right)$

108 Ordne die Ergebnisse ihrer Größe nach, beginne mit dem kleinsten.

a) $3 : \frac{1}{4}$; $\frac{2}{5} : 4$; $\frac{3}{7} : \frac{2}{8}$; $1\frac{2}{4} : \frac{4}{7}$

b) $\frac{2}{3} : \frac{1}{3}$; $-\frac{12}{4} : \frac{6}{2}$; $\frac{14}{8} : \left(-\frac{2}{4}\right)$; $\frac{2}{6} : \frac{1}{8}$

c) $15 : \frac{1}{\frac{1}{2}}$; $\frac{20}{4} : \frac{5}{16}$; $\frac{15}{3} : \frac{5}{21}$; $\frac{1}{2} : \frac{1}{3}$

d) $\frac{2}{5} : \frac{2}{5}$; $-2\frac{2}{10} : 1\frac{1}{10}$; $\frac{3}{7} : \frac{6}{42}$; $-\frac{2}{12} : \frac{4}{60}$

109 Die Schlüssel sind für einen bestimmten Firmenbereich. Ordne den Schlüsseln die Buchstaben der Schlüsselanhänger mit gleichem Ergebnis zu. Geordnet am Schlüsselbrett ergeben die Buchstaben den Namen des Firmenbereichs.

Schlüsselbrett	1	2	3	4	5

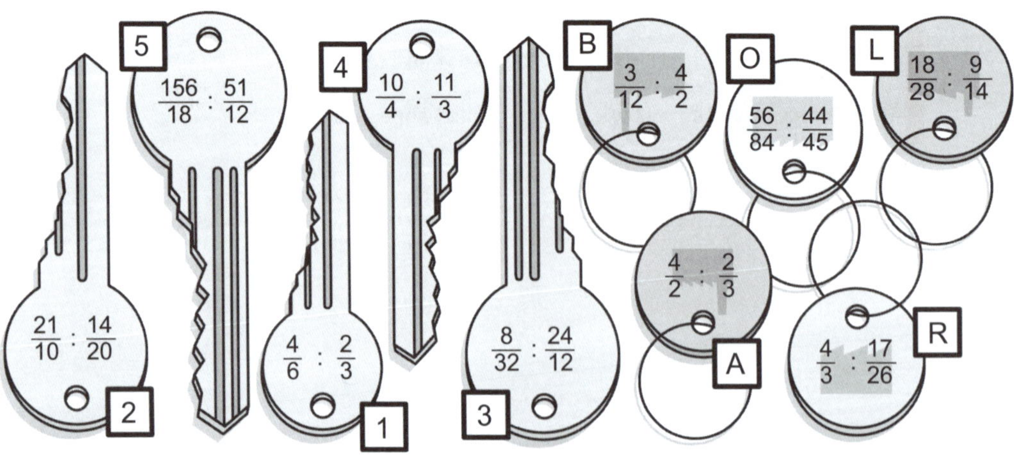

110 Bei welchem Kleeblatt ergibt die Summe der Ergebnisse ein Ganzes?

a) 

b) 

111 Bei jedem Tierkreiszeichen steht eine Aufgabe. Löse die Aufgabe und finde anhand der Ergebnisse den Monat heraus, der zum Tierkreiszeichen gehört.

 Krebs	 Skorpion	 Fische	 Steinbock
$\frac{3}{8}:\frac{3}{4}$	$\frac{9}{7}:\frac{3}{5}$	$2\frac{1}{2}:\frac{2}{5}$	$3\frac{1}{4}:2\frac{5}{8}$
 Löwe	 Schütze	 Waage	 Zwilling
$\frac{125}{75}:\frac{5}{15}$	$\frac{12}{30}:1\frac{3}{2}$	$\frac{9}{21}:\frac{3}{7}$	$\frac{324}{66}:\frac{9}{12}$
 Widder	 Jungfrau	 Stier	 Wassermann
$\frac{27}{35}:\frac{45}{21}$	$7\frac{2}{3}:\frac{7}{4}$	$\frac{2}{7}:12\frac{2}{6}$	$\frac{18}{16}:\frac{20}{32}$

Januar	Februar	März	April
$1\frac{5}{21}$	$1\frac{4}{5}$	$6\frac{1}{4}$	$\frac{9}{25}$
Mai	**Juni**	**Juli**	**August**
$\frac{6}{259}$	$6\frac{6}{11}$	$\frac{1}{2}$	5
September	**Oktober**	**November**	**Dezember**
$4\frac{8}{21}$	1	$2\frac{1}{7}$	$\frac{4}{25}$

112 Berechne im Kopf, welche ganze Zahl in den Platzhalter gehört.

a) $\frac{1}{4} : \square = -\frac{1}{20}$

b) $-\frac{2}{6} : \square = -\frac{2}{36}$

c) $-\frac{\square}{3} : (-10) = \frac{4}{30}$

d) $\frac{4}{\square} : 2 = -\frac{4}{18}$

113 Während der Fahrt eines Frachtschiffs durchs Eismeer wurde der Schiffsrumpf beschädigt. Der 990 m^3 große Frachtraum war in $3\frac{2}{3}$ Stunden mit Wasser vollgelaufen. Die Schotten hielten und in der Werft konnte der Schaden repariert werden. Im Anschluss haben Pumpen den Frachtraum in $5\frac{2}{4}$ Stunden leer gepumpt. Berechne, wie viele m^3 Wasser pro Stunde in den Frachtraum geflossen waren und wie viele m^3 Wasser pro Stunde abgepumpt werden konnten.

114 Ein neuer Fahrradweg soll 2 Ortschaften miteinander verbinden. Für die Teerdecke werden 1 200 m^3 Teer benötigt. 1 m^3 Teer wiegt $\frac{6}{5}$ t. Ein Tieflader hat ein Eigengewicht von $15\frac{2}{5}$ t und wiegt zusammen mit einer Teerladung $34\frac{3}{5}$ t. Würden 70 Tieflader ausreichen, damit der Fahrradweg fertiggestellt werden kann?

115 In einem Freizeit- und Erholungsbad soll die 1 500 m^2 große Saunalandschaft gefliest werden.
Hätte der Betreiber von den zur Verfügung stehenden 400 000 € danach noch Geld übrig, wenn eine $\frac{1}{15}$ m^2 große Fliese 15 € kostet?

1.6 Rechengesetze und Regeln im Umgang mit Brüchen

Aufgaben sollten nicht ohne Vorüberlegung gelöst werden. Neben den Grundregeln „Punkt vor Strich“ und „Klammern zuerst berechnen“ gibt es für die Grundrechenarten weitere Regeln und Gesetze:

Kommutativgesetz (Vertauschungsgesetz)

- Der Wert einer Summe ändert sich nicht, wenn die Summanden vertauscht werden:
  $\mathbf{a + b = b + a}$ für $a, b \in \mathbb{Q}$
- Es gibt **kein** Kommutativgesetz der Subtraktion.
  $a - b \neq b - a$
- Der Wert eines Produkts ändert sich nicht, wenn die Faktoren vertauscht werden:
  $\mathbf{a \cdot b = b \cdot a}$ für $a, b \in \mathbb{Q}$
- Es gibt **kein** Kommutativgesetz der Division.
  $a : b \neq b : a$

eispiele

1. $\frac{1}{4} + \frac{2}{4} = \frac{2}{4} + \frac{1}{4} = \frac{3}{4}$

2. $\frac{2}{3} - \frac{1}{3} = +\frac{2-1}{3} = \frac{1}{3}$

aber: $\frac{1}{3} - \frac{2}{3} = -\frac{2-1}{3} = -\frac{1}{3}$ ergibt **eine andere Lösung**

3. $\frac{1}{4} \cdot \frac{2}{4} = \frac{2}{4} \cdot \frac{1}{4} = \frac{2}{16}$

4. $\frac{2}{8} : \frac{8}{2} = \frac{2}{8} \cdot \frac{2}{8} = \frac{4}{64}$

aber: $\frac{8}{2} : \frac{2}{8} = \frac{8}{2} \cdot \frac{8}{2} = \frac{64}{4}$ ergibt eine **andere Lösung**

Assoziativgesetz (Verbindungsgesetz)

- Der Wert einer Summe ändert sich nicht, wenn Klammern gesetzt oder weggelassen werden:
  $\mathbf{a+b+c=a+(b+c)=(a+b)+c}$ für $a, b, c \in \mathbb{Q}$
- Es gibt **kein** Assoziativgesetz der Subtraktion.
  $a-b-c \neq a-(b-c) \neq (a-b)-c$
- Der Wert eines Produkts ändert sich nicht, wenn Klammern gesetzt oder weggelassen werden:
  $\mathbf{a \cdot b \cdot c = a \cdot (b \cdot c) = (a \cdot b) \cdot c}$ für $a, b, c \in \mathbb{Q}$
- Es gibt **kein** Assoziativgesetz der Division.
  $a:b:c \neq a:(b:c) \neq (a:b):c$

Beispiele

1. $\frac{1}{5}+\frac{2}{5}+\frac{4}{5}=\frac{7}{5}$

$\frac{1}{5}+\left(\frac{2}{5}+\frac{4}{5}\right)=\frac{1}{5}+\frac{6}{5}=\frac{7}{5}$

$\left(\frac{1}{5}+\frac{2}{5}\right)+\frac{4}{5}=\frac{3}{5}+\frac{4}{5}=\frac{7}{5}$

2. $\frac{5}{7}-\frac{2}{7}-\frac{1}{7}=\frac{2}{7}$

aber: $\frac{5}{7}-\left(\frac{2}{7}-\frac{1}{7}\right)=\frac{5}{7}-\frac{1}{7}=\frac{4}{7}$

3. $\frac{1}{5}\cdot\frac{2}{5}\cdot\frac{4}{5}=\frac{8}{125}$

$\frac{1}{5}\cdot\left(\frac{2}{5}\cdot\frac{4}{5}\right)=\frac{1}{5}\cdot\frac{8}{25}=\frac{8}{125}$

$\left(\frac{1}{5}\cdot\frac{2}{5}\right)\cdot\frac{4}{5}=\frac{2}{25}\cdot\frac{4}{5}=\frac{8}{125}$

4. $\frac{5}{7}:\frac{2}{7}:\frac{1}{7}=\frac{5}{7}\cdot\frac{7}{2}\cdot\frac{7}{1}=\frac{245}{14}$

aber: $\frac{5}{7}:\left(\frac{2}{7}:\frac{1}{7}\right)=\frac{5}{7}:\left(\frac{2}{7}\cdot\frac{7}{1}\right)=\frac{5}{7}:\frac{2}{1}=\frac{5}{7}\cdot\frac{1}{2}=\frac{5}{14}$

Besonderheiten:

- Ist einer der beiden Summanden 0, so ist der Summenwert gleich dem Wert des anderen Summanden. Die Zahl **0** ist das **neutrale Element der Addition**.
- Haben Minuend und Subtrahend den **gleichen Wert**, so ist der Differenzwert gleich **0**.
- Hat einer der beiden Faktoren den Wert 1, so ist der Produktwert gleich dem Wert des anderen Faktors. Die Zahl **1** ist das **neutrale Element der Multiplikation**.
- Die **Division durch 0** ist **nicht erlaubt**.

eispiele

1. $\frac{1}{2}+0=\frac{1}{2}$

2. $\frac{1}{3}-\frac{1}{3}=0$

3. $\frac{4}{7}\cdot 1=\frac{4}{7}$

116 Rechne möglichst geschickt.

a) $\frac{4}{12}+\frac{1}{2}+\frac{2}{12}$

b) $3\frac{4}{9}+7+6\frac{5}{9}$

c) $\frac{12}{4}+\frac{14}{8}+\frac{20}{4}+\frac{10}{8}$

d) $2\frac{3}{14}+1\frac{2}{6}+4\frac{12}{4}+\frac{19}{42}$

e) $\frac{3}{4}\cdot\frac{2}{7}\cdot\left(-\frac{4}{3}\right)$

f) $1\frac{2}{5}\cdot\frac{3}{8}\cdot 2\frac{2}{4}$

g) $\frac{19}{13}\cdot\frac{21}{36}\cdot\frac{39}{57}\cdot\frac{4}{7}\cdot(-9)$

h) $\frac{3}{54}\cdot\frac{12}{13}\cdot\frac{52}{16}\cdot\frac{9}{27}+\frac{17}{18}$

Distributivgesetz
Für alle $a, b, c \in \mathbb{Q}$ gilt:

$a \cdot (b+c) = a \cdot b + a \cdot c$ $\quad$ $a \cdot (b-c) = a \cdot b - a \cdot c$
$(a+b) \cdot c = a \cdot c + b \cdot c$ $\quad$ $(a-b) \cdot c = a \cdot c - b \cdot c$

Für alle $a, b \in \mathbb{Q}$ und alle $c \in \mathbb{Q} \setminus \{0\}$ gilt:
$(a+b) : c = a : c + b : c$ $\quad$ $(a-b) : c = a : c - b : c$

Beispiele

1. $\left(\frac{3}{8}+\frac{5}{2}\right)\cdot\frac{8}{5}=\frac{3}{8}\cdot\frac{8}{5}+\frac{5}{2}\cdot\frac{8}{5}=\frac{3\cdot 8}{8\cdot 5}+\frac{5\cdot 8}{2\cdot 5}=\frac{3}{5}+\frac{8}{2}=\frac{3}{5}+4=4\frac{3}{5}$

2. $\left(\frac{3}{4}-\frac{1}{3}+\frac{1}{2}\right):\frac{2}{3}=\frac{3}{4}:\frac{2}{3}-\frac{1}{3}:\frac{2}{3}+\frac{1}{2}:\frac{2}{3}=\frac{3}{4}\cdot\frac{3}{2}-\frac{1}{3}\cdot\frac{3}{2}+\frac{1}{2}\cdot\frac{3}{2}$
$=\frac{3\cdot 3}{4\cdot 2}-\frac{1\cdot 3}{3\cdot 2}+\frac{1\cdot 3}{2\cdot 2}=\frac{9}{8}-\frac{1}{2}+\frac{3}{4}=\frac{9}{8}-\frac{4}{8}+\frac{6}{8}=\frac{11}{8}$

Terme bestehen aus Zahlen und Variablen und sinnvollen Verknüpfungen von Zahlen und Variablen durch Rechenzeichen.

Beachte:
- Was in Klammern steht, wird zuerst berechnet.
- Punktrechnungen werden vor Strichrechnungen ausgeführt.
- Was gerade nicht berechnet wird, wird unverändert abgeschrieben.

Beispiel

$\frac{5}{2}-\frac{2}{3}\cdot\left(\frac{3}{4}+\frac{4}{5}\right)$ Berechne zuerst die Klammern.

$=\frac{5}{2}-\frac{2}{3}\cdot\left(\frac{15}{20}+\frac{16}{20}\right)$

$=\frac{5}{2}-\frac{2}{3}\cdot\frac{31}{20}$ Punkt vor Strich.

$=\frac{5}{2}-\frac{2\cdot 31}{3\cdot 20}$ Kürzen.

$=\frac{5}{2}-\frac{31}{30}$

$=\frac{75}{30}-\frac{31}{30}$

$=\frac{44}{30}=1\frac{14}{30}=1\frac{7}{15}$

117 Berechne. Wende die Rechengesetze an.

a) $\frac{1}{2}\cdot\frac{1}{4}+\frac{3}{4}\cdot\frac{2}{3}$

b) $6\cdot2\frac{3}{7}$

c) $\frac{2}{4}\cdot\left(\frac{3}{4}+\frac{1}{3}\right)$

d) $\left(\frac{6}{14}-\frac{1}{4}\right)\cdot3\frac{5}{2}$

e) $\frac{2}{8}\cdot(3-9)$

f) $12\cdot\left(\frac{7}{6}+\frac{13}{10}-\frac{4}{5}\right)$

g) $\frac{2}{5}\cdot\left(\frac{7}{5}:\frac{1}{2}\right)$

h) $8\frac{1}{2}+2\frac{3}{5}:1\frac{2}{10}$

i) $1\frac{1}{3}\cdot\frac{4}{7}-\frac{7}{4}:4\frac{1}{12}$

j) $2\frac{2}{5}:\frac{12}{15}+\frac{3}{8}\cdot\frac{4}{6}$

118 Ergänze die Rechenbäume.

a)

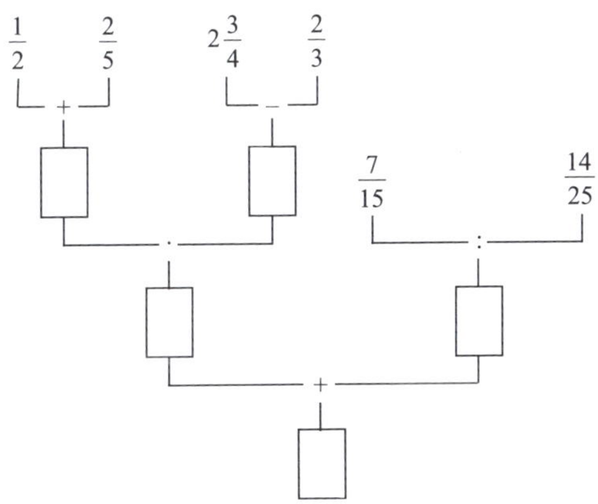

b)

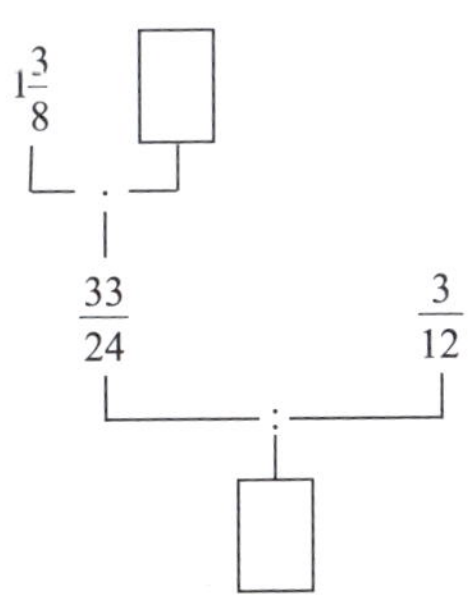

c)

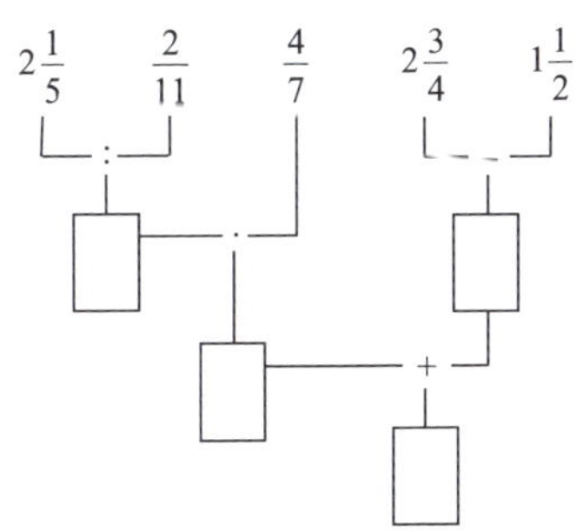

119 Berechne ausführlich. Kürze vollständig.

a) $\frac{6}{15}\cdot\frac{12}{30}$

b) $\frac{7}{12}-\frac{14}{9}$

c) $\frac{7}{5}-\frac{2}{3}+\frac{2}{5}$

d) $5\frac{6}{4}-1\frac{3}{7}$

e) $\frac{15}{36}\cdot\frac{4}{30}\cdot\frac{9}{16}$

f) $12\frac{1}{4}-\frac{3}{4}\cdot\frac{6}{18}$

g) $\frac{4}{9}\cdot\frac{2}{11}+\frac{4}{9}\cdot\frac{5}{33}$

h) $\frac{32}{12}\cdot\frac{48}{8}\cdot\frac{9}{2}$

i) $\frac{3}{7}\cdot\frac{21}{33}$

j) $\frac{7}{8}-\frac{1}{2}-\frac{2}{5}$

k) $\frac{18}{39}\cdot\left(\frac{24}{7}-\frac{3}{6}\right)$

l) $\frac{17}{18}-\frac{5}{12}$

m) $\frac{14}{9}\cdot\frac{27}{11}+\frac{7}{11}\cdot\frac{6}{3}$

n) $2\frac{2}{5}+3\frac{1}{6}-4\frac{1}{10}$

o) $2\frac{5}{26}:\frac{12}{14}$

p) $2\frac{1}{5}\cdot\frac{17}{22}\cdot3\frac{1}{4}$

q) $18\frac{2}{3}:\left(1\frac{1}{7}\cdot6\frac{2}{9}\right)$

r) $3\cdot5\frac{1}{6}-4\frac{1}{3}\cdot2\frac{1}{6}$

s) $\frac{1\frac{2}{8}}{\frac{5}{24}}$

t) $\frac{4\frac{3}{5}-2\frac{3}{8}}{17\frac{1}{4}+18\frac{7}{20}}$

u) $\frac{1}{7}\cdot\frac{5}{12}-\frac{5}{12}\cdot\frac{8}{7}$

v) $\frac{3}{14}\cdot\frac{7}{9}$

w) $2\frac{3}{8}\cdot\frac{12}{4}+\frac{12}{32}\cdot4\frac{8}{2}$

x) $\left(2\frac{8}{6}\cdot\frac{12}{18}\right)+4\frac{1}{2}$

120 a) Bilde den Summenwert der Brüche in den Zacken des Sterns.

b) Addiere die Brüche in den oberen drei Sternzacken und dividiere den Summenwert durch die Differenz der Brüche in den unteren beiden Zacken.

c) Multipliziere die Brüche in den unteren Sternzacken und addiere das Produkt der Brüche in den oberen Sternzacken.

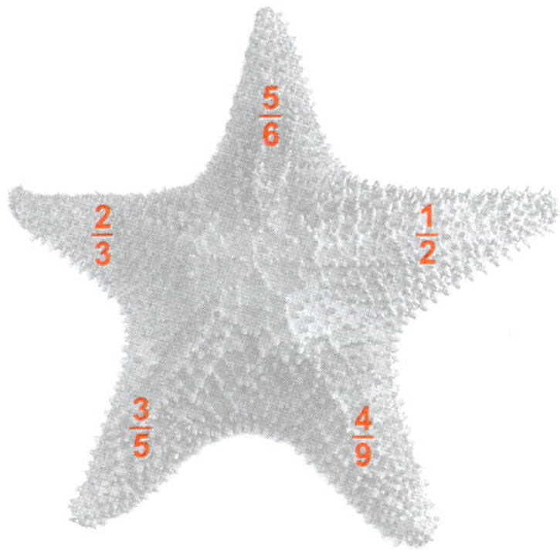

d) Multipliziere die Summe der Brüche in den oberen Sternzacken mit dem Quotientenwert der Brüche in den unteren Sternzacken.

e) Zu der Differenz der Brüche in den unteren Sternzacken soll die Summe der Brüche in den oberen Sternzacken addiert werden.

121 Bei einem Zauberquadrat ergibt sich in jeder Zeile, Spalte und Diagonale der gleiche Summenwert.
Ergänze das folgende Zauberquadrat entsprechend.

A	$\frac{10}{48}$	B	$\frac{10}{16}$
C	$\frac{1}{2}$	D	$\frac{5}{12}$
$\frac{22}{48}$	$\frac{2}{6}$	E	$1\frac{1}{4}$
$\frac{1}{4}$	F	G	$\frac{2}{16}$

122 Im Rahmen der Werterhaltung ihrer alten Villa erneuern die Eigentümer den Parkettfußboden im Eingangsbereich. Sie veranschlagen 1 200 € und rechnen mit einem Verschnitt von $\frac{3}{4}\,m^2$.
Reicht den Eigentümern bei einem Quadratmeterpreis von 150 € das Geld? Stelle zur Berechnung zuerst einen Term auf.

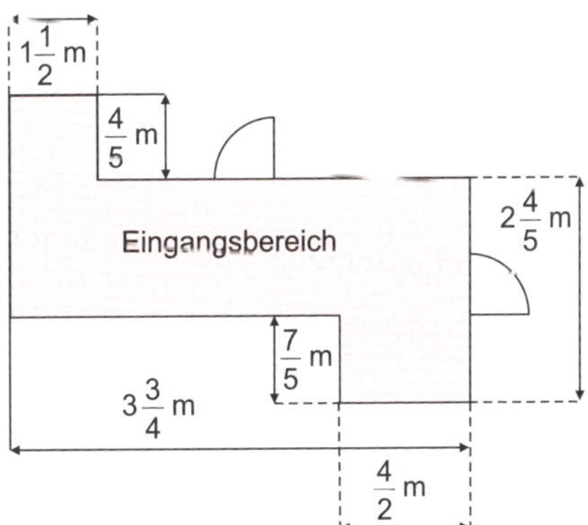

123 Herr Grohmann ist als Außendienstmitarbeiter für eine große Versicherung tätig. Im letzten Monat, der 22 Arbeitstage zählte, hat er pro Arbeitstag durchschnittlich $1\frac{1}{4}$ Überstunden geleistet. Ein normaler Arbeitstag hat $8\frac{3}{4}$ Stunden.

a) Mit wie viel mehr Geld kann Herr Grohmann diesen Monat rechnen, wenn eine Überstunde mit $10\frac{4}{5}$ € bezahlt wird?

b) Laut Vertrag soll ein Mitarbeiter mindestens die Hälfte der Arbeitszeit mit Kunden im Kontakt sein.
Hat Herr Grohmann in diesem Monat die Richtlinie erfüllt, wenn er ein Viertel der Arbeitszeit im Auto und zwei Fünftel im Büro zugebracht hat?

124 Forstarbeiter sägen gefällte Tannen zurecht, indem sie zuerst die Krone und dann einen Teil des unteren Baumstammes absägen. Es soll ein möglichst langer Baumstamm zur Weiterverarbeitung entstehen. Der eine Forstarbeiter möchte das obere Drittel und von unten zwei Fünftel absägen. Der andere Forstarbeiter meint, dass es besser wäre, zwei Viertel von oben und ein Fünftel unterhalb der Hälfte abzusägen.
Wer hat recht?

125 Eine Forschungsstation am Südpol betreibt zur Stromgewinnung 2 Generatoren. Die Generatoren laufen mit Benzin. Pro Tag benötigt ein Generator $10\frac{1}{2}$ ℓ Benzin. Der Vorratstank fasst $472\frac{2}{4}$ ℓ Benzin.
Ist die Stromgewinnung bis zur nächsten Lieferung in 3 Wochen gesichert?

2 Rechnen mit Dezimalzahlen

2.1 Addition und Subtraktion von Dezimalzahlen

Michaela kauft sich ein Snowboard für 349,99 € mit neuer Bindung (186,95 €) und Boots für 69,95 €.
Wie viel muss sie bezahlen?

Addition/Subtraktion von Dezimalzahlen mit gleichem Vorzeichen

- Schreibe die **Beträge** der Dezimalzahlen so **untereinander**, dass **Komma unter Komma** steht, und **addiere die Beträge**. Es gelten die Regeln der Addition.
- Das **Vorzeichen des Ergebnisses** ist das **gemeinsame Vorzeichen**.

Beispiele

1. $+13{,}253+2{,}65=+(13{,}253+2{,}65)=15{,}903$

	Z	E	z	h	t
	1	3	2	5	3
+		2	6	5	
	1	**5**	**9**	**0**	**3**

2. $-562{,}691-56{,}2=-(562{,}691+56{,}2)=-618{,}891$

	H	Z	E	z	h	t
	5	6	2	6	9	1
+		5	6	2		
	6	**1**	**8**	**8**	**9**	**1**

Addition/Subtraktion von Dezimalzahlen mit unterschiedlichen Vorzeichen

- Schreibe die Beträge der Dezimalzahlen so **untereinander**, dass der **größere Betrag oben** und **Komma unter Komma** steht, und **subtrahiere die Beträge**. Es gelten die Regeln der Subtraktion.
- Das **Vorzeichen des Ergebnisses** ist das **Vorzeichen der Zahl mit dem größeren Betrag**.

Beispiele

1. $-54{,}42 + 56{,}2 = +(56{,}2 - 54{,}42) = +1{,}78$

	Z	E	z	h	t
	5	6	2		
–	5	4	4	2	
		1	7	8	

Subtrahiere den kleineren vom größeren Betrag. Das Vorzeichen der betragsmäßig größeren Zahl steht vor dem Ergebnis.

2. $+34{,}74 - 158{,}264 = -(158{,}264 - 34{,}74) = -123{,}524$

	H	Z	E	z	h	t
	1	5	8	2	6	4
–		3	4	7	4	
	1	2	3	5	2	4

126 Rechne schriftlich.

a) $3{,}87 + 2{,}589$

b) $-12{,}04 - 13{,}3$

c) $214{,}871 + 981{,}74$

d) $9{,}62 - 3{,}54$

e) $-323{,}421 + 78{,}39$

f) $12{,}345 - 71{,}892$

127 Ergänze die Rechenpyramide. Rechne im Kopf.

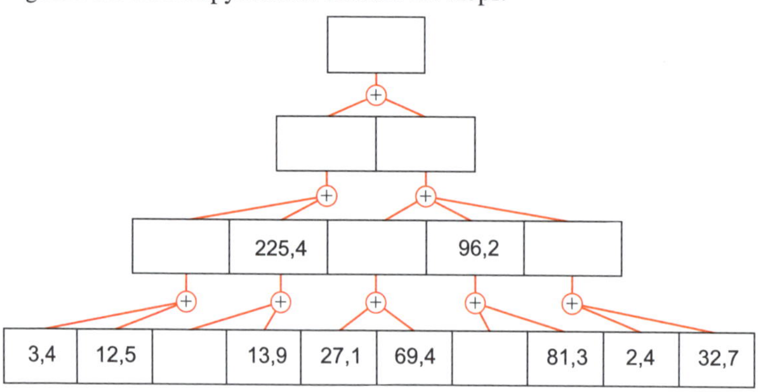

128 Berechne den Termwert und schraffiere in nebenstehender Grafik die Felder mit der entsprechenden Lösung.
Wenn du richtig rechnest, versenkst du zwei Schiffe.

a) 2,7 + 4,25
b) −2,15 + 12,3
c) −0,45 − 0,59
d) 78,34 + 19,52
e) 13,9 − 212,3
f) 83,41 − 21,2
g) 13,4 + 35,5 + 2,25
h) 41,4 − 14,5 − 3,8

−6,96	10,25	65,4	62,21	78,3
97,87	6,95	62,31	−198,4	19,4
23,3	10,15	51,17	51,15	197,4
12,31	−1,04	−2,04	23,1	49,72
10,19	97,86	198,6	23,15	6,93
0,95	1,03	6,91	23,15	23,7

129 Wie heißt das Lösungswort? Berechne die Ergebnisse und ordne sie der Größe nach beginnend mit der kleinsten Zahl, um die Buchstaben in die richtige Reihenfolge zu bringen.

a) 2,49 − 5,2 **(S)**
b) −57,14 + 12,85 **(T)**
c) −14,7 − 4,37 **(A)**
d) 63,19 + 7,56 **(E)**
e) 18,042 − 20,162 **(C)**
f) −11,14 + 62,04 **(H)**

2.2 Multiplikation und Division von Dezimalzahlen

Michaela will ihr neues Snowboard testen. Mit zwei Freunden fährt sie nach Brauneck. Vorher kauft sich jeder der drei noch eine neue Skibrille.
Wie viel müssen sie ausgeben, wenn eine Skibrille 29,90 € kostet?

Multiplikation einer Dezimalzahl mit einer Stufenzahl
Wird eine Dezimalzahl mit einer Stufenzahl (10, 100, 1 000…) multipliziert, so verschiebt sich das Komma um die Anzahl der Nullen der Stufenzahl **nach rechts**.

Beispiele

1. $45{,}36 \cdot 10 = 453{,}6$ — Das Komma wird um 1 Stelle nach rechts verschoben.

2. $0{,}036 \cdot 10\,000 = 360$ — Das Komma wird um 4 Stellen nach rechts verschoben und eine 0 wird ergänzt.

130 Ergänze die Multiplikationstabelle.

·	10	100	1 000	10 000
0,378				
3,0479				
41,801				
17,3474				

131 Mit bloßem Auge hat der Vollmond einen scheinbaren Durchmesser von 3,5 cm. Welchen scheinbaren Durchmesser hat der Vollmond beim Blick durch einen Feldstecher mit 10-facher Vergrößerung?

132 Ein Schaufelraddampfer legt bei einer Umdrehung seines Schaufelrades 15,65 m zurück. Welche Strecke legt der Schaufelraddampfer bei

a) 10 Umdrehungen

b) 100 Umdrehungen

c) 100 000 Umdrehungen

seines Schaufelrades zurück?

Multiplikation einer Dezimalzahl mit einer Dezimalzahl

- Wird eine Dezimalzahl mit einer anderen Dezimalzahl multipliziert, gelten die Regeln der **schriftlichen Multiplikation**. Das Komma wird zunächst nicht beachtet. Zusätzlich ist das **Vorzeichen** zu **bestimmen**:
  Gleiche Vorzeichen ergeben plus: $+ \cdot + = +$ und $- \cdot - = +$
  Verschiedene Vorzeichen ergeben minus: $+ \cdot - = -$ und $- \cdot + = -$
- Das Ergebnis enthält **so viele Nachkommastellen** wie beide Faktoren zusammen. Eine Null am Ende muss nicht geschrieben werden.

Beispiele

1. $4{,}12 \cdot 45{,}7 = 188{,}284$

$$\begin{array}{r} \underline{412 \cdot 457} \\ 1648 \\ 2060 \\ \underline{+\quad 2884} \\ 188284 \end{array}$$

Multipliziere schriftlich wie gewohnt ohne Komma.
Am Schluss musst du die Nachkommastellen der beiden Faktoren zählen. So viele Nachkommastellen hat dann auch das Ergebnis.
4,12 und 45,7 haben zusammen 3 Nachkommastellen. Deswegen musst du beim Ergebnis vor die 3. Stelle von hinten ein Komma setzen.

2. $-6{,}24 \cdot 21{,}7 = -135{,}408$

$$\begin{array}{r} \underline{624 \cdot 217} \\ 1248 \\ 624 \\ \underline{+\quad 4368} \\ 135408 \end{array}$$

Das Ergebnis ist negativ, denn es gilt
$- \cdot + = -$ (minus mal plus ist minus),
und es hat $2 + 1 = 3$ Nachkommastellen.

133 Multipliziere schriftlich.

a) $-19{,}73 \cdot 7{,}58$

b) $2{,}379 \cdot 8{,}54$

c) $241{,}2 \cdot 4{,}32$

d) $-1{,}27 \cdot (-3{,}6)$

134 Der Wurm hat leere Felder, die du ausfüllen sollst. Beginne am Kopf und verwende das Ergebnis des Produkts als 1. Faktor des nächsten Produkts.

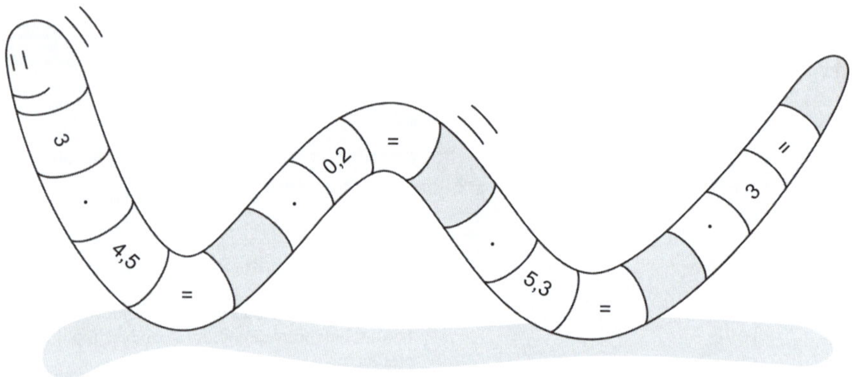

135 Die Leistung eines Autos kann in PS oder kW angegeben werden. Dabei ist
1 PS = 0,735 kW (Kilowatt) und
1 kW = 1,36 PS (Pferdestärken).
Berechne, wie viel PS 55 kW, und wie viel kW 105 PS entsprechen.

136 Berechne im Kopf.

a) das Doppelte von 4,8
b) das Vierfache von 0,6
c) das 1,5-fache von 5
d) das Tausendfache von 12,53

137 Ein Baugrundstück ist 52,3 m lang und 31,45 m breit. Für 1 m^2 Bauland müssen 73,4 € bezahlt werden.
Wie viel zahlt der Bauherr für das Grundstück?

138 Berechne die Produktwerte schriftlich.

a) $14 \cdot 35{,}2$
b) $19{,}7 \cdot 21{,}03$
c) $-0{,}4 \cdot 0{,}6$
d) $0{,}03 \cdot 0{,}004$
e) $124{,}5 \cdot 3{,}87$
f) $-7{,}3 \cdot 1{,}4$
g) $62{,}403 \cdot 17$
h) $13{,}43 \cdot 17{,}12$
i) $0{,}75 \cdot (-51{,}7)$
j) $-226{,}3 \cdot (-4{,}53)$

Mittags kehren die drei Freunde in einer Skihütte ein und teilen sich eine Portion Pommes für 4,50 €. Wie viel muss jeder zahlen?

Division einer Dezimalzahl durch eine Stufenzahl

Wird eine Dezimalzahl durch eine Stufenzahl (10, 100, 1 000 …) dividiert, so verschiebt sich das Komma um die Anzahl der Nullen der Stufenzahl **nach links**.

Beispiele

1. 85,8 : 10 = 8,58 — Das Komma wurde um 1 Stelle nach links verschoben.

2. −1,02 : 100 = −0,0102 — Das Komma wurde um 2 Stellen nach links verschoben.

139 Ergänze die Divisionstabelle.

:	10	100	1 000	10 000
123,5				
12,47				
528,91				
2 314,9				
−1,41				

Division einer Dezimalzahl durch eine natürliche Zahl

Wird eine Dezimalzahl durch eine natürliche Zahl dividiert, gelten die Regeln der **schriftlichen Division**. Das Komma wird gesetzt, wenn die erste Zahl nach dem Komma des Dividenden nach unten gezogen wird.

Beispiele

1. 5,64 : 4 = 1,41

```
4↓
16
16
 4
 4
 0
```

Die 6 ist die erste Zahl hinter dem Komma. Sobald sie nach unten gezogen wird, setze das Komma.

2. $-1{,}28 : 4 = -0{,}32$

```
0↓
12
12
 08
  8
  0
```

Die 2 ist die erste Zahl hinter dem Komma. Sobald sie nach unten gezogen wird, setze das Komma.

Division einer Dezimalzahl durch eine Dezimalzahl

- **Verschiebe das Komma** bei Dividend und Divisor um so viele Stellen nach rechts, bis der **Divisor eine ganze Zahl** ist. Ergänze gegebenenfalls fehlende Stellen beim Divisor mit Nullen.
- Rechne dann wie gewohnt ohne Beachtung der Vorzeichen. Das Komma wird gesetzt, wenn die erste Zahl nach dem Komma des Dividenden nach unten gezogen wird. Zusätzlich ist noch das **Vorzeichen** des Ergebnisses zu bestimmen:
  Gleiche Vorzeichen ergibt plus: $+ : + = +$ und $- : - = +$
  Verschiedene Vorzeichen ergibt minus: $+ : - = -$ und $- : + = -$

Beispiel

$45{,}6 : (-6{,}25) = 4560 : (-625) = -7{,}296$

```
4375
 1850
 1250
  6000
  5625
   3750
   3750
      0
```

Verschiebe das Komma bei Dividend und Divisor um 2 Stellen, um eine ganze Zahl als Divisor zu erhalten. Dividiere dann wie gewohnt.

140 Berechne die Quotientenwerte schriftlich.

a) $78 : (-3{,}2)$
b) $5{,}4 : 1{,}6$
c) $45{,}6 : 2{,}85$
d) $-542{,}35 : 5$
e) $-15{,}2 : (-0{,}5)$
f) $0{,}55 : 0{,}25$

141 Finde den Weg, der die Buchstaben zu einem Wort verbindet.
Löse dazu die Aufgaben der Reihe nach und wähle das Kästchen mit dem richtigen Ergebnis aus. Das jeweilige Ergebnis steht unter dem Buchstaben.
Wie heißt das Wort?

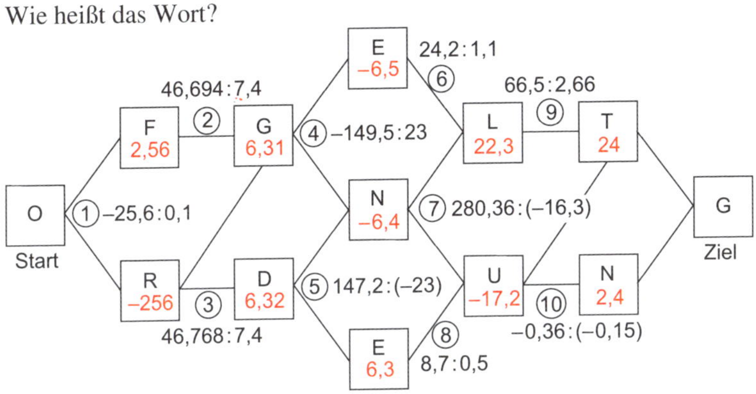

142 Berechne unter Beachtung der Rechenregeln.

a) $18{,}3 - [(6{,}4 - 3{,}5) + 5{,}3 + (9{,}7 - 7{,}3)]$

b) $(13{,}56 + 34{,}24) + [(256{,}3 - 246{,}8) \cdot 19{,}6]$

c) $[(96{,}4 - 89{,}3) : 4] + 6{,}125$

143 Für die Aufgabe brauchst du einen Würfel. Würfle zweimal. Die Augenzahl des ersten Wurfes gibt die Spalte, die des zweiten gibt die Zeile der Aufgabe an, die du lösen sollst. Versuche eine Reihe, eine Spalte oder eine Diagonale zu erhalten. Die Felder mit einem Smiley sind Jokerfelder.

	1	2	3	4	5	6
1	$3{,}64 + 0{,}4 \cdot (-1{,}2)$	$0{,}65 + 0{,}03$	$(36{,}2 + 4{,}3) \cdot (78{,}45 - 2{,}35)$	$12{,}365 + 3{,}482$	$4{,}0 + 0{,}5$ $-2{,}5 + 1{,}5$	☺
2	$5{,}65 + 8{,}2 : 5$	$13{,}44 : 3{,}2 - 1{,}35$	$32{,}5 : (45{,}2 - 38{,}7)$	$-4{,}5 \cdot (5{,}6 + 78{,}7)$	☺	$42{,}695 - 21{,}36 - 3{,}9$
3	☺	$7{,}2 : 4 + 16{,}4 : 4$	$17{,}3 - 12{,}6 - 1{,}4$	$(36{,}3 - 13{,}2) : 7$	$85{,}216 - 15{,}312$	$(5{,}3 + 2{,}18) : (7{,}3 - 5{,}1)$
4	$2{,}36 + 1{,}3 + 5{,}92$	$425{,}36 - 16{,}4$	$451{,}32 + 23{,}65 + 4{,}96$	☺	$(100 \cdot 25{,}36) : (-2{,}5)$	$(2{,}361 \cdot 100) - 32{,}4$
5	$9{,}3 \cdot 12{,}6 + 7 \cdot 6{,}3$	☺	$(0{,}025 + 0{,}075) \cdot 26{,}53$	$-4{,}3 \cdot 2{,}25 - 1{,}45 \cdot (-2{,}3)$	$1{,}45 \cdot 7 + 2{,}3 \cdot 7$	$11{,}3 + 55{,}4 - 33{,}5$
6	$22{,}64 - 6{,}3 - 4{,}12$	$(3{,}4 + 6{,}5) \cdot (-13)$	☺	$8{,}4 \cdot (9{,}7 - 7{,}6)$	$23{,}65 + 78{,}41 - 3{,}6$	$(18 \cdot 2{,}335) : 3$

144 Der Fehlerteufel hat zugeschlagen. Alles falsch! Korrigiere alle Vorzeichen- und Kommafehler in den Ergebnissen der folgenden Aufgaben.

a) $154 : 5 = 308$

b) $-72{,}42 : 6 = 1\,207$

c) $-1\,495 : (-5{,}2) = -28{,}75$

d) $-275 : 5{,}5 = 5{,}0$

145 Löse die folgenden Aufgaben. Die Ergebnisse stehen jeweils für einen bestimmten Buchstaben. Jedem Buchstaben ist der Zahlenwert in seinem Kästchen zugeordnet.
Hast du alle Buchstaben ermittelt, bilde, ähnlich dem Gesellschaftsspiel Scrabble, möglichst viele Wörter aus den Buchstaben.
Bestimme den Wert eines jeden Wortes durch Addition der Buchstabenwerte. Findest du ein Wort mit einem Wert über 40?

a) $4 \cdot (1{,}8 + 1{,}9)$

b) $4{,}3 \cdot 4{,}2$

c) $1{,}5 \cdot 1{,}5$

d) $(25{,}62 - 12{,}42) \cdot 0{,}25$

e) $(0{,}85 + 1{,}15) \cdot 15{,}2$

f) $(12{,}3 - 2{,}3) \cdot (252{,}74 + 8{,}25)$

g) $2\,225 \cdot 0{,}01$

h) $25{,}74 \cdot 10$

i) $6{,}3 : 2{,}1$

j) $(426{,}2 : 10) + 3{,}7$

k) $16 \cdot 9{,}55$

l) $30{,}24 : 3{,}6$

m) $28{,}122 : 4{,}3$

Buchstabe (Wert)	S (5)	P (12)	M (11)	C (9)	L (7)	I (3)	B (8)	O (4)
Ergebnis	2,25	3,3	14,8	18,06	257,4	2 609,9	46,32	22,25

Buchstabe (Wert)	R (6)	H (10)	E (1)	A (2)	X (16)	U (12)	T (13)	N (2)
Ergebnis	8,4	152,8	6,54	3	12,4	4,72	30,4	2 163,4

Jeder Buchstabe darf nur einmal verwendet werden. Es dürfen nur Wörter gebildet werden, die im Duden stehen.

2.3 Rechnen mit Größen

Im Autobahnbau muss ein 3 km langer Abschnitt neu geteert werden.
Reichen 3 t Teer, wenn für 200 m eine Teermenge von 210 kg benötigt wird?

Als Größe wird etwas bezeichnet, das gemessen werden kann. Das Lösen von Sachaufgaben erfordert hohe Konzentration. Am einfachsten löst du eine Sachaufgabe in folgenden Schritten:

1. Lies die Aufgabe **genau** durch.
2. Notiere die **gegebenen Größen und Informationen.**
3. Überlege, was **gesucht** ist.
4. Lege **sinnvolle Maßeinheiten** fest und rechne, wenn nötig, um.
5. Zerlege komplizierte Sachaufgaben in **Teilaufgaben**.
6. Notiere den **Gesamtterm** in einer sinnvollen Reihenfolge.
7. Rechne **nur mit den Maßzahlen**.
8. Führe bei schwierigen Rechnungen eine schriftliche **Nebenrechnung** durch.
9. Formuliere einen **Antwortsatz**.

Beispiel

Wandle in die angegebene Einheit um.

a) 7,5 cm (dm) b) 52 m (km)
c) 12 dm^2 (cm^2) d) 56,2 dm^3 (m^3)

Lösung:

a) 7,5 cm = 0,75 dm   1 cm = 0,1 dm
b) 52 m = 0,052 km   1 m = 0,001 km
c) 12 dm^2 = 1 200 cm^2 1 dm^2 = 100 cm^2
d) 56,2 dm^3 = 0,0562 m^3 1 dm^3 = 0,001 m^3

146 Wandle in die angegebene Einheit um.

a) 52,6 cm (mm) b) 2,3 mm^2 (dm^2)
c) 15,1 mℓ (cℓ) d) 38,2 m^2 (dm^2)
e) 7,23 m (mm) f) 34,26 cℓ (mℓ)
g) 47,985 km (m) h) 81,7 t (kg)
i) 5 896 mg (g) j) 98,3 dm^3 (m^3)

147 Wandle in die größere der angegebenen Einheiten um und berechne.

a) 51,3 mm + 2,46 cm
b) 11,1 $m\ell$ + 1,1 $c\ell$ + 22,2 $m\ell$
c) 2 165 mg – 1,562 g – 12 mg
d) 98 cm^2 + 75,2 dm^2 – 1,5 cm^2

148 Ein Blatt dieses Buches ist 0,08 mm dick. Berechne, wie viele Blätter dieses Buch haben müsste, wenn es ohne den Umschlag genau 1,8 cm dick wäre.

149 Berechne die fehlende Rechteckseite.

a)
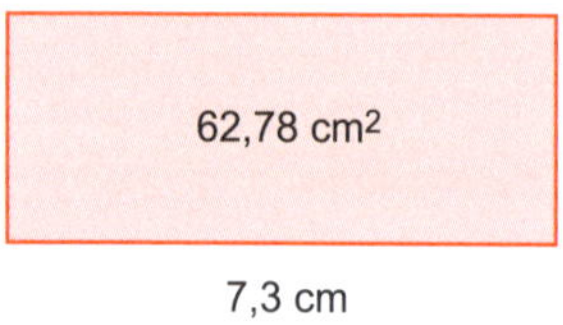

b)
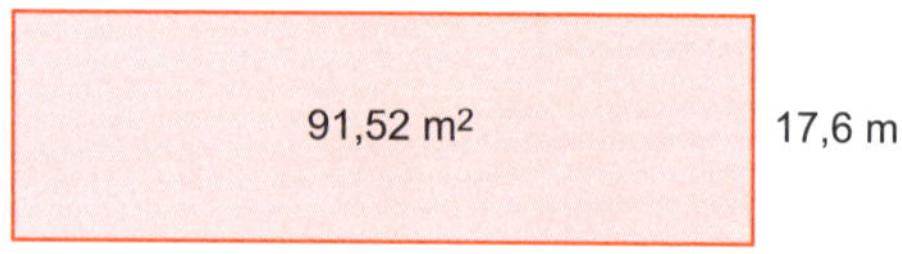

150 In früheren Tagen wurden Stofflängen mit Vergleichslängen gemessen. Eine gebräuchliche Vergleichslänge war die Elle. Die Sächsische Elle war kürzer als die Bayerische Elle und die Preußische Elle.
Wie vielen cm entsprachen 3,4 Ellen in den einzelnen Herrschaftsgebieten?

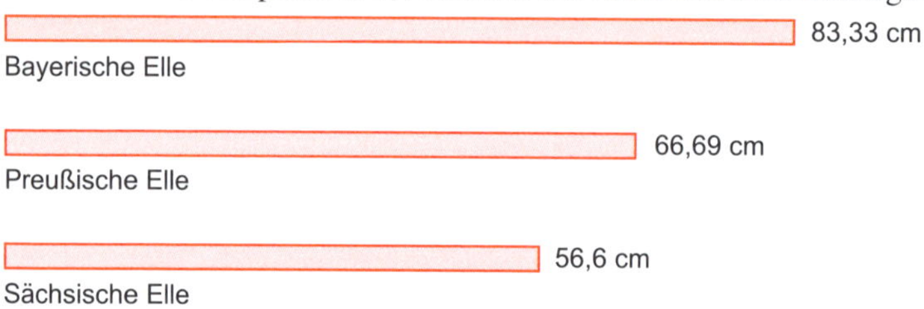

151 Früher benutzte man in der Landwirtschaft für eine Flächenangabe den Morgen. Auch hier existierten unterschiedliche Angaben.

Bayern: 1 Morgen = 34,07 a
Preußen: 1 Morgen = 25,53 a
Sachsen: 1 Morgen = 27,67 a

Wie viel ha besaß ein Bauer mit 18 Morgen?
Hinweis: 1 a = 100 m^2 und 1 ha = 10 000 m^2

152 Ein Pkw hat ein Leergewicht von 1 075 kg und ein zulässiges Gesamtgewicht von 1 530 kg. Herr Müller zieht um und belädt seinen Pkw mit nebenstehenden Dingen:

Pflanzen	98,3 kg
Kühlschrank	77,6 kg
Lampe	7 500 g
kleiner Schuhschrank	26,3 kg
voller Koffer	25 600 g
Herr Müller selbst	120 kg
Fernseher	23,5 kg
5 Hantelscheiben	100 kg

a) Wie schwer ist die Zuladung?

b) Worauf muss Herr Müller mindestens verzichten, damit das zulässige Gesamtgewicht nicht überschritten wird?

153 a) Holger wiegt 32 Skatkarten auf seiner Küchenwaage. Sie zeigt 60 g an. Wie viel wiegt eine Karte?

b) Ein Stapel von sieben 20-Cent-Münzen hat eine Höhe von 1,54 cm. Welche Höhe hat eine 20-Cent-Münze?

154 Frank möchte in seiner Wohnung 2 Zimmer mit Parkett auslegen.

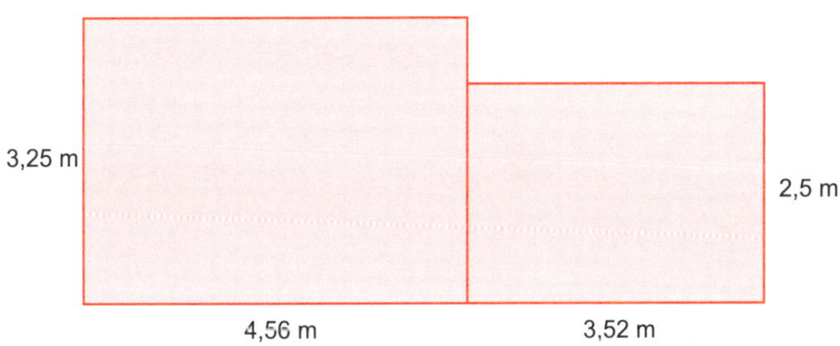

Wie viel muss Frank bezahlen, wenn der Quadratmeter 32 € kostet?

155 Zwei Bergwanderer stehen vor einer 780 m entfernten Felswand. Einer der beiden Bergfreunde ruft „Studenten“ und es tönt zurück „Enten“. Es gab ein Echo. Beide stoppen nun die Zeit, bis das Echo zu hören ist. Es dauert 4,68 s. Sie überlegen, wie schnell sich der Schall in Luft pro Sekunde ausbreitet.
Kannst du helfen? Runde auf Meter.

156 Ein Langläufer hat eine Schrittlänge von 0,85 m.
Wie viele Schritte braucht der Langläufer für eine 1 832,6 m lange Strecke?

3 Rechnen mit rationalen Zahlen

Die zuvor festgestellten Rechenregeln gelten sowohl für Brüche als auch für Dezimalzahlen und damit für alle rationalen Zahlen der Menge $\mathbb{Q}$.

Rechengesetze in der Menge $\mathbb{Q}$ der rationalen Zahlen

Für $a, b, c \in \mathbb{Q}$ gilt:

- **Kommutativgesetz** (Vertauschungsgesetz):
  $a + b = b + a$
- **Assoziativgesetz** (Verbindungsgesetz):
  $a + b + c = a + (b + c) = (a + b) + c$
- **Distributivgesetz:**
  Multiplikation:
  $a \cdot (b + c) = a \cdot b + a \cdot c$ $\quad$ $a \cdot (b - c) = a \cdot b - a \cdot c$
  $(a + b) \cdot c = a \cdot c + b \cdot c$ $\quad$ $(a - b) \cdot c = a \cdot c - b \cdot c$
  Division (für $c \neq 0$):
  $(a + b) : c = a : c + b : c$ $\quad$ $(a - b) : c = a : c - b : c$

Beispiele

1. $\left[4 - \frac{1}{3}\right] : 2\frac{2}{5}$

Wandle den gemischten Bruch um.

$= \left[4 - \frac{1}{3}\right] : \frac{12}{5}$

Ersetze die Division durch eine Multiplikation mit dem Kehrbruch.

$= \left[4 - \frac{1}{3}\right] \cdot \frac{5}{12}$

$= \frac{4 \cdot 5}{12} - \frac{1 \cdot 5}{3 \cdot 12}$

$= \frac{20}{12} - \frac{5}{36} \quad | \text{HN}: 36$

$= \frac{20 \cdot 3}{36} - \frac{5}{36}$

$= \frac{60 - 5}{36}$

$= \frac{55}{36}$

$= 1\frac{19}{36}$

2. Rechne vorteilhaft.

$$\left(-\frac{6}{12}\right)+1,65+\left(-\frac{6}{12}\right)+\left(-\frac{6}{12}\right)+1,65$$

Lösung:

$$\left(-\frac{6}{12}\right)+1,65+\left(-\frac{6}{12}\right)+\left(-\frac{6}{12}\right)+1,65$$

Wende das Kommutativgesetz an.

$$=-\frac{6}{12}-\frac{6}{12}-\frac{6}{12}+1,65+1,65$$

$$=-\frac{18}{12}+3,3$$

$$=-1,5+3,3$$

$$=1,8$$

157 Addiere die drei größten Zahlen und multipliziere den Summenwert mit der kleinsten Zahl.

$-4,2;\ 4\frac{2}{5};\ 17,3;\ 7,25;\ -2,4;\ \frac{-3}{4};\ 14,6;\ 12,5$

158 Addiere zur halben Differenz der Zahlen $1\frac{2}{5}$ und 0,8 den doppelten Quotienten aus $\frac{45}{4}$ und $\frac{45}{20}$.

Terme und Gleichungen

1 Terme, Wertetabellen und äquivalente Terme

1.1 Terme und Wertetabellen

Denk dir eine Zahl. Zähle 3 dazu. Nimm das Doppelte davon. Subtrahiere 6. Subtrahiere deine gedachte Zahl. Das Ergebnis entspricht der Zahl, die du dir gedacht hast.
Für solche Rätsel braucht man Terme.

x

$x+3$

$(x+3)\cdot 2 = 2x+6$

$(x+3)\cdot 2-6 = 2x+6-6=2x$

$(x+3)\cdot 2-6-x = 2x-x$

$= x$

Rechenausdrücke, die aus Zahlen, Platzhaltern (Variablen), Rechenzeichen, Klammern etc. gebildet werden, heißen **Terme**.

ispiele

1. $78+9-18\cdot 2$ — Ein Term aus Zahlen.
2. $T(x)=3+x$ — Ein Term mit einer Variablen.
3. $T(x, y)=x:y$ — Ein Term mit zwei Variablen.
4. Vom Doppelten einer Zahl wird 5 subtrahiert.

   Lösung:
   $2x-5$ — Die unbekannte Zahl bezeichnet man mit x.

159 Finde zu den folgenden Aussagen einen Term mit der Variable x.

a) Vom Doppelten einer Zahl wird 1 subtrahiert.

b) Zur Hälfte einer Zahl wird 15 addiert.

c) Zu einer um 3 vergrößerten Zahl wird das Vierfache der Zahl addiert.

d) Eine um 2 verminderte Zahl wird mit sich selbst multipliziert.

e) Der Quotient aus einer Zahl und 3 wird mit dem Dreifachen der Zahl multipliziert.

$$T(x) = \frac{x \cdot (x+1)}{2}$$

Dieser Term gibt an, welches Ergebnis herauskommt, wenn du alle natürlichen Zahlen von 1 bis x addierst, also $1+2+3+\ldots+x$.

Willst du wissen, welcher Summenwert bei der Aufsummierung aller natürlichen Zahlen von 1 bis 200 herauskommt, musst du die **Variable x** mit der Zahl 200 **belegen**. Die Zahl, die du für x einsetzt, heißt **Belegung**, und das Ergebnis, in das der Term übergeht, heißt **Termwert**.

$$T(200) = \frac{200 \cdot (201)}{2} = 20\,100$$

Sprechweise: Der Term mit der Belegung 200 ergibt den Termwert 20 100.

Die Menge der natürlichen Zahlen stellt die Grundmenge G dar, aus der die Belegung für x erfolgt.

> Man setzt Elemente aus der **Grundmenge G** für die Variable ein. So lässt sich der Wert des Terms berechnen, der sogenannte **Termwert**.

160 Bestimme die Termwerte über den angegebenen Grundmengen.

a) $T(x)=3 \cdot x+4$; $G=\{8; 9; 11; 12\}$

b) $T(x)=2 \cdot x+3 \cdot x$; $G=\{1; 2; 3; 4\}$

c) $T(x)=(x+2):2$; $G=\{2; 4; 6; 8; 10\}$

d) $T(x)=(20-x) \cdot 2x$; $G=\{1; 2; 3\}$

> In **numerischen oder grafischen Wertetabellen** lassen sich die Belegungen für die Variable und die entsprechenden Termwerte darstellen.

Beispiel

Fertige für den folgenden Term eine numerische und eine grafische Wertetabelle an.

$T(x)=2 \cdot x+2$; $G=\{2; 4; 6; 8; 10\}$

Lösung:

Numerische Wertetabelle:

x	2	4	6	8	10
$T(x)=2 \cdot x+2$	$2 \cdot 2+2$	$2 \cdot 4+2$	$2 \cdot 6+2$	$2 \cdot 8+2$	$2 \cdot 10+2$
T(x)	6	10	14	18	22

Grafische Wertetabelle:

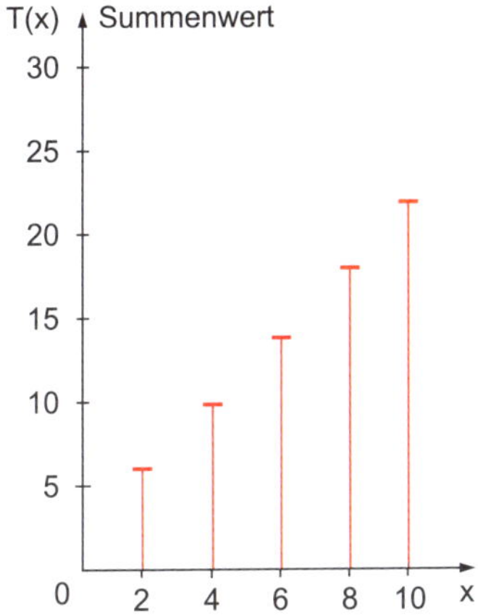

Ausgehend von der jeweiligen Belegung der Variable x auf der horizontalen Achse zeichnet man vertikale Striche, die auf der Höhe der zugehörigen Termwerte (hier: Summenwerte) enden.

161 Fertige numerische und grafische Wertetabellen über der jeweils angegebenen Grundmenge an.

a) $T(x) = 7 - x \cdot 1;$ $\quad G = \{5; 6; 7\}$

b) $T(x) = 2 \cdot x - 0{,}5 \cdot x;$ $\quad G = \{2; 4; 6; 8\}$

c) $T(x) = 3 \cdot (x + 2);$ $\quad G = \{2; 3; 4; 5; 6\}$

162 Finde über der Grundmenge $G = \{0; 1; 2; 3; 4; 5\}$ den einfachsten Term, der die folgenden Termwerte besitzt, und berechne den Termwert für 50:

a) $T(0) = 0$
$T(1) = 2$
$T(2) = 4$
$T(3) = 6$
$T(4) = 8$
$T(5) = 10$

b) $T(0) = 1$
$T(1) = 2$
$T(2) = 3$
$T(3) = 4$
$T(4) = 5$
$T(5) = 6$

c) $T(0) = 2$
$T(1) = 4$
$T(2) = 6$
$T(3) = 8$
$T(4) = 10$
$T(5) = 12$

d) $T(0) = 0$
$T(1) = \frac{1}{2}$
$T(2) = \frac{2}{3}$
$T(3) = \frac{3}{4}$
$T(4) = \frac{4}{5}$
$T(5) = \frac{5}{6}$

1.2 Aufstellen von Termen

Ein Kartenhaus mit einem Stockwerk besteht aus 2 Karten. Je höher das Kartenhaus wird, desto mehr Karten werden benötigt. Bei einem zweistöckigen Kartenhaus werden schon 7 Karten gebraucht und bei einem Kartenhaus aus 3 Stockwerken verbaut man 15 Karten. Mit jedem neuen Stockwerk werden mehr zusätzliche Karten für das unterste Stockwerk gebraucht.

Frage: Wie viele Karten werden im Haus mit x Stockwerken für das unterste Stockwerk benötigt?

Mithilfe einer Skizze können die benötigten Karten durch Zählen herausgefunden werden. Eine Analyse der Ergebnisse liefert dann einen Term.

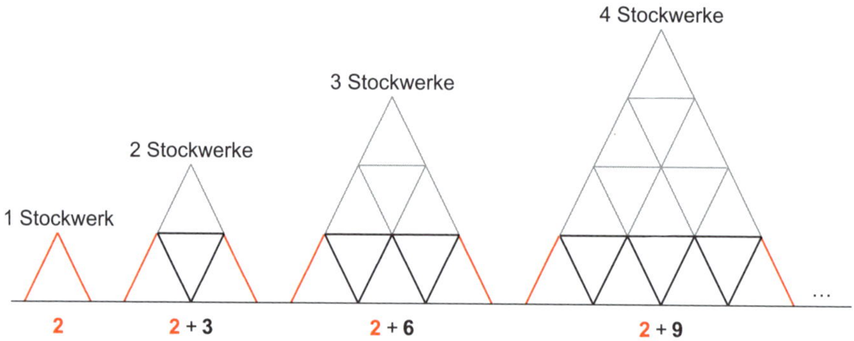

Anzahl der Stockwerke	Insgesamt benötigte Karten	Anzahl Karten für unterstes Stockwerk	Term	Term mit x
$x=0$	0			
$x=1$	2	2	$2=2+0\cdot 3$	$2+(x-1)\cdot 3$
		+3		
$x=2$	7	5	$5=2+1\cdot 3$	$2+(x-1)\cdot 3$
		+3		
$x=3$	15	8	$8=2+2\cdot 3$	$2+(x-1)\cdot 3$
		+3		
$x=4$	26	11	$11=2+3\cdot 3$	$2+(x-1)\cdot 3$
		+3		
$x=5$	?	?		

Für das unterste Stockwerk werden immer 3 Karten mehr als beim Haus vorher gebraucht. Das neueste Stockwerk besteht immer aus den 2 äußeren Karten und $x-1$ Dreierpäckchen. Der folgende Term gibt somit die Anzahl der Karten für das unterste Stockwerk im Haus mit x Stockwerken an:
$\mathbf{T(x)=2+3\cdot(x-1)}$

Für ein Kartenhaus aus **5 Stockwerken** werden $T(\mathbf{5})=2+3\cdot(\mathbf{5}-1)=2+3\cdot 4=\mathbf{14}$ **Karten** für das unterste Stockwerk benötigt. Insgesamt also $26+14=40$ Karten.

Das Aufstellen von Termen dient dazu, einen Rechenweg aufzuschreiben.
Dazu ist der Text genau zu lesen. Skizzen und Tabellen sind dabei hilfreich.
Der Text muss schrittweise in Zahlen, Rechenzeichen und Variablen „übersetzt“ werden. Der gefundene Term liefert das Ergebnis.

eispiele

1. Ein Fußball kostet jetzt 5 € weniger als die Hälfte seines alten Preises. Was würde ein Fußball kosten, der zuerst 20 € gekostet hatte?

Lösung:
Der Text wird Schritt für Schritt in einen mathematischen Term übersetzt:

Text	Skizze	Term
alter Preis		x
Hälfte des alten Preises		$x:2$
5 € weniger		-5

Der Term heißt: $x:2-5$

Wenn der Fußball 20 € gekostet hatte, kostet er jetzt noch:
$20\,€ : 2 - 5\,€ = 10\,€ - 5\,€ = 5\,€$

Denke an Punkt vor Strich!

2. Von einer gedachten Zahl subtrahiert Paul ein Drittel der Zahl und multipliziert anschließend noch mit 3. Das Ergebnis ist immer das Doppelte der Zahl, behauptet Paul.

Lösung:
Die Skizze veranschaulicht den Rechenweg von Paul:

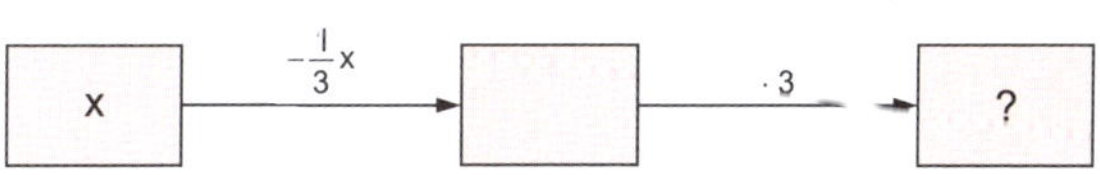

Der **Term T(x)** lässt sich wie folgt darstellen:

$$\mathbf{T(x) = \left(x - \frac{1}{3}x\right) \cdot 3}$$

Test für $x=2$:

$$T(2) = \left(2 - \frac{1}{3} \cdot 2\right) \cdot 3 = \left(2 - \frac{2}{3}\right) \cdot 3 = \left(\frac{6}{3} - \frac{2}{3}\right) \cdot 3 = \frac{4}{3} \cdot 3 = 4$$

Das Ergebnis 4 ist das Doppelte von 2.

Allgemein gilt:

$$T(x) = \left(x - \frac{1}{3}x\right) \cdot 3 = \left(\frac{3}{3}x - \frac{1}{3}x\right) \cdot 3 = \frac{2}{\cancel{3}}x \cdot \cancel{3} = \mathbf{2x}$$

Man erhält immer das Doppelte der Zahl. Paul hat recht.

163 In der abgebildeten Ansicht sind nicht alle Seiten der Quader zu sehen.

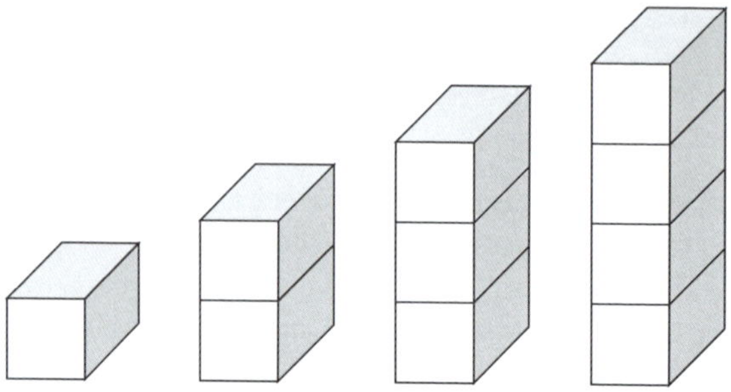

a) Stelle einen Term auf, mit dem man die Anzahl der sichtbaren Seiten der Quader eines beliebig hohen Turms berechnen kann.

b) Wie viele sichtbare Seiten hat ein Turm, der aus 72 Quadern besteht?

164 In der untenstehenden Abbildung sind mit Streichhölzern Reihenhäuser gelegt worden. Überlege, wie die Streichholzanzahl für 19 Reihenhäuser mithilfe eines Terms berechnet werden kann.

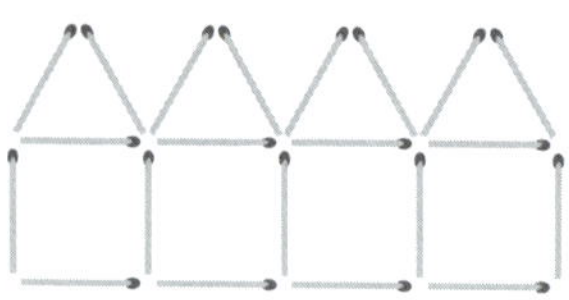

165 *Zaubertrick*
Denke dir eine Zahl zwischen 1 und 10. Addiere zu der gedachten Zahl 6 und ziehe vom Ergebnis 3 ab. Addiere nun 4 und ziehe die gedachte Zahl wieder ab und addiere wieder 4.
Welche Zahl ist immer das Ergebnis?
Erkläre das Ergebnis.

166 Ein Wanderer legt auf ebener Strecke mit 2 Schritten 1 Meter zurück.

a) Finde für die gelaufenen Meter einen Term mit der Variablen x und berechne mithilfe des Terms, wie viel Meter der Wanderer mit 670 Schritten und 2 250 Schritten zurücklegt.

b) Wie viel Schritte benötigt der Wanderer für 550 m und für 2,3 km?

1.3 Äquivalente Terme

Wenn die Termwerte zweier Terme bei allen Belegungen der Grundmenge übereinstimmen, so heißen die Terme **äquivalent über G**.

Beispiel

Sind die beiden Terme äquivalent über G?

$T_1(x)=\dfrac{35}{2\cdot x+1}$ und $T_2(x)=\dfrac{72}{2\cdot(x+1)}x$; $G=\{0;2;3;17\}$

Lösung:

x	0	2	3	17
$T_1(x)$	35	7	5	1
$T_2(x)$	36	12	9	2

Stelle für beide Terme eine numerische Wertetabelle auf und vergleiche die Werte.

Die beiden Terme sind nicht äquivalent, da die Termwerte bei den Belegungen der Grundmenge nicht übereinstimmen.

Gleichartige Terme sind Zahlen oder Terme, die die gleiche Variable enthalten. Fasst man in einem Term gleichartige Termglieder zusammen, entsteht ein äquivalenter Term.

Beispiel

Sind die folgenden Terme äquivalent zum Term $T(x)=5\cdot x+11$?

a) $T_1(x)=(2\cdot x+5)+(x+2\cdot x+6)$

b) $T_2(x)=(x+x+4\cdot 2)-(2\cdot x+2)+(x+1)$

Lösung:

a) $T_1(x)=(2\cdot x+5)+(x+2\cdot x+6)=2\cdot x+5+(3\cdot x+6)$
$=2\cdot x+5+3\cdot x+6$
$=5\cdot x+11$
$=T(x)$

Der Term $T_1(x)$ lässt sich durch Zusammenfassen gleichartiger Termglieder in T(x) umformen. Die Terme sind also äquivalent.

b) $T_2(x)=(x+x+4\cdot 2)-(2\cdot x+2)+(x+1)=2\cdot x+8-2\cdot x-2+x+1$
$=2\cdot x-2\cdot x+x+8-2+1$
$=x+7$
$\neq T(x)$

Der Term $T_2(x)$ lässt sich durch Zusammenfassen gleichartiger Termglieder nicht in T(x) umformen. Die Terme sind also nicht äquivalent.

167 Prüfe, ob die angegebenen Terme über der gegebenen Grundmenge äquivalent sind.

a) $T_1(x) = (x+2)^2$; $T_2(x) = x^2 + 4x + 4$; $G = \{1; 2; 3; 5\}$

b) $T_1(x) = 2x + 2$; $T_2(x) = 2 \cdot (x+1)$; $G = \{7; 9; 11\}$

c) $T_1(x) = \frac{18}{2 \cdot x}$; $T_2(x) = \frac{18}{2 + x}$; $G = \{1; 3\}$

168 Überprüfe, ob die Summe der Terme $x + x + 4 \cdot 2$, $2 \cdot x + 2$ und $x + 1$ gleich dem Summenwert der Terme $2 \cdot x + 5$ und $x + 2 \cdot x + 6$ ist.
Was gilt für die beiden Summenterme?

169 Stelle mindestens zwei verschiedene Terme (mit Maßzahlen) auf, mit denen sich der Flächeninhalt der markierten Fläche berechnen lässt. Zeige dann, dass die Terme äquivalent sind.

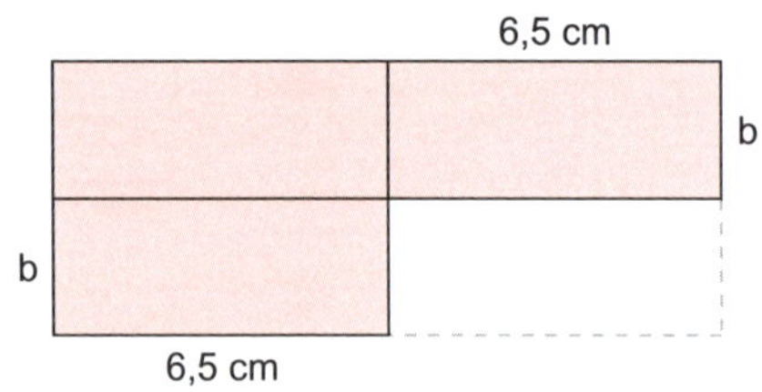

2 Lösen von Gleichungen

2.1 Vorkenntnisse – Aussage, Aussageform, Grund- und Lösungsmenge

Du kennst bereits aus der Jahrgangsstufe 5 Gleichungen. Frische zunächst deine Vorkenntnisse auf, bevor du das Thema vertiefst.

Man spricht von einer **Gleichung (Aussageform)**, wenn zwei Terme durch ein **Gleichheitszeichen** verbunden sind und **mindestens eine Variable (Platzhalter)** enthalten ist.

Beispiele

1. $3 - x = 1$ — Das ist eine Gleichung. Die Variable ist x.

2. $21 \cdot y = 42$ — Hier heißt die Variable y.

Bevor eine Gleichung gelöst werden kann, musst du die Grundmenge G kennen.

Man setzt in die Gleichung Elemente aus der **Grundmenge G** für die Variable ein. Die Elemente, die die Aussageform in eine **wahre Aussage** überführen, bilden dann die **Lösungsmenge L**. Die Angabe der Lösungsmenge L richtet sich also nach der vorgegebenen Grundmenge G.

Beispiel

Bestimme die Lösungsmenge L entsprechend der angegebenen Grundmenge G durch Probieren.

a) Die Zahl x gehört zu den einstelligen Zahlen.
$G = \mathbb{N} = \{1; 2; 3; 4; 5; \ldots\}$

Lösung:
$L = \{1; 2; 3; 4; 5; 6; 7; 8; 9\}$

Die Zahlen von 1 bis 9 bilden beim Einsetzen für x eine wahre Aussage.

b) $x - 3 = 5$
$G = \{4; 6; 8; 10\}$

Lösung:
Beim Einsetzen in die Gleichung ergibt nur die Zahl 8 eine wahre Aussage, es gilt: $L = \{8\}$.

$4 - 3 = 5$, falsche Aussage
$6 - 3 = 5$, falsche Aussage
$8 - 3 = 5$, wahre Aussage
$10 - 3 = 5$, falsche Aussage

2.2 Einfache Äquivalenzumformungen

Der Schüler Lukas wird von seinem Lehrer an die Tafel geholt. Er soll zu den folgenden Gleichungen die Lösungsmenge L über der gleichen Grundmenge $G = \mathbb{Q}$ durch Überlegung finden.

$1{,}5 + x = 4$	$x + 3{,}5 = 6$	$x = 2{,}5$
$1{,}5 + \mathbf{2{,}5} = 4$	$\mathbf{2{,}5} + 3{,}5 = 6$	$\mathbf{2{,}5} = 2{,}5$
$L = \{2{,}5\}$	$L = \{2{,}5\}$	$L = \{2{,}5\}$

Der Lehrer ist von Lukas begeistert, alles richtig.
Die Schüler stellen fest, dass die Gleichungen über der Grundmenge G die gleiche Lösungsmenge L besitzen.

> Gleichungen, die über der **gleichen Grundmenge G** die **gleiche Lösungsmenge L** besitzen, heißen **äquivalent über G**.

Zu komplizierten Aussageformen sucht man sich äquivalente, einfachere (elementare) Aussageformen, aus denen man die Lösungsmenge direkt ablesen kann:
$x = a$; $G = \mathbb{Q}$
$L = \{a\}$

Das erreicht man durch Umformungen, die die Lösungsmenge nicht verändern. Diese Umformungen heißen **Äquivalenzumformungen**.
Eine Gleichung durch Probieren zu lösen, ist zeitaufwendig. Auf rechnerischem Weg gelangt man schneller zum Ziel.

Zu der Gleichung $5+x=7$ ist, über der Grundmenge $G=\mathbb{Q}_0^+$, die Lösungsmenge L zu finden.

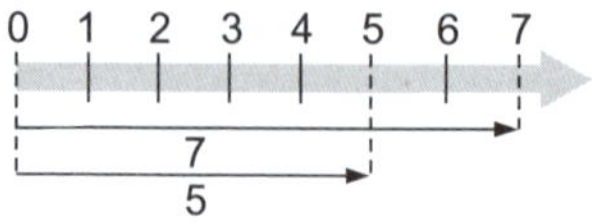

Durch welche Verknüpfung erhält man die zu addierende Zahl?

Spitze-Spitze-Verknüpfung:

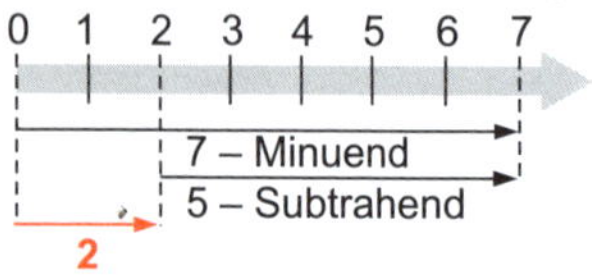

Rechnung:

$$5+x=7 \qquad |-5$$
$$5+x-5=7-5$$
$$x=2 \qquad \text{elementare Form}$$

Die Zahl 2 erfüllt die Ausgangsgleichung in der Grundmenge G.
$L=\{2\}$

Gleichungen lassen sich nur dann lösen, wenn man zur **Umkehraufgabe** übergeht.

> **Addiert oder subtrahiert** man auf **beiden Seiten** einer Gleichung **die gleiche Zahl**, so erhält man eine äquivalente Gleichung, bei der sich die Lösungsmenge nicht ändert. Umformungen dieser Art heißen **Äquivalenzumformungen**. Die umgeformte Gleichung ist äquivalent zur Ausgangsgleichung. Dies wird durch einen Äquivalenzpfeil „⇔" zu Beginn jeder neuen Zeile angezeigt.

Beispiel

Bestimme die Lösungsmenge L über der Grundmenge $\mathbb{Q}$.

a) $y+30{,}5=27$
b) $-12+x=20$

Lösung:

a)
$$y+30{,}5=27 \qquad |-30{,}5$$
$$\Leftrightarrow \quad y=27-30{,}5$$
$$\Leftrightarrow \quad y=-3{,}5$$
$L=\{-3{,}5\}$

b)
$$-12+x=20 \qquad |+12$$
$$\Leftrightarrow \quad x=20+12$$

$\Leftrightarrow \quad x = 32$

$L = \{32\}$

Die Aussage $14 = 3 \cdot 4$ ist falsch. Multiplizierst du aber den Links- und Rechtsterm mit null, entsteht eine wahre Aussage.

$14 = 3 \cdot 4 \quad | \cdot 0$

$14 \cdot 0 = 12 \cdot 0$

$0 = 0$ w. A.

Beachte:

Die **Multiplikation mit null ist keine Äquivalenzumformung**, da der Wahrheitswert verändert wird.

Das folgende Rechengesetz erleichtert dir, Terme äquivalent umzuformen:

Für $a, b \in \mathbb{Q} \setminus \{0\}$ gilt:

$a : b = a \cdot \frac{1}{b}$

Die Division einer Zahl kann auf die Multiplikation mit dem Kehrwert der Zahl zurückgeführt werden.

Beispiel

Ausgangsgleichung	Äquivalenzumformung	Elementare Form
$x \cdot \frac{1}{5} = 6 \quad \vert \cdot 5$ $x : 5 = 6 \quad \vert \cdot 5$	$x \cdot \frac{1}{5} \cdot 5 = 6 \cdot 5$	$x = 30$ $L = \{30\}$

Die Zahl 30 erfüllt die Ausgangsgleichung: $30 \cdot \frac{1}{5} = 6$

Multipliziert oder dividiert man auf **beiden Seiten** einer Gleichung die **gleiche Zahl ungleich 0**, so erhält man eine äquivalente Gleichung, bei der sich die Lösungsmenge nicht ändert. Umformungen dieser Art heißen **Äquivalenzumformungen**.

In Zukunft wird das Zeichen „·" zwischen Zahl und Variable nicht mehr geschrieben ($3 \cdot x = 3x$).

Gehe beim Lösen von Gleichungen der Form **ax + b = c** wie folgt vor:

- Zunächst wird die Gleichung, wenn möglich, vereinfacht.
- Löse immer nach der Variablen auf, sodass die Variable „alleine steht“.
- Schreibe die Variable auf die linke Seite und den Zahlenwert auf die rechte Seite der Gleichung.
- Löse nach der Variablen auf, indem du die entsprechende Umkehraufgabe wählst, also zur Multiplikation die Division, zur Addition die Subtraktion und umgekehrt. Schreibe dazu rechts neben die Gleichung einen senkrechten Strich „|“ und die angewandte Umkehraufgabe.

Beispiel

Bestimme die Lösungsmenge L über der Grundmenge $G = \mathbb{Q}$.

a) $\frac{3}{4}y - 2{,}25 = 3{,}75 \quad |+2{,}25$ — Alle Zahlen auf die rechte Seite bringen.

$\Leftrightarrow \quad \frac{3}{4}y = 6 \quad |\cdot\frac{4}{3}$ — Mit dem Kehrbruch multiplizieren.

$\Leftrightarrow \quad y = {}^{2}\not{6} \cdot \frac{4}{\not{3}_1}$ — Kürzen.

$\Leftrightarrow \quad y = 2 \cdot 4$

$\Leftrightarrow \quad y = 8$

$L = \{8\}$

b) $x \cdot \left(-\frac{2}{5}\right) = 6 \quad \left|\cdot\left(-\frac{5}{2}\right)\right.$ — Mit dem Kehrbruch multiplizieren.

$\Leftrightarrow \quad x \cdot \left(-\frac{2}{5}\right) \cdot \left(-\frac{5}{2}\right) = 6 \cdot \left(-\frac{5}{2}\right)$

$\Leftrightarrow \quad x \cdot 1 = -{}^{3}\not{6} \cdot \frac{5}{\not{2}_1}$ — Kürzen.

$\Leftrightarrow \quad x = -3 \cdot 5$

$\Leftrightarrow \quad x = -15$

$L = \{-15\}$

c) $\frac{2}{5} + 4x - 8x = x + 3\frac{2}{5}$ — Vereinfachen.

$\Leftrightarrow \quad \frac{2}{5} - 4x = x + 3\frac{2}{5} \quad |-x$ — Terme mit Variable auf die linke Seite bringen.

$\Leftrightarrow \quad \frac{2}{5} - 5x = 3\frac{2}{5} \quad \left|-\frac{2}{5}\right.$ — Zahlen auf die rechte Seite bringen.

$\Leftrightarrow \quad -5x = 3 \quad |:(-5)$

$\Leftrightarrow \qquad x = -\frac{3}{5} = -0{,}6$

$L = \{-0{,}6\}$

170 Löse durch Äquivalenzumformungen über der Grundmenge $\mathbb{Q}$.

a) $\frac{1}{3}x + 5 = 12$

b) $9 + 4x = 19$

c) $5y - \frac{3}{4} = 19{,}25$

d) $(0{,}7 + 0{,}3) \cdot 15 + x = 40{,}5$

e) $2x - \frac{4}{8} + 6 = 9{,}5$

f) $18 + 0{,}5x = 32\frac{4}{5}$

171 Der Verkaufswert des Hauses ergibt sich, wenn du die vom Erdgeschoß bis zum Dach versteckten Aufgaben löst. Dabei sind die Gleichungen über der Grundmenge $\mathbb{Q}_0^+$ zu lösen. Die Summe der Zahlen der Lösungsmengen mit 1 000 multipliziert ergibt den Verkaufswert in €. Wenn du richtig gerechnet hast, ergibt sich ein Verkaufswert von 422 500 €.

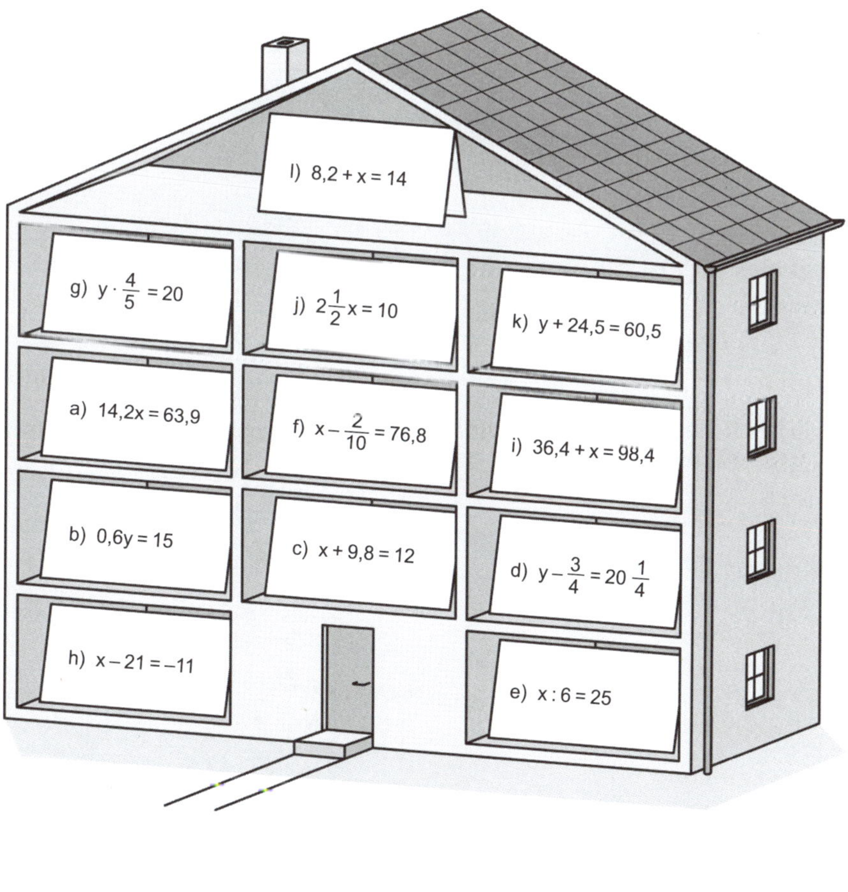

2.3 Aufstellen von Gleichungen

Beschriftete Skizzen helfen beim Aufstellen von Gleichungen.

Familie Müller hat vor, ihre Garageneinfahrt zu pflastern. Auf der 5,45 m breiten Einfahrt sollen zwischen den Randsteinen Pflastersteine gelegt werden. Herr Müller möchte wissen, wie viele Pflastersteine er für die 50 Reihen der neuen Garageneinfahrt benötigt.

Skizze:

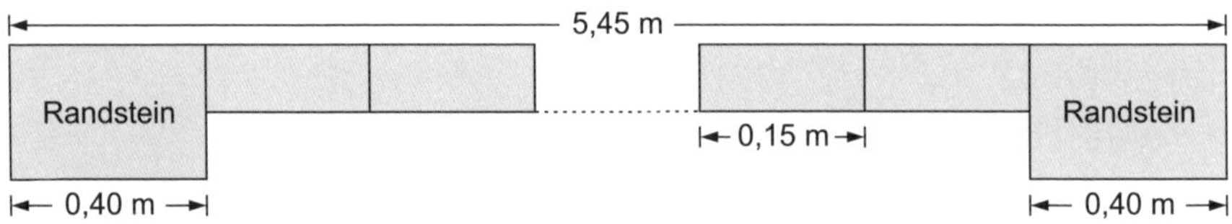

Die Grundmenge ist die Menge der natürlichen Zahlen ($G = \mathbb{N}$).

Text	**mathematischer Term**
Pflastersteine	x
Breite der Pflastersteine	$x \cdot 0{,}15$ m
Breite der Randsteine	$2 \cdot 0{,}40$ m
Breite der Garageneinfahrt	$5{,}45 \text{ m} - 2 \cdot 0{,}40 \text{ m}$

Die Gleichung für eine Reihe Pflastersteine lautet:
$0{,}15 \text{ m} \cdot x = 5{,}45 \text{ m} - 2 \cdot 0{,}40 \text{ m}$

Maßzahlengleichung:

$$0{,}15 \cdot x = 5{,}45 - 2 \cdot 0{,}40 \qquad \text{Vereinfachen.}$$
$$\Leftrightarrow \quad 0{,}15 \cdot x = 4{,}65 \qquad |:0{,}15$$
$$\Leftrightarrow \quad x = 31 \text{ Pflastersteine}$$

$L = \{31\}$

Für die 50 Reihen seiner Garageneinfahrt aus Pflastersteinen benötigt Herr Müller $50 \cdot 31 = 1\,550$ Pflastersteine.

Beim Aufstellen einer Gleichung musst du zunächst herausfinden, was gegeben und gesucht ist. Dazu wird der Text genau gelesen und Schritt für Schritt zerlegt.

1. Überlege dir eine geeignete Grundmenge G.
2. Bezeichne das, was gesucht ist, mit der Variablen x.
3. Die Informationen über gegebene Größen werden in geeignete Terme übersetzt. Eventuell müssen die gegebenen Größen noch in eine gemeinsame Einheit umgewandelt werden.
4. Erstelle aus den Termen eine Gleichung und lasse die Maßeinheiten weg.
5. Löse die Maßzahlengleichung. Das Ergebnis wird mit der Einheit geschrieben.

Beispiel

In einer Kleingartenanlage werden zwei rechteckige Parzellen neu aufgeteilt. Die beiden Parzellen sollen weiterhin die gleiche Fläche haben. Die eine Parzelle ist 52,5 m lang und 200 dm breit. Die andere Parzelle soll 2,50 m kürzer sein, dafür aber breiter. Wie breit ist die zweite Parzelle?

Lösung:

Skizze:

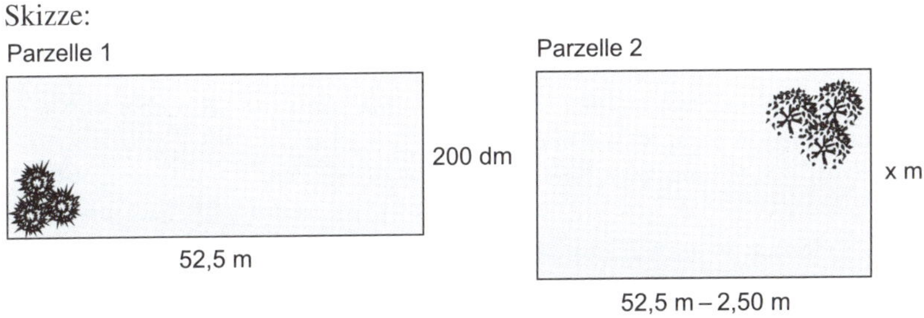

1. Die Grundmenge ist die Menge der rationalen Zahlen ($G = \mathbb{Q}$).
2. Die Breite der Parzelle 2 ist x m.
3. Der Text wird in einen geeigneten Term übersetzt:
   Die Fläche A eines Rechteckes berechnet sich aus dem Produkt von Länge a und Breite b. Die Größen müssen noch in die gleiche Einheit umgerechnet werden. Dann kann die Fläche beider Parzellen berechnet werden.

   Parzelle 1:
   $A = 52{,}5\ \text{m} \cdot 200\ \text{dm} = 52{,}5\ \text{m} \cdot 20\ \text{m} = 1\,050\ \text{m}^2$

   Parzelle 2:
   $A = (52{,}5\ \text{m} - 2{,}50\ \text{m}) \cdot x\ \text{m} = 50\ \text{m} \cdot x\ \text{m}$

   Textinformation:
   Die Parzellen haben die gleiche Fläche. Somit werden die beiden Flächen dann gleichgesetzt und man erhält eine Gleichung, die gelöst werden kann.

4. Gleichung:
   $52{,}5\ \text{m} \cdot 20\ \text{m} = 50\ \text{m} \cdot x\ \text{m}$

5. Maßzahlengleichung:
   $$52{,}5 \cdot 20 = 50 \cdot x$$
   $$\Leftrightarrow \quad 1\,050 = 50 \cdot x \quad |:50$$
   $$\Leftrightarrow \quad x = 1\,050 : 50$$
   $$\Leftrightarrow \quad x = 21$$
   $L = \{21\}$

   Die zweite Parzelle hat eine Breite von 21 m.

172 Bearbeite die Sachaufgaben, indem du eine Maßzahlengleichung erstellst und anschließend löst.

a) Ein Hauseigentümer will die 11,5 m^2 große Decke seines Wohnzimmers mit Holz verkleiden. Der Handwerker erstellt einen Kostenvoranschlag von 1 328,40 €. Im Preis sind zusätzliche Materialkosten von 86,40 € inbegriffen. Was kostet ein m^2 der reinen Holzdecke?

b) Die Metzgerei Hack rechnet bei ihrem Schlachtfest für 120 Leberwürste mit Einnahmen in Höhe von 300 €.
Für wie viel € muss eine Leberwurst verkauft werden?

173 Ferdi ist viermal so alt wie Julia. In acht Jahren sind sie zusammen 41 Jahre alt. Wie alt sind Ferdi und Julia heute?

174 Die Breite eines Rechtecks entspricht seiner doppelten Länge vermindert um 0,7 dm.
Berechne die Länge und die Breite des Rechteckes, wenn sein Umfang 34 cm beträgt.

2.4 Lösungsstrategien – Probieren und Rückwärtsrechnen

Es gibt Aufgaben, bei denen man rückwärts denken muss, um die Lösung zu finden. Durch Probieren gelingt es, sich schrittweise der Lösung zu nähern und ein mögliches Muster zu erkennen.

> Wenn bei einer Textaufgabe nach einer Reihe von Ereignissen ein Ergebnis steht und gefragt wird, was am Anfang gewesen ist, dann findet man die Lösung durch **Probieren** und/oder **Rückwärtsrechnen**.

Beispiel

Ein Händler musste im Mittelalter 5 Tore passieren, um auf den Marktplatz einer Stadt zu kommen. Auf seinem Weg musste er an jedem Tor die Hälfte seines Geldes und noch einen Gulden extra abgeben. Nach dem letzten Tor bleibt ihm noch ein Gulden übrig.
Wie viele Gulden hatte der Händler, bevor er in die Stadt gekommen war?

Lösung:

Bestimmung der Anzahl Gulden vor dem 5. Tor durch Probieren:

- Vielleicht hatte er **2 Gulden**?
  Die Hälfte von 2 Gulden ist 1 Gulden, aber den einen Gulden müsste er auch noch abgeben. Er hätte am Ende kein Geld mehr.
- **3 Gulden** sind nicht möglich, da er in diesem Fall am Ende nur noch einen halben Gulden hätte.
  $(3:2)-1=1{,}5-1=0{,}5$ Gulden
- Wenn er aber **4 Gulden** hatte, bleibt am Ende ein Gulden übrig.
  $(4:2)-1=2-1=1$ Gulden

Rückwärtsrechnen:

Nach dem 5. Tor → 1 Gulden

↓ ↓

Vor dem 5. Tor → 4 Gulden

Vor dem 5. Tor hat er 4 Gulden gehabt. Wenn wir jetzt weiter **rückwärtsrechnen** und uns an jedem Tor in Gedanken einen Gulden wiedergeben lassen und diese Geldsumme verdoppeln, erhalten wir die Geldsumme, die der Händler am Anfang hatte.

↓ ↓

Vor dem 1. Tor → ?

Vor dem 5. Tor: 4 Gulden
Vor dem 4. Tor: $(4+1)\cdot 2=10$ Gulden

Vor dem 3. Tor: $(10+1)\cdot 2=22$ Gulden
Vor dem 2. Tor: $(22+1)\cdot 2=46$ Gulden
Vor dem 1. Tor: $(46+1)\cdot 2=94$ Gulden

An jedem Tor erhält man, auf dem Rückweg, einen Gulden zurück und diese Geldsumme wird wieder verdoppelt. Man erhält so die Geldsumme, die der Händler am Anfang hatte. Der Händler hatte 94 Gulden, bevor er die Stadt betrat.

Noch schneller erhält man die Lösung, wenn man sich den Vorgang zunächst auf diese Weise veranschaulicht:

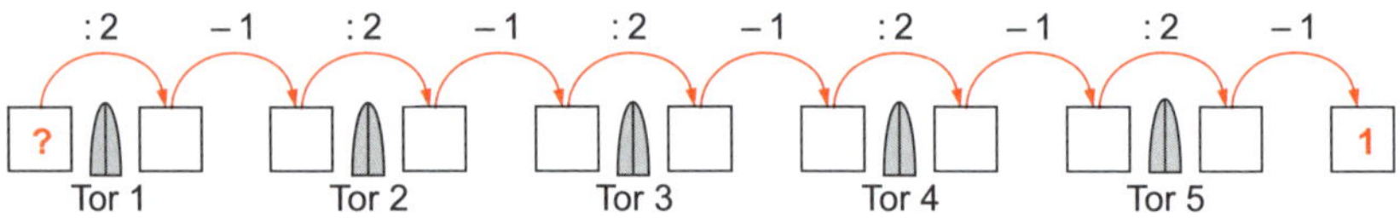

Rechnet man nun rückwärts mit den Umkehroperationen, erhält man:

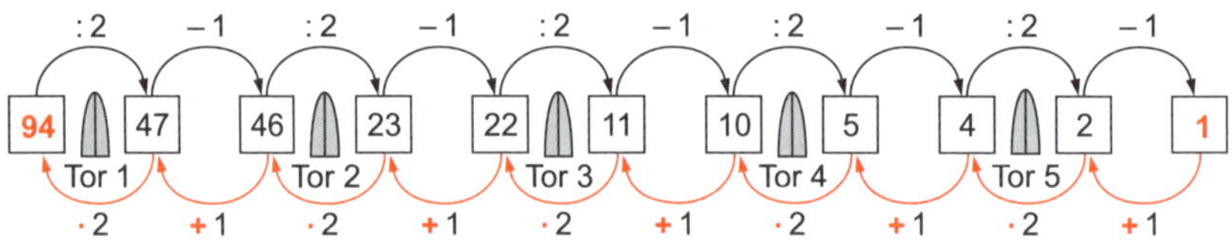

175 Ein Räuber geht über eine verwunschene Brücke. Dabei verdoppelt sich die Anzahl der Goldstücke in seinem Beutesack. Er geht gleich noch einmal über die Brücke zurück, doch jetzt hat er auf einmal weniger Goldstücke im Sack. Er bemerkt, dass sich seine Goldstücke auf dem Hinweg stets verdoppeln und auf dem Rückweg immer 8 Goldstücke verschwinden. Trotzdem versucht er es weiter. Nachdem er das dritte Mal zurückgeht, hat er keine Goldstücke mehr in seinem Beutesack.
Überlege, wie viele Goldstücke der zu gierige Räuber am Anfang hatte.

176 Ein Gärtner benötigt zum Gießen seiner Pflanzen genau 4 Liter Wasser. Er hat einen 8-Liter-Eimer und einen 3-Liter-Eimer zur Verfügung. Das Wasser holt sich der Gärtner aus der Regentonne.
Wie geht der Gärtner vor, damit er im 8-Liter-Eimer am Ende genau 4 Liter Wasser zum Gießen zur Verfügung hat?

Achsenspiegelung und Symmetrie

1 Eigenschaften von Ur- und Bildfigur

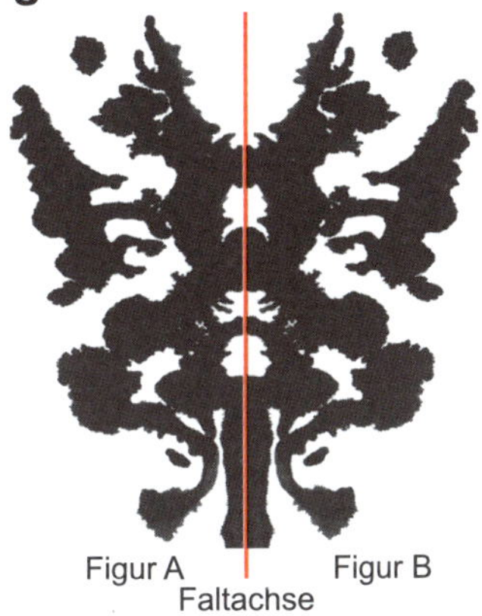

Du kannst symmetrische Figuren ganz einfach selbst erzeugen: Kleckse etwas Tinte auf ein Blatt Papier und falte es.

Die **Urfigur** (Figur A) wird dabei auf die **Bildfigur** (Figur B) abgebildet. Es entsteht eine achsensymmetrische Figur. Eine derartige Abbildung wird als **Achsenspiegelung** bezeichnet. Die Faltachse ist die **Spiegelachse s**.

- Die beiden Figuren A und B sind **kongruent** d. h. **deckungsgleich**, wenn sie durch Achsenspiegelungen aufeinander abgebildet werden können. Schreibweise: $A \cong B$
- Eine Figur heißt **achsensymmetrisch** bezüglich einer Geraden s, wenn sie bei der Spiegelung an s auf sich selbst abgebildet wird. Die Gerade s ist die **Spiegelachse** und heißt **Symmetrieachse** der Figur.

Beispiel

Zeichne in den Figuren die Spiegelachsen richtig ein.

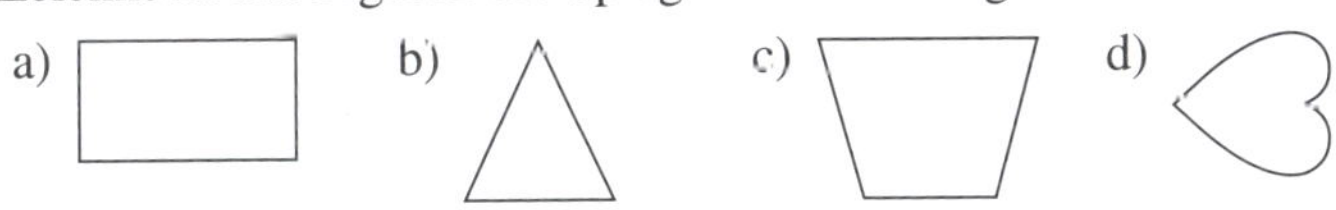

Lösung:
Die eine Hälfte der Figur muss genau deckungsgleich mit der anderen Hälfte der Figur sein.

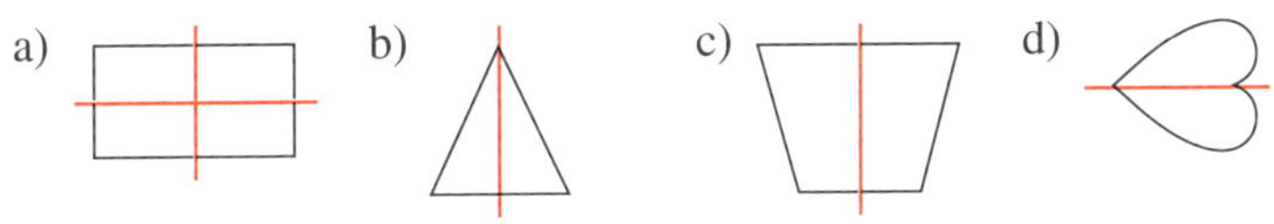

Bei der Achsenspiegelung liegen sich Urpunkt P und Bildpunkt P' auf einer Senkrechten zur Spiegelachse s im selben Abstand gegenüber. Es gilt also:
$\overline{PP'} \perp s$ und $d(P; s) = d(P'; s)$

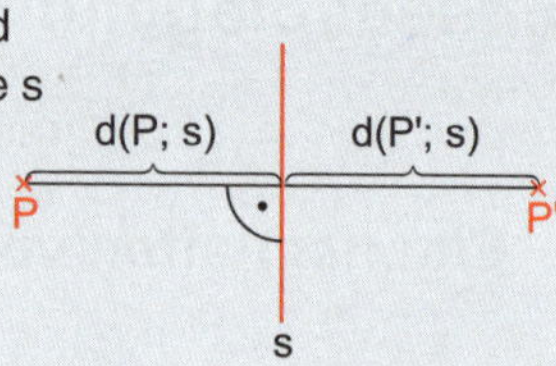

Abbildungsvorschrift:
$P \overset{s}{\longmapsto} P'$

Sprechweise:
Der Punkt P wird durch Achsenspiegelung an der Spiegelachse s auf den Punkt P' abgebildet.

Hinweis: Die Achsenspiegelung ist umkehrbar, das heißt, dass durch wiederholte Spiegelung ein Bildpunkt P' wieder auf den Urpunkt P abgebildet wird.

Beispiel Das Urdreieck ΔABC soll auf das Bilddreieck ΔA'B'C' durch Achsenspiegelung abgebildet werden. Die Bildpunkte A' und B' sind bereits bekannt.
Wo liegt der Bildpunkt C'? Zeichne das Bilddreieck ΔA'B'C'.

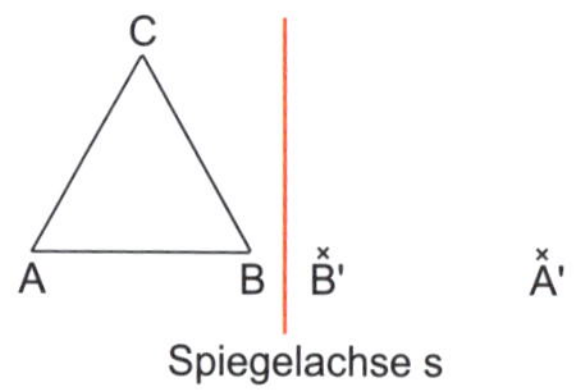

Lösung:

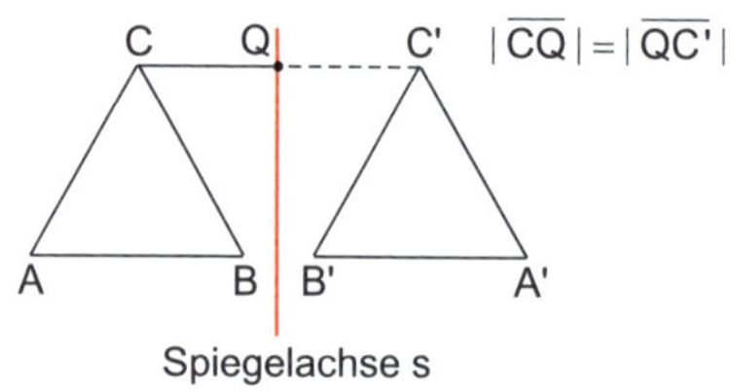

Zeichne eine Senkrechte zur Spiegelachse s durch den Punkt C. Der Punkt C' befindet sich auf der Senkrechten im gleichen Abstand von der Spiegelachse wie der Punkt C.

2 Konstruktion von Bildpunkten

Verwendet man beim Zeichnen nur den Zirkel und das Geodreieck, so spricht man von einer **Konstruktion**.

Konstruktion von Bildpunkten mit dem Geodreieck

- Zeichne eine Senkrechte t durch den Punkt P zur Spiegelachse s.
- Die Senkrechte t schneidet die Spiegelachse s im Punkt F.
- Lege die Symmetrieachse des Geodreiecks so auf die Spiegelachse, dass die Zeichenkante auf t liegt.
- Übertrage die Länge der Strecke $\overline{PF}$ mithilfe der cm-Skala auf die andere Seite der Spiegelachse s.

Konstruktion von Bildpunkten mit Zirkel und Lineal

- Wähle zwei beliebige Punkte A und B auf der Spiegelachse s.
- Zeichne zwei Kreise $k_1(A; r = |\overline{AP}|)$ und $k_2(B; r = |\overline{BP}|)$.
  Der von P verschiedene Schnittpunkt der beiden Kreise ist der Bildpunkt P'.

Beispiele

1.

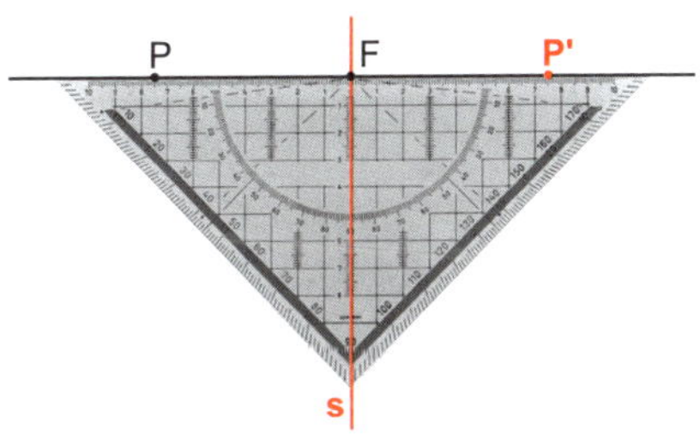

2.

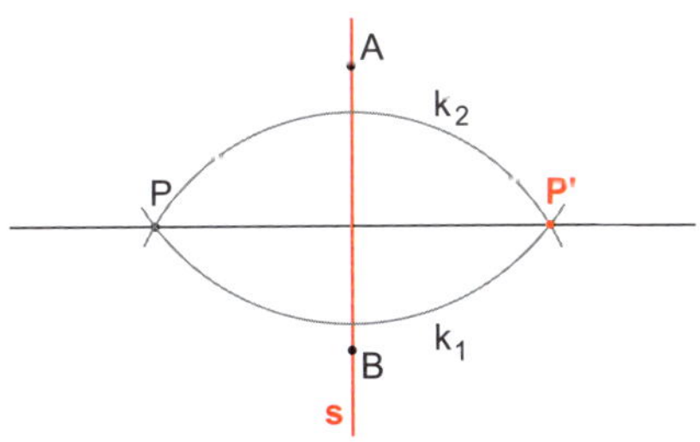

3. Bilde das Rechteck ABCD mit A(1 | 1); B(2,5 | 1); C(2,5 | 4) und D(1 | 4) durch Achsenspiegelung an der Geraden s = PQ mit P(4 | 4) und Q(4 | 1) auf das Rechteck A'B'C'D' ab.

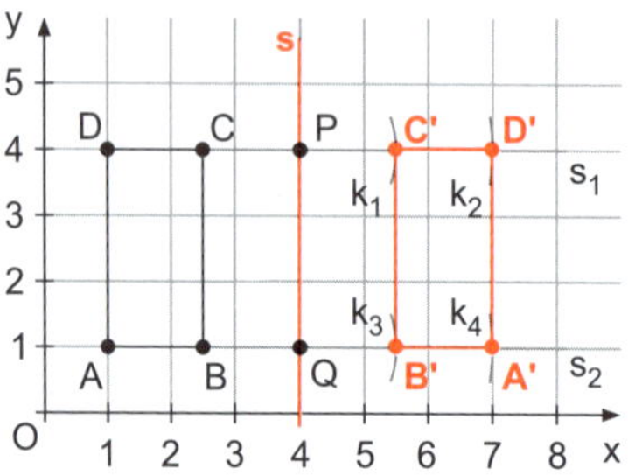

1. Zeichne das Rechteck ABCD und die Gerade s.
2. Zeichne die Senkrechte s_1 zu s durch C und die Senkrechte s_2 zu s durch B.
3. $s_1 \cap s = \{P\}$, $s_2 \cap s = \{Q\}$
4. Zeichne die Kreise $k_1(P; r = |\overline{PC}|)$, $k_2(P; r = |\overline{PD}|)$, $k_3(Q; r = |\overline{QB}|)$ und $k_4(Q; r = |\overline{QA}|)$.
5. $k_1 \cap s_1 = \{C'\}$, $k_2 \cap s_1 = \{D'\}$, $k_3 \cap s_2 = \{B'\}$, $k_4 \cap s_2 = \{A'\}$.
6. Zeichne das Rechteck A'B'C'D'.

177 Es fehlen Punkte von Ur- und Bildfigur. Die Bildfigur ist durch Achsenspiegelung aus der Urfigur hervorgegangen. Finde die fehlenden Punkte durch Konstruktion und verbinde die Ur- und Bildpunkte jeweils zu einer geschlossenen Figur.

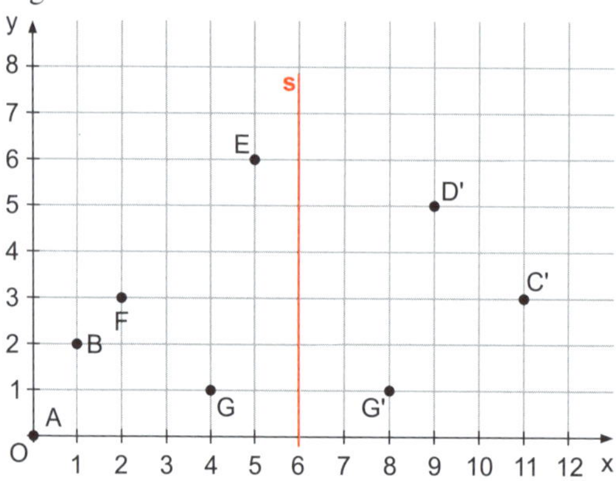

178 Die Urfigur ABCD wird durch Achsenspiegelung auf die Bildfigur A'B'C'D' abgebildet. Bekannt sind die Koordinaten der Punkte A(2 | 1), B(4 | 2), C(3 | 5), D(0,5 | 2) und A'(7 | 1). Finde durch Konstruktion die Bildfigur A'B'C'D'.

179 Welche Figur entsteht, wenn der Punkt B(7 | 5) an der Strecke $\overline{AC}$ mit A(4 | 1) und C(4 | 7) achsengespiegelt wird und man die Punkte A und B, B und C, C und B' sowie B' und A verbindet?

180 Ein Freizeitschwimmer will einen breiten Fluss durchqueren. Er startet bei A und möchte das gegenüberliegende Ufer am Punkt B erreichen. Wenn der Schwimmer genau auf den Punkt B zuschwimmen würde, würde er durch die Strömung am Punkt C des gegenüberliegenden Ufers ankommen.
Welche Richtung muss der Schwimmer unter Berücksichtigung der Strömung einschlagen, um am Punkt B das gegenüberliegende Ufer zu erreichen?
Übertrage die Zeichnung für A(5 | 1), B(5 | 5) und C(9 | 5) in ein Koordinatensystem und konstruiere die Schwimmrichtung.

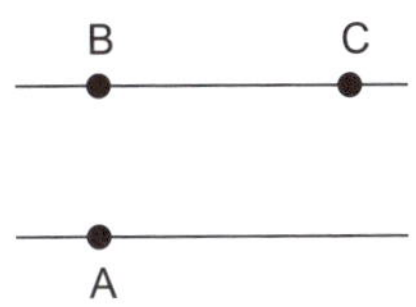

3 Fundamentalsätze

Die folgenden Eigenschaften gelten für alle Achsenspiegelungen und werden auch als Fundamentalsätze bezeichnet:

geradentreu

Bei der Achsenspiegelung ist das Bild einer Geraden g wieder eine Gerade g'.

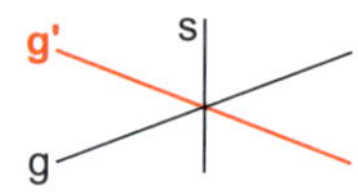

längentreu

Bei der Achsenspiegelung wird die Urstrecke $\overline{AB}$ auf die Bildstrecke $\overline{A'B'}$ abgebildet. Ur- und Bildstrecke sind gleich lang.

winkeltreu

Bei der Achsenspiegelung haben Urwinkel α und Bildwinkel α' das gleiche Maß: $\alpha = \alpha'$

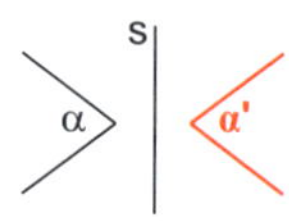

parallelentreu

Sind bei der Achsenspiegelung die Urgeraden parallel zueinander, so sind auch die Bildgeraden parallel zueinander.

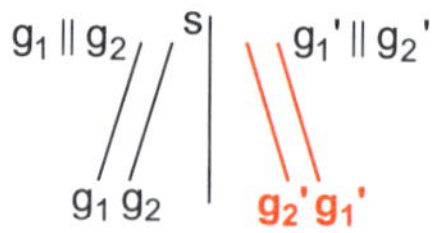

kreistreu

Bei der Achsenspiegelung ist das Bild eines Kreises wieder ein Kreis. Urkreis und Bildkreis haben den gleichen Radius: $r = r'$

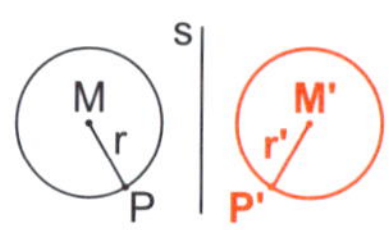

orientierungsumkehrend

Bei der Achsenspiegelung kehrt sich der Drehsinn (die Orientierung) um.

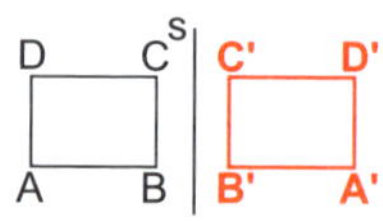

umkehrbar

Bei wiederholter Achsenspiegelung werden alle Bildpunkte wieder auf ihre Urpunkte abgebildet.

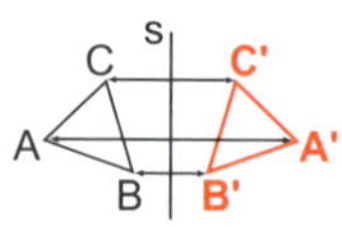

Weitere Eigenschaften der Achsenspiegelung

- Alle Punkte, die auf der Spiegelachse s liegen, sind **Fixpunkte**. Das heißt, sie werden auf sich selbst abgebildet.
- Alle bezüglich der Spiegelachse achsensymmetrischen Figuren sind **Fixfiguren**. Das heißt, sie werden auf sich selbst abgebildet. Liegt beispielsweise der Mittelpunkt eines Kreises auf der Spiegelachse, so wird der Kreis auf sich selbst abgebildet. Man nennt dies einen **Fixkreis**.
- Alle senkrecht zur Spiegelachse verlaufenden Geraden und die Spiegelachse s selbst sind **Fixgeraden**, da sie auf sich selbst abgebildet werden. Die Bildgerade ist gleich der Urgerade.
- Die Spiegelachse s ist die einzige **Fixpunktgerade**, da sie nur aus Fixpunkten besteht (vgl. „Fixpunkte" oben).

Beispiel

Das Dreieck ABC mit A(2 | 1,5), B(7 | 4) und C(2 | 4) soll durch Achsenspiegelung an der Spiegelachse CB abgebildet werden.

Lösung:

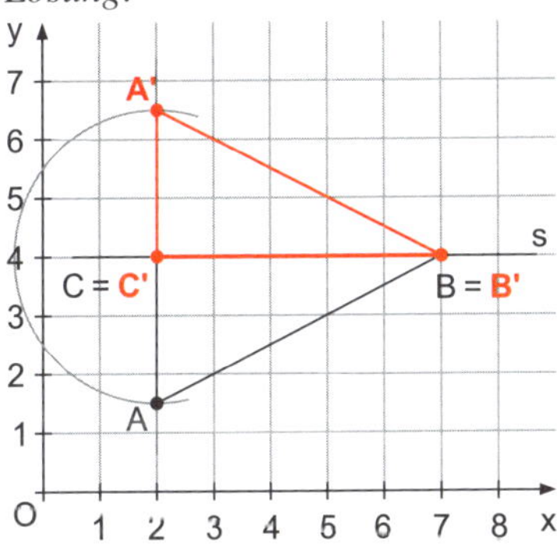

Auf der Spiegelachse CB liegt die Strecke $\overline{CB}$. Somit sind die Punkte C und B Fixpunkte und werden auf sich selbst abgebildet. Der Punkt A' liegt auf einer Senkrechten zur Spiegelachse, die durch den Punkt A verläuft. Der Abstand von A' zur Spiegelachse ist gleich dem Abstand des Punktes A von der Spiegelachse. Nun kannst du die Bildfigur A'B'C' zeichnen.

181 An der Spiegelachse PQ mit P(2 | 5) und Q(9 | 5) soll die Figur ABCDEFGM, die sich aus einem Kreis k mit 1 LE Radius und dem Mittelpunkt M(5 | 5) sowie den Strecken $\overline{AB}$, $\overline{BC}$, $\overline{BD}$, $\overline{BF}$, $\overline{FE}$ und $\overline{FG}$ mit A(5 | 4), B(5 | 3,5), C(4 | 2), D(6 | 2), E(3 | 0), F(5 | 1) und G(7 | 0) zusammensetzt, durch Achsenspiegelung abgebildet werden. Lies die Koordinaten der Bildpunkte ab.

4 Fundamentalkonstruktionen – Senkrechte, Mittelsenkrechte, Lot und Winkelhalbierende

Konstruktion einer Senkrechten

Eine Senkrechte s zu einer Geraden g soll konstruiert werden.

1. Zeichne um einen beliebigen Punkt P auf der Geraden g einen Kreis k_1 mit beliebigem Radius r_1.

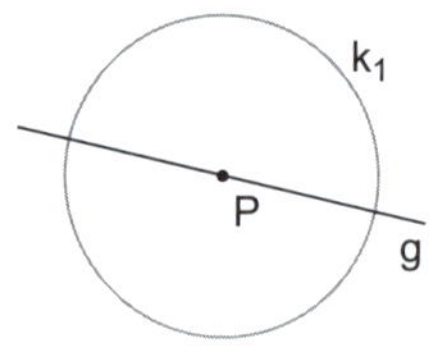

2. Zeichne um die beiden Schnittpunkte A und B des Kreises k_1 mit der Geraden g zwei Kreisbögen k_2 und k_3 mit identischem Radius r_2, der größer als der Radius r_1 des Kreises k_1 ist.

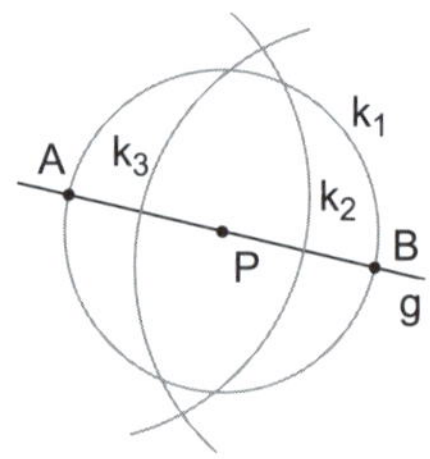

3. Durch die Schnittpunkte C und D der beiden Kreisbögen k_2 und k_3 wird die Senkrechte s gezeichnet.

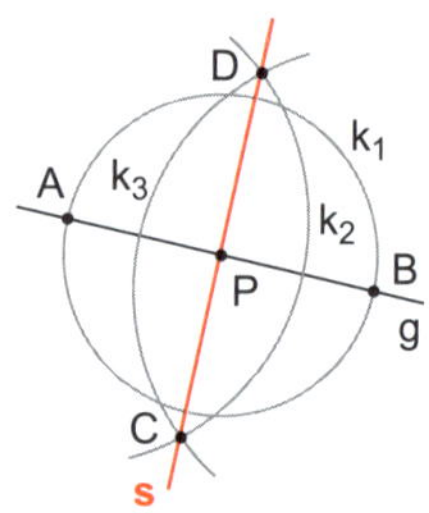

Eine Gerade, die mit einer Geraden g einen rechten Winkel einschließt, heißt **Senkrechte s.**

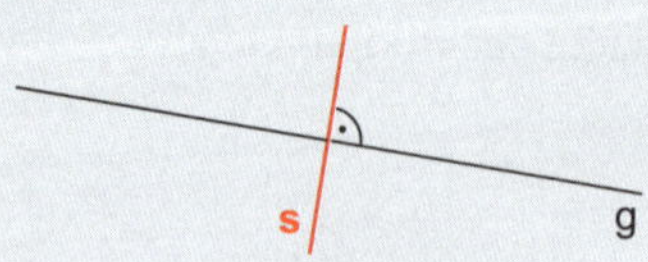

182 Konstruiere mit Zirkel und Lineal zur Geraden $g = AB$ mit $A(-4|-2)$ und $B(4|2)$ eine Senkrechte, die durch den Punkt $P(-2|-1) \in g$ verläuft.

Konstruktion der Mittelsenkrechten – Halbieren einer Strecke

Die Strecke $\overline{RS}$ soll halbiert werden.

1. Zeichne einen Kreis k_1 mit dem Mittelpunkt R und dem Radius $r > \frac{|\overline{RS}|}{2}$.
2. Zeichne um S einen Kreis k_2 mit dem gleichen Radius r.
3. Die Kreise k_1 und k_2 schneiden sich in den Punkten P und Q.
4. Die Spiegelachse s = PQ ist die gesuchte Mittelsenkrechte m der Strecke $\overline{RS}$.

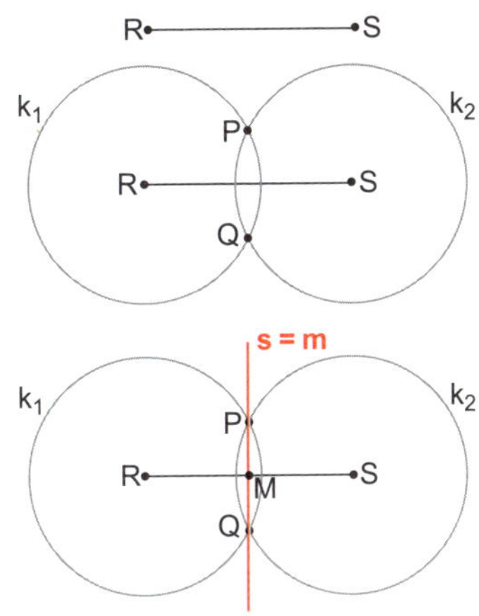

Die Spiegelachse s ist die **Mittelsenkrechte m** zur Strecke $\overline{RS}$ und der Punkt M halbiert die Strecke $\overline{RS}$.

Kurzschreibweise: $m_{\overline{RS}}$

Beispiel Zeichne eine 4,5 cm lange Strecke $\overline{AB}$ und teile sie in vier gleich lange Teilstrecken.

Lösung:

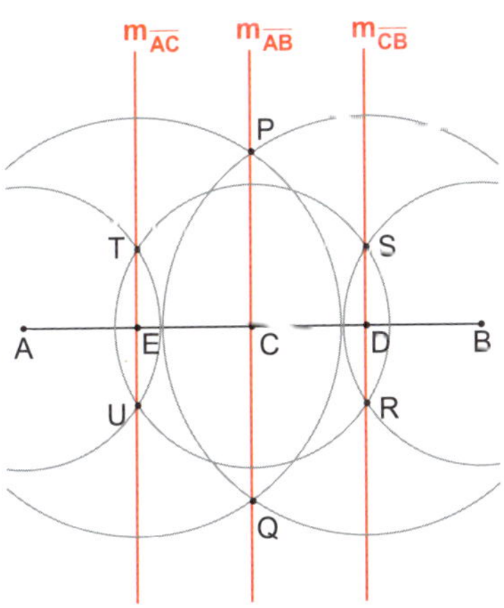

Du musst die Strecke $\overline{AB}$ wie oben beschrieben halbieren. Die zwei entstandenen Teilstrecken sind jeweils erneut zu halbieren. Die vier entstehenden Teilstrecken sind gleich lang.

183 Konstruiere den Mittelpunkt der Strecke $\overline{AB}$ mit A(2|4,5) und B(6|2), um herauszufinden, ob der Punkt R(5,5|7) auf der Mittelsenkrechten liegt.

Konstruktion des Lots von einem Punkt auf eine Gerade

Das Lot ℓ zur Geraden g durch den Punkt P ∉ g soll konstruiert werden.

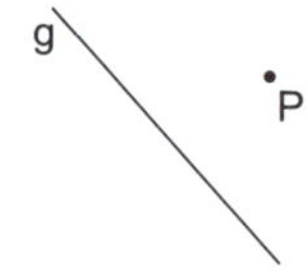

1. Zeichne einen Kreis k mit dem Mittelpunkt P und einem Radius, sodass k die Gerade g in zwei Punkten, A und B, schneidet.

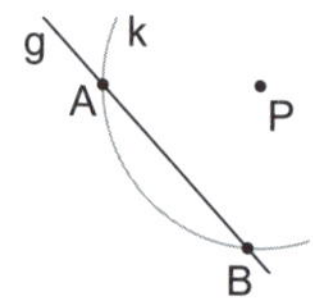

2. Zeichne mit dem gleichen Radius zwei Kreisbögen k_1 und k_2, die als Mittelpunkte die Schnittpunkte A und B des Kreises k mit der Geraden g besitzen.

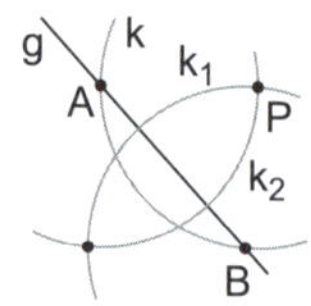

3. Zeichne durch die Schnittpunkte P und Q der beiden Kreisbögen das Lot ℓ. Es schneidet g im Lotfußpunkt L.

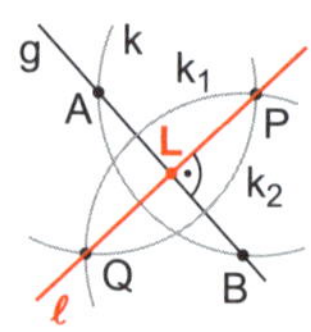

Die zu einer Geraden g durch einen Punkt P ∉ g verlaufende Senkrechte schließt mit der Geraden g einen rechten Winkel ein und wird als **Lot ℓ** bezeichnet.
Der Schnittpunkt von Lot ℓ und Gerade g heißt **Lotfußpunkt L**.

184 Konstruiere mit Zirkel und Lineal von den Punkten P(–3,5 | 2,5) und Q(5,5 | 2,5) das Lot auf die Gerade AB mit A(–4 | –3) und B(2 | 3).
Bestimme anschließend jeweils die Koordinaten des Lotfußpunkts.

Konstruktion der Winkelhalbierenden

Der Winkel ASB soll halbiert werden.

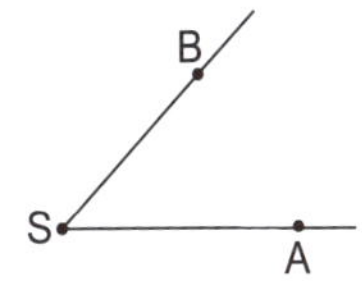

1. Zeichne einen Kreis k mit dem Mittelpunkt S und einem beliebigen Radius r.
2. Der Kreis k schneidet den Schenkel [SA im Punkt P und den Schenkel [SB im Punkt Q.
3. Zeichne die Strecke $\overline{PQ}$ und konstruiere die Mittelsenkrechte der Strecke $\overline{PQ}$:
4. Zeichne einen Kreis k_1 mit dem Mittelpunkt Q und dem Radius r.
5. Zeichne einen Kreis k_2 mit dem Mittelpunkt P und dem Radius r.
6. Die Kreise schneiden sich in den Punkten S und T.
7. Zeichne die Gerade m durch die Punkte S und T.

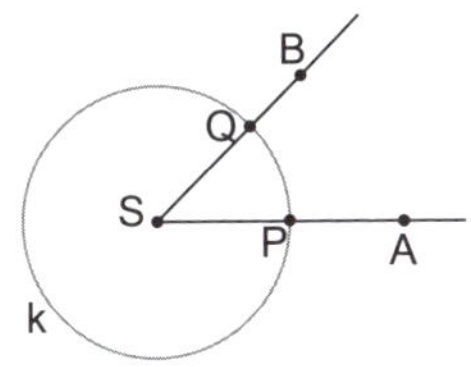

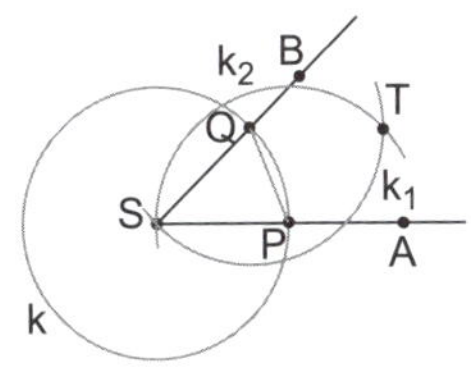

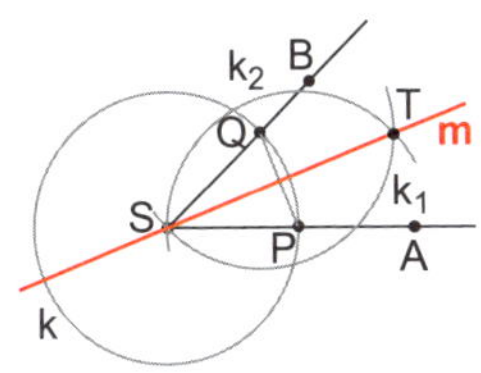

> Die Mittelsenkrechte m der Strecke $\overline{PQ}$, die Gerade ST, halbiert den Winkel ASB und ist somit **Winkelhalbierende** des Winkels ASB.

Beispiel

Konstruiere den Winkel $\alpha = 22{,}5°$.

Lösung:

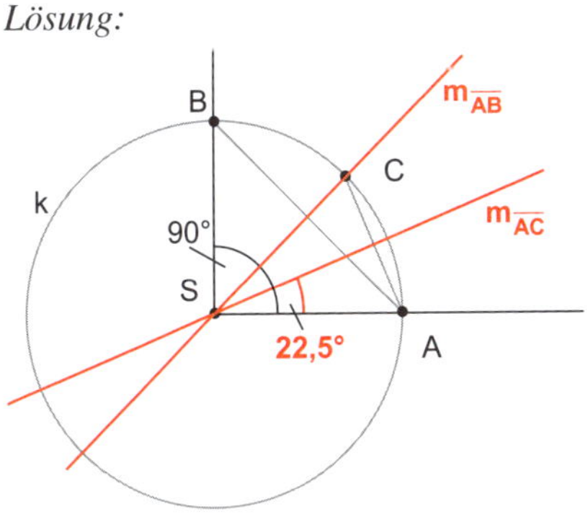

Der Winkel ASB hat ein Maß von 90° und muss 2-mal halbiert werden, um einen Winkel von 22,5° zu erhalten ($4 \cdot 22{,}5° = 90°$). Gehe wie oben beschrieben vor.

185 a) Zeichne eine 2,5 cm lange Strecke $\overline{AB}$ und konstruiere die Mittelsenkrechte der Strecke $\overline{AB}$.

b) Zeichne einen Winkel ASB mit dem Maß $\alpha = 125°$ und konstruiere die Winkelhalbierende des Winkels α.

186 Zeichne ein beliebiges spitzwinkliges Dreieck ABC.
Konstruiere zu jeder Dreiecksseite die Mittelsenkrechte.
Was stellst du fest?

187 Zeichne ein beliebiges stumpfwinkliges Dreieck ABC.
Konstruiere die Winkelhalbierenden der drei Innenwinkel.
Was stellst du fest?

188 Zeichne die Strecke $\overline{AB}$ und die Strecke $\overline{AC}$ mit A(3|4), B(8|4) und C(3|9) in ein Koordinatensystem.
Finde durch Konstruktion den Punkt S, der von A, B und C den gleichen Abstand hat.

189 Ein Hausbesitzer möchte in seinem dreieckigen Vorgarten mit den Eckpunkten A, B und C einen Rasenstreifen setzen. Der Rasenstreifen soll von den Strecken $\overline{AB}$ und $\overline{AC}$ stets gleich weit entfernt sein.
Übertrage die Zeichnung für A(2|1), B(6|3) und C(3|7) in ein Koordinatensystem und konstruiere den Verlauf der Mittellinie des Rasenstreifens.

190
- Zeichne den Kreis k mit dem Mittelpunkt M(7|5) und dem Radius r = 5 LE sowie die Punkte A(7|0), B(12|5), C(7|10) und D(2|5) in ein Koordinatensystem.
- Konstruiere die Winkelhalbierenden der Winkel BMC und AMB. Verlängere die Winkelhalbierenden über den Scheitel hinaus.
- Konstruiere die Mittelsenkrechten der Strecken $\overline{MA}$, $\overline{MB}$, $\overline{MC}$ und $\overline{MD}$.
- Gib die Koordinaten der Schnittpunkte der Winkelhalbierenden mit den Mittelsenkrechten an.
- Welche Figur entsteht, wenn du die Schnittpunkte miteinander verbindest?

191
- Zeichne die Strecke $\overline{SA}$ mit S(2|2) und A(8|1) und trage im Punkt S den Winkel α mit dem Maß von 75° an.
- Konstruiere die Winkelhalbierende des Winkels α. Die Winkelhalbierende schneidet die Strecke $\overline{RT}$ mit R(9,5|7) und T(9,5|2) im Punkt P.
- Zeichne eine Parallele t zur y-Achse durch den Punkt A.
- Spiegle den Punkt P an der Spiegelachse t auf den Punkt P' und gib dessen Koordinaten an.

192 Von zwei Dreiecken, die durch Achsenspiegelung auseinander hervorgegangen sind, sind nur noch die Punkte A(3 | 2), B'(1 | 7), C(8 | 4) und C'(3 | 9) bekannt.

- Zeichne die Punkte in ein Koordinatensystem.
- Konstruiere die Spiegelachse t und die fehlenden Punkte A' und B und zeichne die Dreiecke ABC und A'B'C'.

193 Auf welchen Punkt der Bande $\overline{AB}$ eines Billardtisches muss gezielt werden, um mit der weißen Kugel P die rote Kugel Z zu treffen?
Aus der Physik ist Folgendes bekannt: Trifft eine Kugel in einem bestimmten Winkel (Einfallswinkel α) an die Bande, so wird sie im gleichen Winkel (Ausfallswinkel α') zurückgeworfen (reflektiert). Es gilt das Reflexionsgesetz $\alpha = \alpha'$. Um also die Kugel Z zu treffen, muss man auf das Spiegelbild Z' der roten Kugel Z zielen.
Die gedachte Verbindungsstrecke $\overline{PZ'}$ schneidet die Bande $\overline{AB}$ im Auftreffpunkt Q. Der Punkt Q muss von der weißen Kugel P getroffen werden, um die rote Kugel Z spielen zu können.

Skizze zur Veranschaulichung:

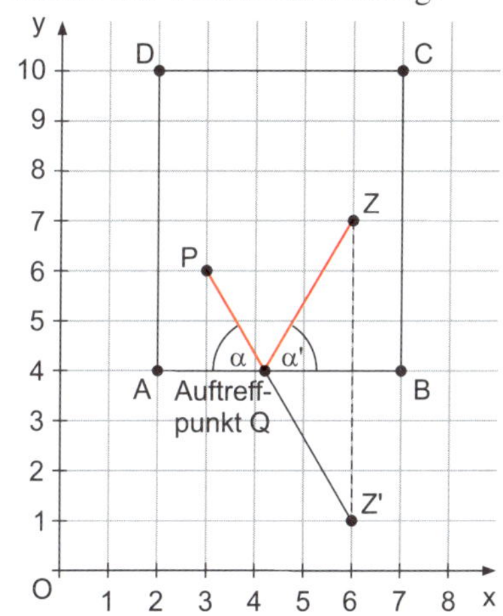

a) Zeichne einen Billardtisch mit A(3 | 3), B(9 | 3), C(9 | 9) und D(3 | 9) sowie die weiße Kugel P(4 | 6) und die rote Kugel Z(8 | 5) in ein Koordinatensystem. Konstruiere den Weg, den die weiße Kugel P nehmen muss, um am Auftreffpunkt Q so reflektiert zu werden, dass die rote Kugel Z getroffen wird.

b) Zeichne einen Billardtisch mit A(5 | 3), B(11 | 3), C(11 | 9) und D(5 | 9) sowie die weiße Kugel P(6 | 6) und die rote Kugel Z(10 | 5) in ein Koordinatensystem. Konstruiere den Weg, den die weiße Kugel P nehmen muss, um nach der Reflexion an den Banden $\overline{AD}$ und $\overline{AB}$ die rote Kugel Z zu treffen.

5 Übersicht: Eigenschaften achsensymmetrischer Dreiecke und Vierecke

Gleichschenkliges Dreieck

Ein gleichschenkliges Dreieck hat eine Symmetrieachse, die Mittelsenkrechte der Basis.

Eigenschaften:

- zwei gleich lange Schenkel
- maßgleiche Basiswinkel
- die Symmetrieachse halbiert die Basis in zwei gleich lange Teilstrecken

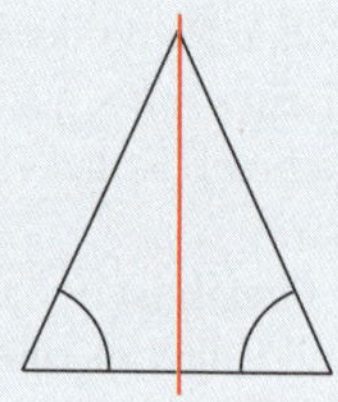

Gleichseitiges Dreieck

Ein gleichseitiges Dreieck hat 3 Symmetrieachsen, die Mittelsenkrechten der Dreiecksseiten.

Eigenschaften:

- die Seiten sind gleich lang
- alle Winkel haben das Maß 60°
- jede Mittelsenkrechte ist zugleich Winkelhalbierende

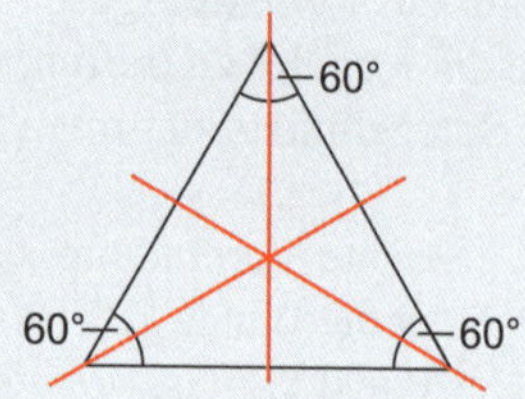

Rechteck

Ein Rechteck hat 2 Symmetrieachsen, die Mittelsenkrechten der Rechtecksseiten.

Eigenschaften:

- zwei Paar gegenüberliegende, parallele, gleich lange Seiten
- die Diagonalen sind gleich lang und halbieren sich gegenseitig
- vier rechte Winkel
- eine Diagonale zerlegt das Rechteck in zwei rechtwinklige, flächengleiche Dreiecke

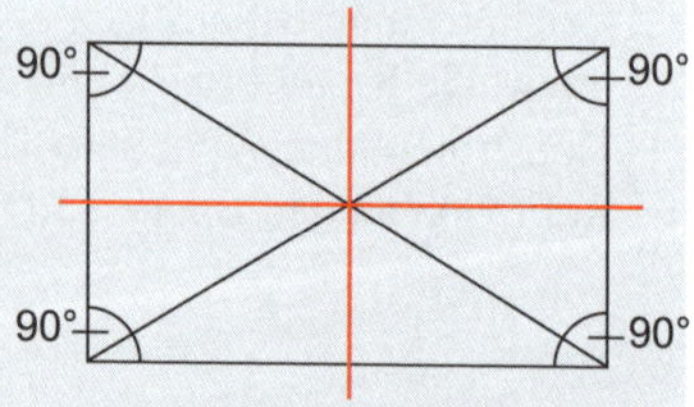

Quadrat

Ein Quadrat hat 4 Symmetrieachsen, die Mittelsenkrechten der Quadratseiten und die beiden Diagonalen.

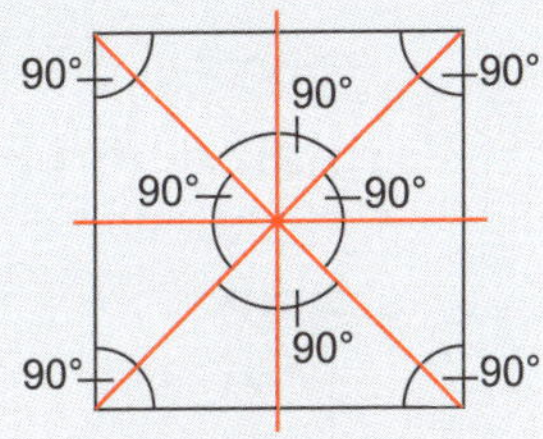

Eigenschaften:

- die Gegenseiten sind gleich lang und parallel
- die Diagonalen sind gleich lang, stehen senkrecht aufeinander und halbieren sich gegenseitig
- vier rechte Winkel
- eine Diagonale zerlegt das Quadrat in zwei gleichschenklig-rechtwinklige, flächengleiche Dreiecke

Drachenviereck

Ein Drachen hat eine Symmetrieachse, die durch die Spitzen der gleichschenkligen Teildreiecke verläuft.

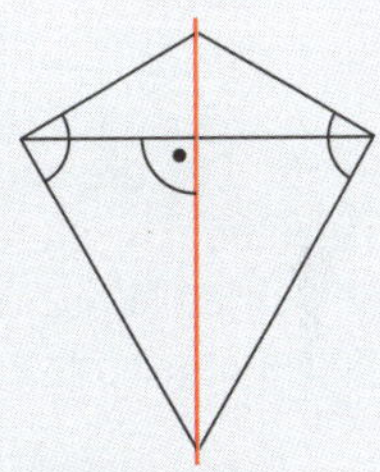

Eigenschaften:

- zwei Paar gleich langer Nachbarseiten
- zwei einander gegenüberliegende Winkel sind gleich
- die Diagonalen stehen senkrecht zueinander und eine wird halbiert
- die eine Diagonale zerlegt den Drachen in zwei flächengleiche Dreiecke, die andere in zwei gleichschenklige Dreiecke

Raute

Eine Raute hat 2 Symmetrieachsen, die beiden Diagonalen.

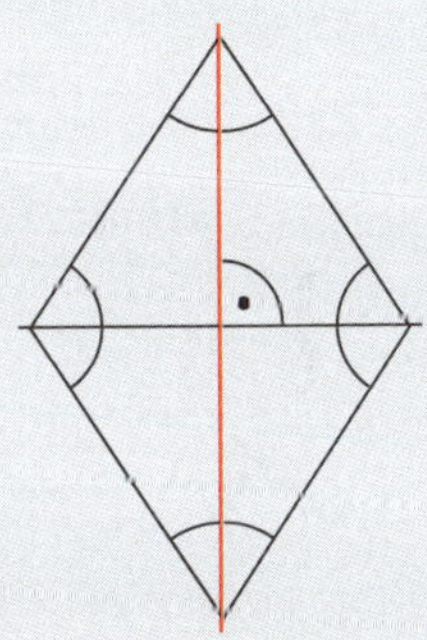

Eigenschaften:

- vier gleich lange, parallele Gegenseiten
- die gegenüberliegenden Winkel sind maßgleich
- die Diagonalen stehen senkrecht aufeinander und halbieren sich
- eine Diagonale zerlegt die Raute in zwei gleichschenklige, flächengleiche Dreiecke

gleichschenkliges Trapez

Ein gleichschenkliges Trapez hat eine Symmetrieachse, die Mittelsenkrechte der Grundlinie.

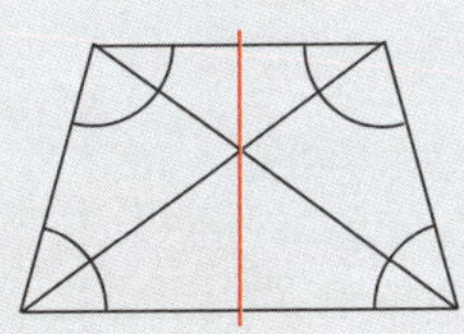

Eigenschaften:

- parallele Grundlinien und gleich lange Schenkel
- die Diagonalen sind gleich lang
- die Winkel an den Grundlinien sind maßgleich

Flächeninhalt ebener Figuren

1 Vergleich von Figuren

Muster 1

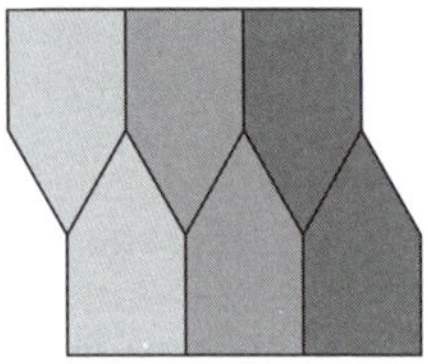

Muster 2

Stimmt es, dass die oben abgebildeten Mosaikmuster in die gleiche Anzahl von Dreiecken und Quadraten zerlegt werden können?
Was bedeutet das für den Flächeninhalt der Muster?

Zwei geometrische Figuren haben **den gleichen Flächeninhalt**, wenn sie sich **in paarweise kongruente Teilfiguren** zerlegen lassen, d. h. in Teilfiguren, die deckungs- und flächengleich sind.

Beispiele

1. Zerlege die beiden Figuren in kongruente Teilfiguren.

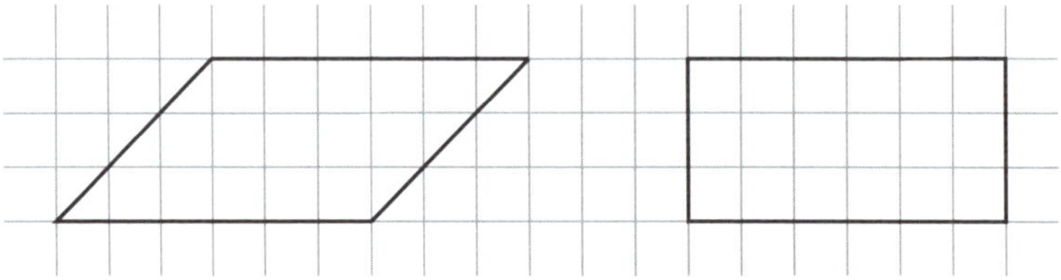

Lösung:

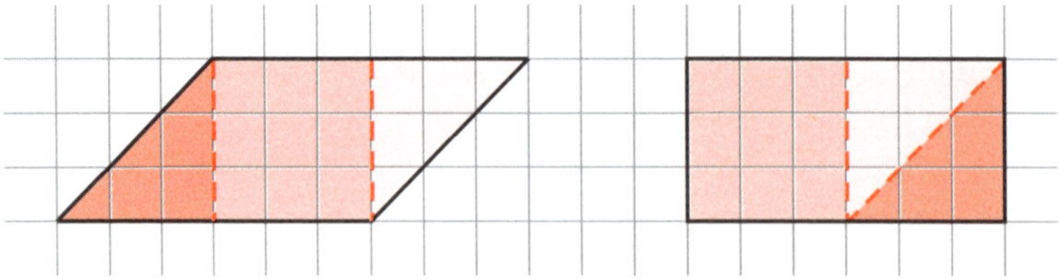

Parallelogramm und Rechteck lassen sich in paarweise kongruente Teilfiguren zerlegen und haben somit den gleichen Flächeninhalt. Es sind auch noch andere Zerlegungen möglich.

2. Zeige, dass die beiden Figuren nicht den gleichen Flächeninhalt haben, obwohl sie beide aus zwei Trapezen und drei Dreiecken bestehen.

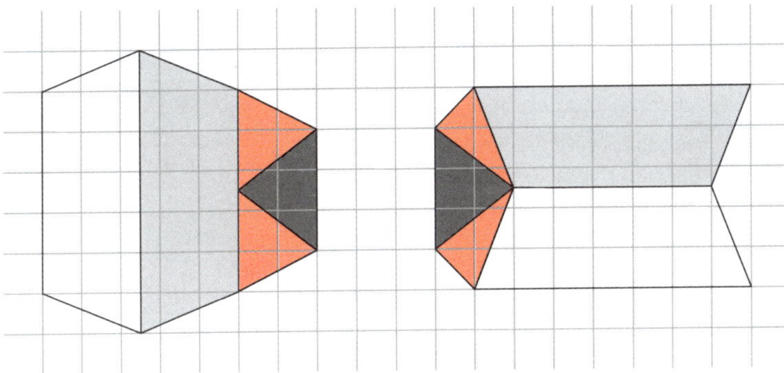

Lösung:
Zwar sind alle Trapeze gleich groß, ebenso die grauen Dreiecke, doch die roten Dreiecke in der linken Figur sind größer als die in der rechten Figur. Somit haben die beiden Figuren nicht den gleichen Flächeninhalt.

2 Der Flächeninhalt des Parallelogramms

Jedes **Parallelogramm** lässt sich in ein Rechteck mit kongruenten Teilfiguren verwandeln, dessen Seiten so lang wie die Grundseite g und die zugehörige Höhe h des Parallelogramms sind. Dies gelingt unabhängig davon, welche Seite im Parallelogramm als Grundseite gewählt wird.

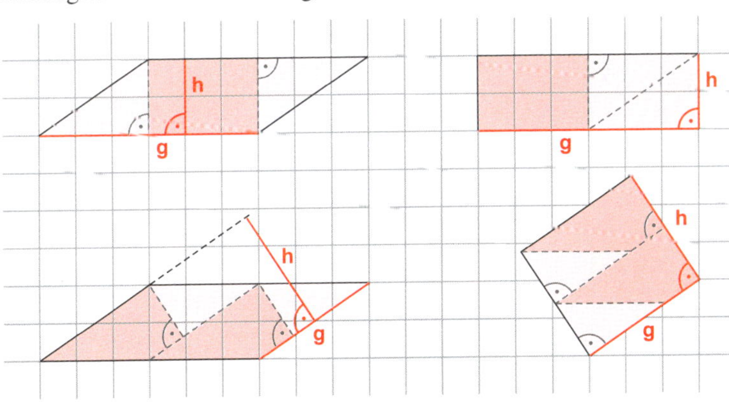

Der Flächeninhalt A_P des Parallelogramms entspricht damit dem Flächeninhalt A_R des Rechtecks mit der Länge g und der Breite h:

$\mathbf{A_P} = A_R = g \cdot h$

Für den Flächeninhalt A eines Parallelogramms mit der Grundseite g und der dazugehörigen Höhe h gilt:

A = g · h

- Jede Seite kann die Grundseite g sein.
- Die zugehörige Höhe h ist der Abstand zwischen der Grundseite und der gegenüberliegenden parallelen Seite. Die Höhe h steht senkrecht auf der Grundseite g.

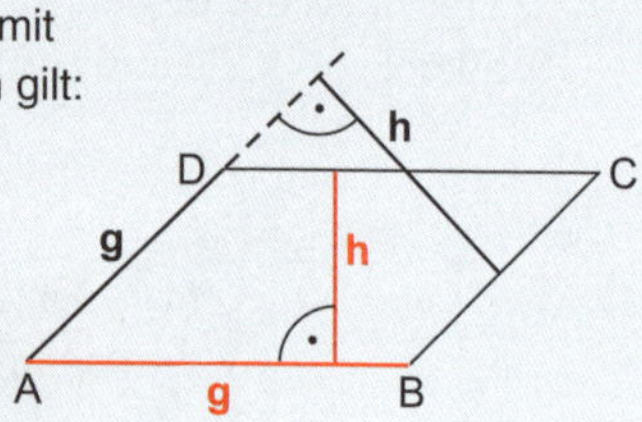

Beispiele

1. Berechne den Flächeninhalt des Parallelogramms oder die fehlende Größe.

a) $g = 4\text{ cm}; h = 2\text{ cm}$

b) $A = 24\text{ cm}^2; g = 6\text{ cm}$

Lösung:

a) $A = g \cdot h = 4\text{ cm} \cdot 2\text{ cm} = 8\text{ cm}^2$

b) $A = g \cdot h \quad |:g$

$h = \frac{A}{g}$

$h = \frac{24\text{ cm}^2}{6\text{ cm}} = 4\text{ cm}$

Löse die Gleichung nach der gesuchten Größe auf (hier: h).

2. Zeichne das Parallelogramm ABCD mit A(–2 | –2); B(2 | –2); C(6 | 1) und D(2 | 1) in ein Koordinatensystem und bestimme seinen Flächeninhalt einmal mit der Strecke $\overline{AB}$ als Grundseite und dann mit der Strecke $\overline{AD}$ als Grundseite. Entnimm die Längen der Zeichnung mit 1 LE = 1 cm.

Lösung:

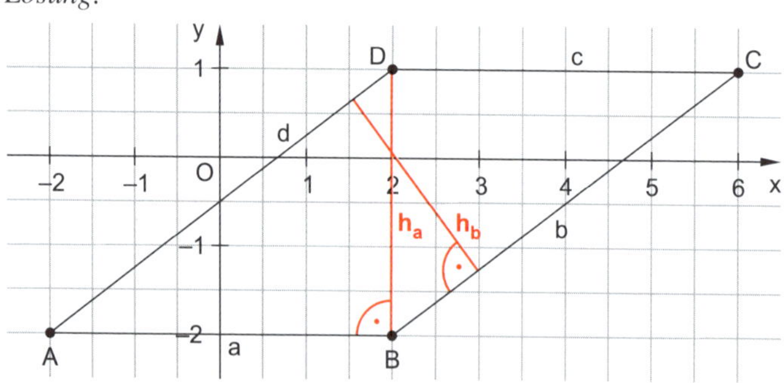

Gemessene Längen:

$|\overline{AB}| = a = 4\text{ cm}; h_a = 3\text{ cm}$ und $|\overline{BC}| = b = 5\text{ cm}; h_b = 2{,}4\text{ cm}$

Berechnung des Flächeninhalts:

$A = a \cdot h_a = 4\text{ cm} \cdot 3\text{ cm} = 12\text{ cm}^2$ $\quad$ $A = b \cdot h_b = 5\text{ cm} \cdot 2{,}4\text{ cm} = 12\text{ cm}^2$

194 Berechne den Flächeninhalt des Parallelogramms oder die fehlende Größe.

a) $h = 8$ cm; $g = 5$ cm

b) $g = 7$ cm; $A = 35$ cm^2

c) $A = 18$ cm^2; $h = 2$ cm

195 Zeichne das Parallelogramm ABCD mit A(–5,5 | –1); B(1 | –1); C(4,5 | 2,5) und D(–2 | 2,5) in ein Koordinatensystem und bestimme seinen Flächeninhalt über die zur Koordinatenachse parallel verlaufende Grundseite und deren zugehörige Höhe. (Für die Zeichnung: Längeneinheit 1 cm)

3 Der Flächeninhalt des Dreiecks

Jedes **Dreieck** kann durch ein zweites kongruentes Dreieck zu einem Parallelogramm ergänzt werden. Dies gelingt unabhängig davon, welche Seite im Dreieck als Grundseite gewählt wird. Der Flächeninhalt A_D des Ausgangsdreiecks entspricht damit dem halben Flächeninhalt A_P des Parallelogramms:

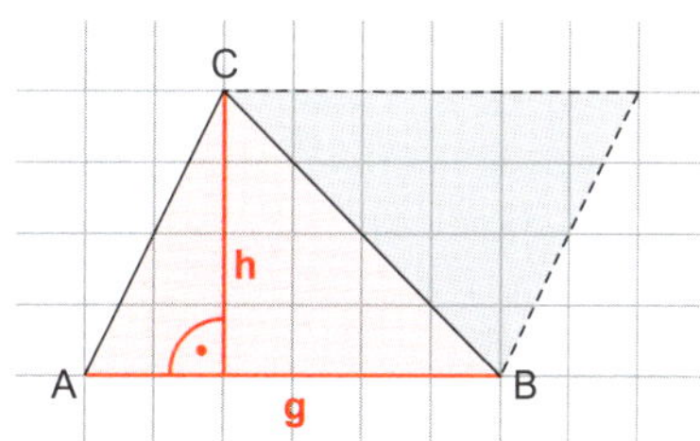

$$A_D = \frac{1}{2} \cdot A_P = \frac{1}{2} \cdot g \cdot h$$

Für den Flächeninhalt A eines Dreiecks mit der Grundseite g und der dazugehörigen Höhe h gilt:

$$A = \frac{1}{2} \cdot g \cdot h$$

- Jede Seite kann die Grundseite g sein.
- Die Höhe h steht senkrecht auf der Grundseite g und verläuft durch den gegenüberliegenden Eckpunkt des Dreiecks.

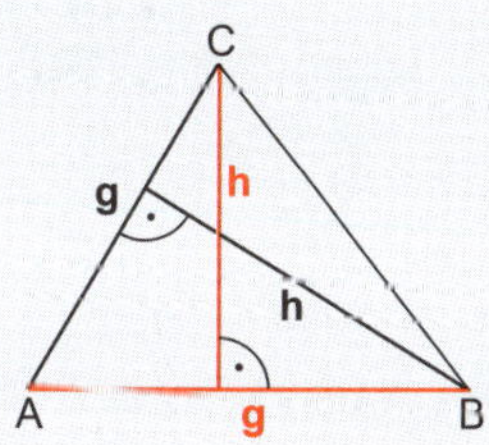

Beispiele

1. Berechne den Flächeninhalt des Dreiecks oder die fehlende Größe.

a) $g = 10{,}5$ cm; $h = 7$ cm

b) $A = 12$ cm^2; $h = 3$ cm

Lösung:

a) $A = \frac{1}{2} \cdot g \cdot h = \frac{1}{2} \cdot 10{,}5\ \text{cm} \cdot 7\ \text{cm} = \frac{1}{2} \cdot 73{,}5\ \text{cm}^2 = 36{,}75\ \text{cm}^2$

b) $A = \frac{1}{2} \cdot g \cdot h$ — Setze die bekannten Werte ein.

$12\ \text{cm}^2 = \frac{1}{2} \cdot g \cdot 3\ \text{cm} \quad |\cdot 2$ — Löse nach g auf.

$24\ \text{cm}^2 = g \cdot 3\ \text{cm} \quad |:3\ \text{cm}$

$g = 24\ \text{cm}^2 : 3\ \text{cm}$

$g = 8\ \text{cm}$

2. Bestimme den Flächeninhalt A der aus Dreiecken zusammengesetzten Figur ABCDE. Entnimm die Längen der Zeichnung mit 1 LE = 1 cm.

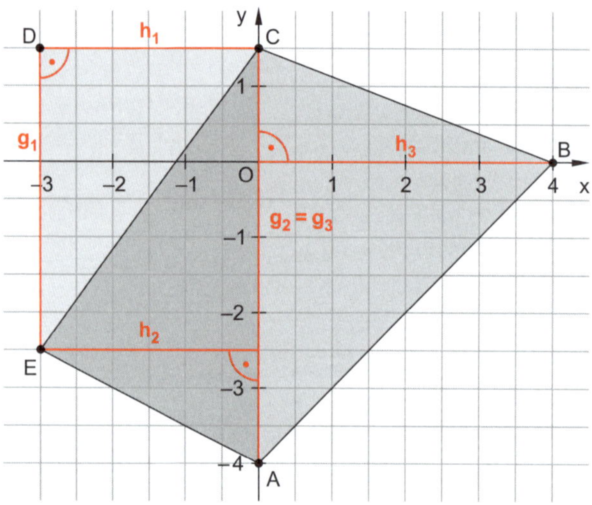

Lösung:

$A_{ABCDE} = A_{ECD} + A_{EAC} + A_{ABC}$

$A_{ABCDE} = \frac{1}{2} \cdot g_1 \cdot h_1 + \frac{1}{2} \cdot g_2 \cdot h_2 + \frac{1}{2} \cdot g_3 \cdot h_3$

$A_{ABCDE} = \frac{1}{2} \cdot 4\ \text{cm} \cdot 3\ \text{cm} + \frac{1}{2} \cdot 5{,}5\ \text{cm} \cdot 3\ \text{cm} + \frac{1}{2} \cdot 5{,}5\ \text{cm} \cdot 4\ \text{cm}$

$A_{ABCDE} = \frac{1}{2} \cdot (12 + 16{,}5 + 22)\ \text{cm}^2$

$A_{ABCDE} = \frac{1}{2} \cdot 50{,}5\ \text{cm}^2 = 25{,}25\ \text{cm}^2$

196 Berechne den Flächeninhalt des Dreiecks oder die fehlende Größe.

a) $g = 8$ cm; $A = 48$ cm^2

b) $h = 6{,}5$ cm; $g = 4$ cm

c) $A = 20$ cm^2; $h = 5$ cm

197 Bestimme den Flächeninhalt des Dreiecks ΔABC mit $A(-1|0)$, $B(3|-2)$ und $C(3|2{,}5)$. Entnimm die notwendigen Längen der Zeichnung.
(Für die Zeichnung: Längeneinheit 1 cm)

4 Der Flächeninhalt des Trapezes

Jedes **Trapez** kann durch ein zweites kongruentes Trapez zu einem Parallelogramm ergänzt werden.
Der Flächeninhalt A_T des Ausgangstrapezes entspricht damit dem halben Flächeninhalt A_P des Parallelogramms:

$$\mathbf{A_T} = \frac{1}{2} \cdot A_P = \frac{1}{2} \cdot g \cdot h = \frac{1}{2} \cdot (a + c) \cdot h$$

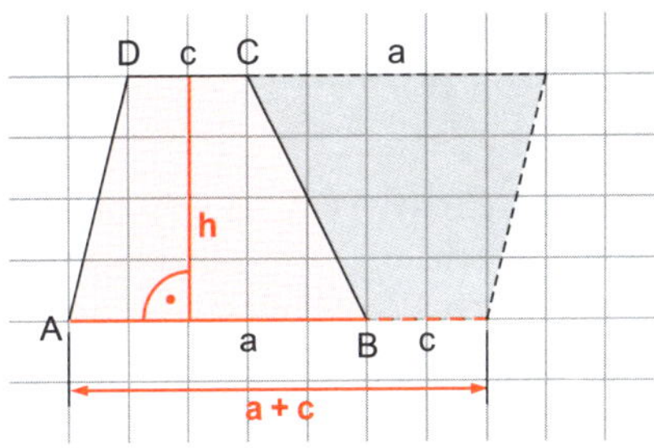

Für den Flächeninhalt eines Trapezes mit den parallelen Grundseiten a und c und der Höhe h gilt:

$$\mathbf{A = \frac{1}{2} \cdot (a + c) \cdot h}$$

Die Höhe h ist der Abstand der beiden parallelen Seiten. Sie steht senkrecht auf den Seiten a und c.

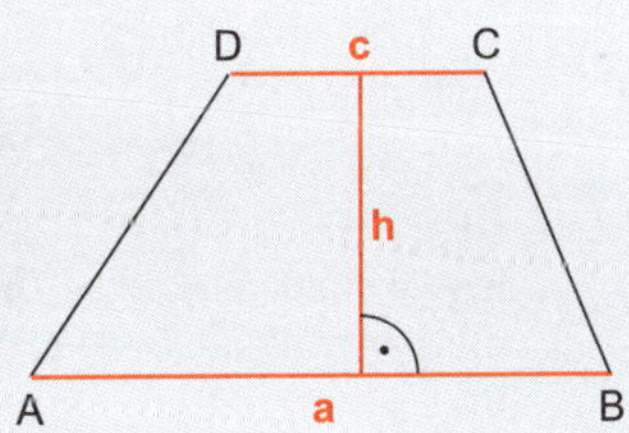

Beispiel

Berechne die Höhe h des Trapezes mit folgenden Größen.
$A = 25$ cm^2; $a = 12$ cm; $c = 8$ cm

Lösung:

Berechnung der Höhe h:

$$A = \frac{1}{2} \cdot (a + c) \cdot h$$

$$25 \text{ cm}^2 = \frac{1}{2} \cdot (12 \text{ cm} + 8 \text{ cm}) \cdot h$$

$$25 \text{ cm}^2 = \frac{1}{2} \cdot 20 \text{ cm} \cdot h$$

$$25\,cm^2 = 10\,cm \cdot h \quad |:10\,cm$$
$$h = 2{,}5\,cm$$

198 Berechne den Flächeninhalt des Trapezes oder die fehlende Größe.

a) a = 5 cm; c = 3 cm; h = 2 cm

b) A = 100 cm²; h = 5 cm; a = 10 cm

199 Bestimme den Flächeninhalt des Trapezes ABCD mit A(–2 | –2,5), B(2 | –2,5), C(4,5 | 2) und D(–3,5 | 2). Entnimm die notwendigen Längen der Zeichnung. (Für die Zeichnung: Längeneinheit 1 cm)

5 Der Flächeninhalt des Drachenvierecks

Jedes **Drachenviereck** mit den Diagonalen e und f besteht aus vier Teildreiecken, mit denen es sich zu einem Rechteck mit der Länge e und der Breite f ergänzen lässt. Der Flächeninhalt A_D des Drachenvierecks entspricht damit dem halben Flächeninhalt A_R des Rechtecks:

$$A_D = \frac{1}{2} \cdot A_R = \frac{1}{2} \cdot e \cdot f$$

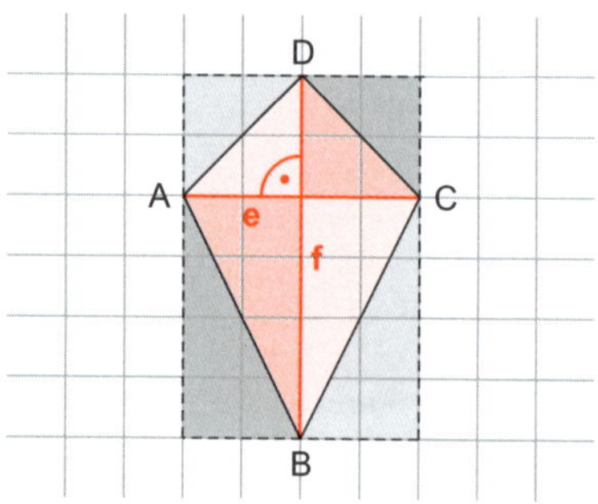

Für den Flächeninhalt eines **Drachenvierecks** mit den Diagonalen e und f gilt:

$$A = \frac{1}{2} \cdot e \cdot f$$

- Die Diagonalen e und f stehen senkrecht aufeinander.
- Die Diagonale f halbiert die Diagonale e.

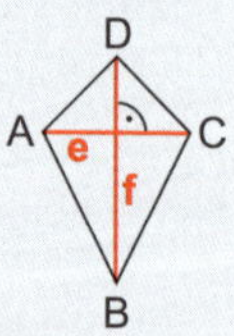

Die **Raute** ist ein besonderes Drachenviereck.

- Alle Seiten der Raute sind gleich lang.
- Die Diagonalen e und f halbieren sich gegenseitig.

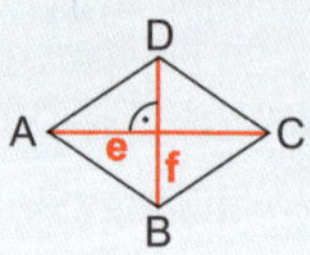

Beispiele

1. Welchen Flächeninhalt hat ein Drachenviereck, dessen eine Diagonale halb so lang ist wie die 12 cm lange andere Diagonale?

Lösung:
Berechnung der Diagonale f:

$$e = 12\text{ cm} \Rightarrow f = \frac{1}{2} \cdot 12\text{ cm} = 6\text{ cm}$$

Berechnung des Flächeninhalts:

$$A = \frac{1}{2} \cdot e \cdot f = \frac{1}{2} \cdot 12\text{ cm} \cdot 6\text{ cm} = \frac{1}{2} \cdot 72\text{ cm}^2 = 36\text{ cm}^2$$

2. Von einem Drachenviereck sind folgende Maße bekannt:
$e = 2$ dm und $A = 42\text{ cm}^2$
Berechne die fehlende Größe.

Lösung:
Berechnung der Diagonale f:

$$A = \frac{1}{2} \cdot e \cdot f$$

$$42\text{ cm}^2 = \frac{1}{2} \cdot \mathbf{20\text{ cm}} \cdot f \qquad | \cdot 2$$

$$84\text{ cm}^2 = 20\text{ cm} \cdot f \qquad | : 20\text{ cm}$$

$$f = 84\text{ cm}^2 : 20\text{ cm}$$

$$f = 4,2\text{ cm}$$

Achte beim Einsetzen auf zusammenpassende Einheiten (2 dm = 20 cm).

200 Von einer Raute ist der Flächeninhalt mit 40,5 cm² und die eine Diagonalenlänge mit 9 cm bekannt.
Wie lang ist die andere Diagonale und um was für eine besondere Raute handelt es sich?

201 Bestimme den Flächeninhalt des Drachenvierecks ABCD mit A(3,5 | 1,5), B(–1,5 | 3), C(–3,5 | 1,5) und D(–1,5 | 0).
Entnimm die notwendigen Längen der Zeichnung.
(Für die Zeichnung: Längeneinheit 1 cm)

6 Der Flächeninhalt eines Vielecks

Jedes **Vieleck** kann in Teilfiguren (Dreiecke, Parallelogramme, Trapeze, …) zerlegt werden, deren Flächeninhalte berechnet werden können. Der Flächeninhalt des Vielecks ergibt sich dann als Summe der Flächeninhalte der Teilfiguren:
$A = A_1 + A_2 + A_3 + A_4$

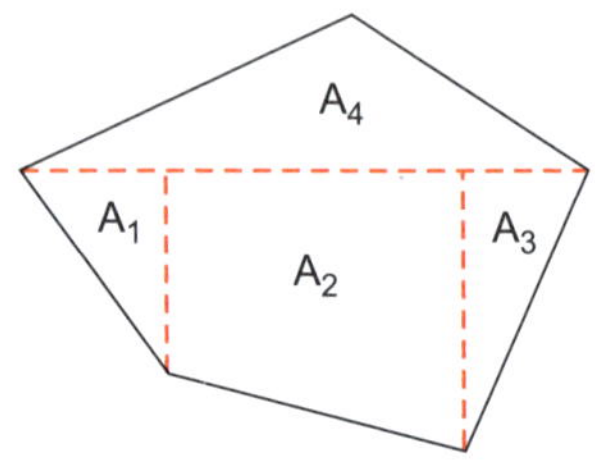

Der Flächeninhalt eines beliebigen **Vielecks** lässt sich als **Summe der Flächeninhalte seiner Teilfiguren** berechnen:
$\mathbf{A = A_1 + A_2 + \ldots + A_n}$ (Die Zahl n ist die Anzahl der Teilfiguren.)

Beispiel

Durch die Flutung einer Kiesgrube ist ein neuer Baggersee entstanden. Wie groß ist die Fläche, auf der Wassersportler jetzt ihre sportlichen Aktivitäten betreiben können?

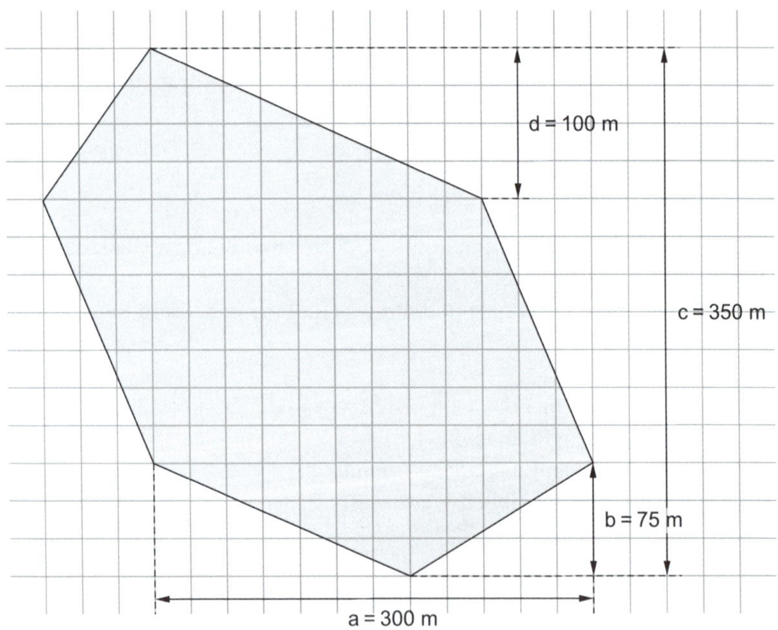

Lösung:

Die Fläche des Baggersees lässt sich in zwei Dreiecke und ein Parallelogramm zerlegen.

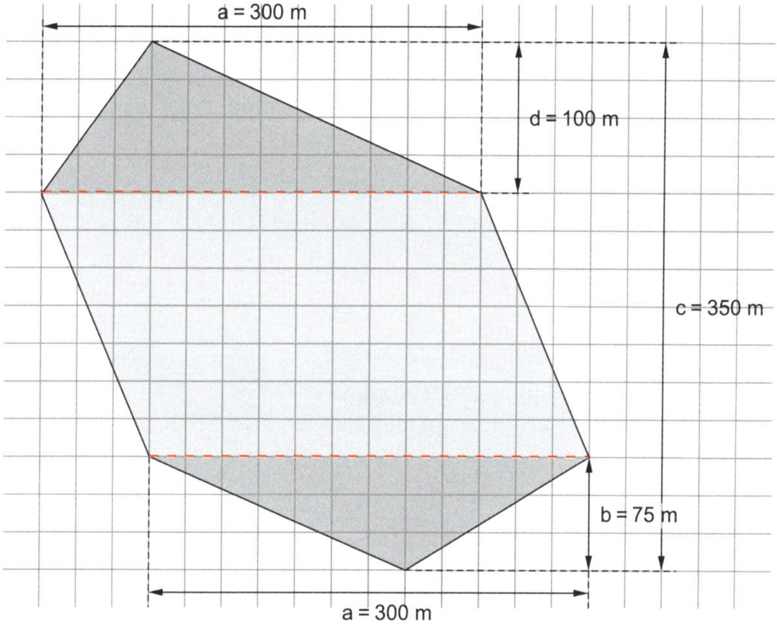

Berechnung der Teilfiguren:

$$A_{\text{Dreieck oben}} = \frac{1}{2} \cdot g \cdot h = \frac{1}{2} \cdot 300\ \text{m} \cdot 100\ \text{m} = 15\,000\ \text{m}^2$$

$$A_{\text{Parallelogramm}} = g \cdot h = 300\ \text{m} \cdot (350 - 75 - 100)\ \text{m} = 300\ \text{m} \cdot 175\ \text{m} = 52\,500\ \text{m}^2$$

$$A_{\text{Dreieck unten}} = \frac{1}{2} \cdot g \cdot h = \frac{1}{2} \cdot 300\ \text{m} \cdot 75\ \text{m} = 11\,250\ \text{m}^2$$

Berechnung der Gesamtfläche:

$$A_{\text{Baggersee}} = A_{\text{Dreieck oben}} + A_{\text{Parallelogramm}} + A_{\text{Dreieck unten}}$$

$$A_{\text{Baggersee}} = 15\,000\ \text{m}^2 + 52\,500\ \text{m}^2 + 11\,250\ \text{m}^2 = 78\,750\ \text{m}^2$$

202 In der nicht maßstäblichen Skizze ist der Querschnitt einer Haushälfte zu sehen.

a) Berechne, wie viel Quadratmeter Dämmmaterial für diese Fläche benötigt wird.

b) Anschließend wird die Fläche verputzt und gestrichen. Berechne die Kosten, wenn ein 1-Liter-Eimer Farbe 15 € kostet und für 10 m^2 reicht.

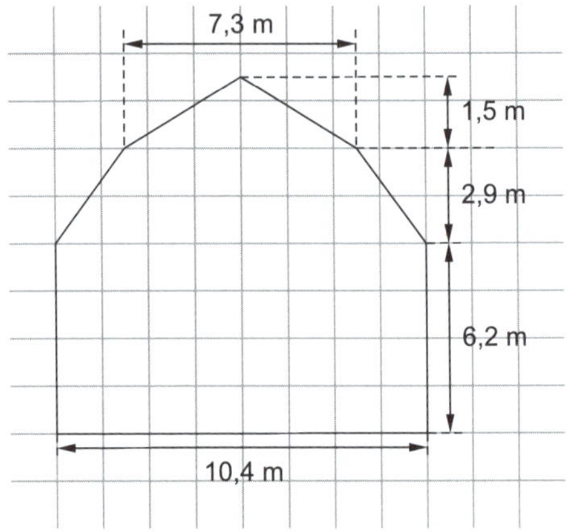

203 Berechne die Fläche des Mosaiksteins in cm^2.
Entnimm dazu die Maße aus der nicht maßstabsgetreuen Zeichnung.

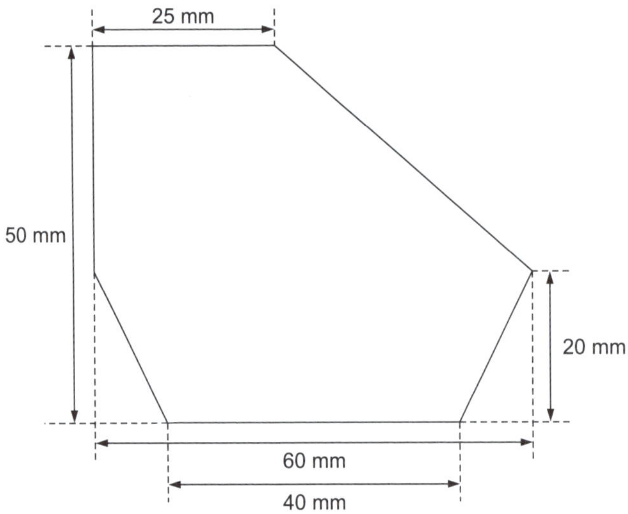

7 Der Oberflächeninhalt von Quader und Würfel

Die Oberfläche O eines Quaders mit den Kantenlängen a, b und c besteht aus 6 Rechtecken. Dabei haben Flächen, die sich gegenüberliegen, den gleichen Flächeninhalt. Es gilt also:
$O = 2 \cdot A_1 + 2 \cdot A_2 + 2 \cdot A_3$

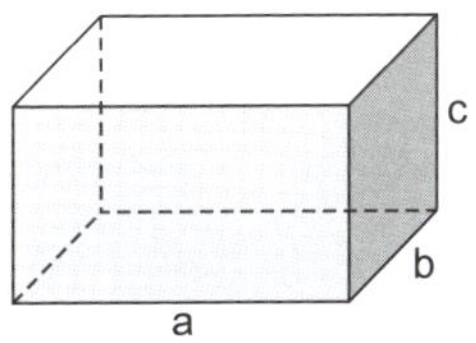

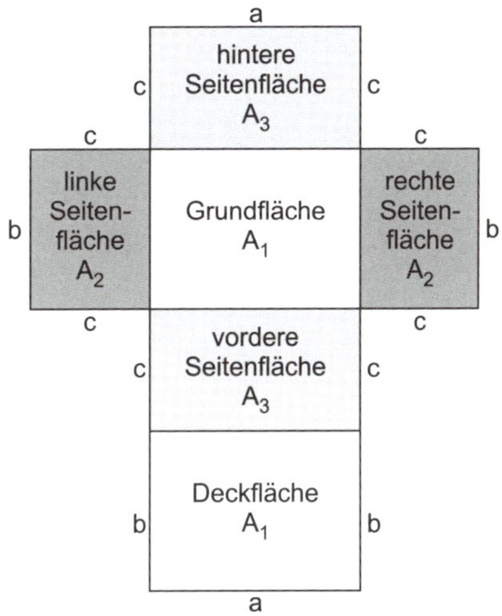

Für die Berechnung der **Oberfläche eines Quaders** gilt:
$O = 2 \cdot a \cdot b + 2 \cdot b \cdot c + 2 \cdot a \cdot c$
$\mathbf{O = 2 \cdot (a \cdot b + b \cdot c + a \cdot c)}$

Beispiel

Berechne den Oberflächeninhalt eines Quaders mit den Kantenlängen a = 4 dm, b = 20 cm und c = 10 cm.

Lösung:

Umrechnung in cm:
a = 4 dm = 40 cm

Bringe alle Größen vor dem Einsetzen auf die gleiche Einheit.

Berechnung der Oberfläche:
$O = 2 \cdot (a \cdot b + b \cdot c + a \cdot c)$
$O = 2 \cdot (40\ \text{cm} \cdot 20\ \text{cm} + 20\ \text{cm} \cdot 10\ \text{cm} + 40\ \text{cm} \cdot 10\ \text{cm})$
$O = 2 \cdot (800 + 200 + 400)\ \text{cm}^2$
$O = 2 \cdot 1\,400\ \text{cm}^2$
$O = 2\,800\ \text{cm}^2$

Die Oberfläche O eines Würfels mit der Kantenlänge a besteht aus 6 Quadraten mit gleichem Flächeninhalt.
$O = 6 \cdot A$

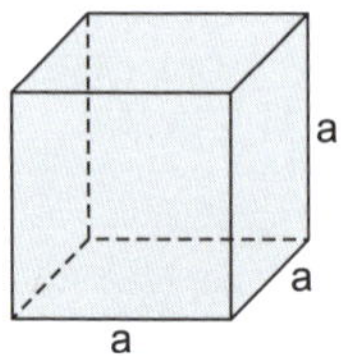

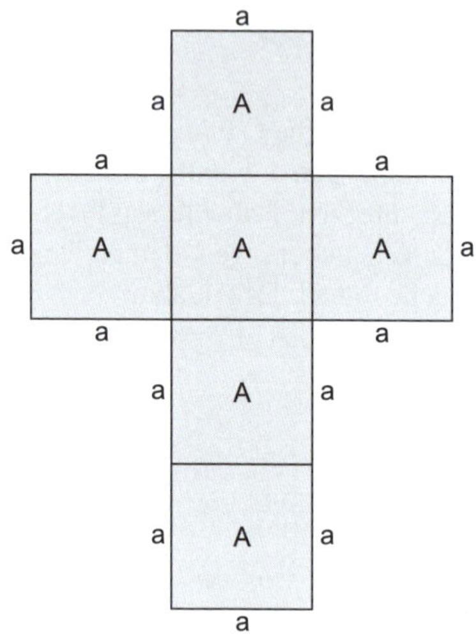

Die **Oberfläche eines Würfels** mit der Kantenlänge a besteht aus sechs Quadraten mit gleichem Flächeninhalt A.
$O = 6 \cdot a \cdot a$
$\mathbf{O = 6 \cdot a^2}$

Beispiel

Welche Kantenlänge a muss ein Würfel haben, damit sein Oberflächeninhalt 150 cm^2 beträgt?

Lösung:

$$O = 6 \cdot a^2$$
$$150\ cm^2 = 6 \cdot a^2 \quad |:6$$
$$a^2 = 25\ cm^2$$

Da $5 \cdot 5 = 25$, muss der Würfel eine Kantenlänge von $a = 5$ cm haben.

204 Berechne aus den gegebenen Maßen die Oberfläche des Quaders in dm^2.
$a = 30$ cm; $b = 1{,}2$ m; $c = 4{,}5$ dm

205 Berechne aus den gegebenen Maßen die Oberfläche des Quaders.
$a = 25$ m; $b = 500$ dm; $c = 12$ m

206 Von einem 12 m langen Balken mit quadratischem Querschnitt sollen Würfel abgesägt werden. Welche Oberflächeninhalte haben der unzersägte Balken und einer der entstehenden Würfel, wenn der Balken 40 cm breit ist?

207 Julian möchte seine 80 cm lange Holzkiste innen und außen mit farbiger Folie bekleben. Die 400 mm breite Holzkiste ist 6 dm hoch und oben offen. Für welche Fläche muss Julian Klebefolie kaufen? Gib die benötigte Klebefläche in cm^2, dm^2 und m^2 an. Die Wandstärke der Kiste kann vernachlässigt werden.

208 Ein Schmuckkästchen mit den Maßen $a = 15$ cm, $b = 10$ cm und $c = 5$ cm soll mit Geschenkpapier eingepackt werden.
Berechne, wie viele cm^2 Papier benötigt werden, wenn für die Überlappung noch 13 cm^2 zugegeben werden.

209 Der abgebildete große Würfel mit einer Kantenlänge von 9 cm besteht aus vielen kleinen Würfeln. Berechne den Oberflächeninhalt für den großen Würfel und alle kleinen Würfel.
Was stellst du fest?

Rauminhalte

1 Raumeinheiten und Hohlmaße

Wie du gleich sehen wirst, sind die Umrechnungszahlen bei Raumeinheiten und Hohlmaßen alle Stufenzahlen (10, 100, 1 000 etc.). Bei der Einheitenumrechnung gelten also die aus der 5. Klasse bekannten Regeln:

- Wird die **Einheit größer**, so wird der **Zahlenwert der Maßzahl kleiner**. Das **Komma verschiebt sich** um die Anzahl der Nullen der verwendeten Umrechnungszahl **nach links**.
- Wird die **Einheit kleiner**, so wird der **Zahlenwert der Maßzahl größer**. Das **Komma verschiebt sich** um die Anzahl der Nullen der verwendeten Umrechnungszahl **nach rechts**.

Um **Rauminhalte** bestimmen zu können, benutzt man **Würfel** als **Vergleichskörper**. Den Rauminhalt eines Körpers nennt man auch sein **Volumen**. Das Volumen ist eine abgeleitete Größe, da es sich auf die Längenmessung zurückführen lässt.

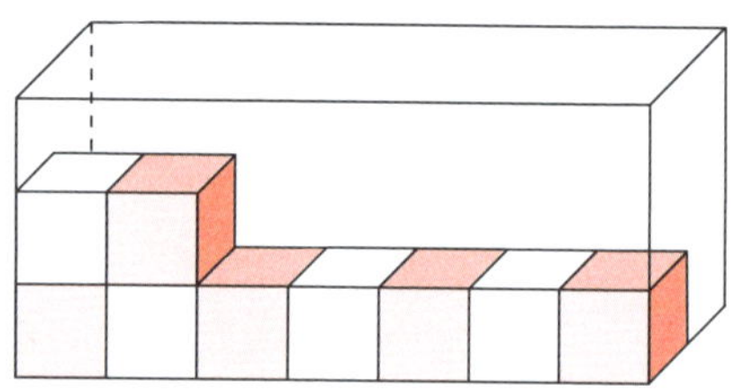

Ein Würfel mit **1 dm** Kantenlänge hat ein Volumen von **1 dm³** (Kubikdezimeter). Weitere Volumeneinheiten sind **mm³** (Kubikmillimeter), **cm³** (Kubikzentimeter) und **m³** (Kubikmeter). Die **Umrechnungszahl** von einer Volumeneinheit in die nächsthöhere oder nächstniedrigere ist **1 000**.

- Kubikmillimeter (mm^3): 1 mm^3 — 1 mm^3 = 0,000001 dm^3
- Kubikzentimeter (cm^3): **1** cm^3 = **1 000** mm^3 — 1 cm^3 = 0,001 dm^3
- Kubikdezimeter (dm^3): **1** dm^3 = **1 000** cm^3 = 1 000 000 mm^3
- Kubikmeter (m^3): **1** m^3 = **1 000** dm^3 — 1 dm^3 = 0,001 m^3

Umrechnung:

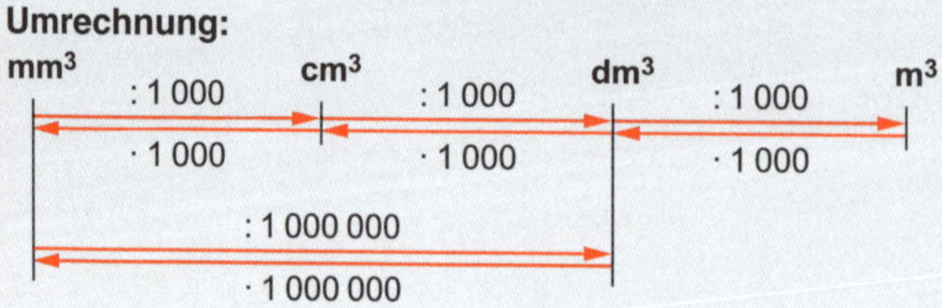

ispiele

1. $3{,}8\ dm^3 = 3\,800\ cm^3$

Umrechnungszahl: 1 000
Die Einheit wird kleiner, somit wird die Maßzahl größer. Das Komma verschiebt sich um die Anzahl der Nullen der Umrechnungszahl (3) nach rechts.

2. $25\,300\ cm^3 = 25{,}3\ dm^3 = 0{,}0253\ m^3$

Umrechnungszahl: 1 000
Die Einheit wird größer, somit wird die Maßzahl kleiner. Verschiebe das Komma jeweils um 3 Stellen nach links.

Aus der 5. Klasse kennst du bereits weitere Raumeinheiten, die **Hohlmaße**. Diese werden verwendet, um die Volumen von Körpern anzugeben, die Flüssigkeiten oder Gase enthalten, wie z. B. Getränkekartons, Dosen oder Gasflaschen.

Verwendete Einheiten bei Hohlmaßen sind:

- Milliliter ($m\ell$): 1 $m\ell$ — **1 000** $m\ell$ = 1 ℓ
- Zentiliter ($c\ell$): **1** $c\ell$ = **10** $m\ell$ — 100 $c\ell$ = 1 ℓ
- Liter (ℓ): **1** ℓ = **100** $c\ell$ = 1 000 $m\ell$
- Hektoliter ($h\ell$): **1** $h\ell$ = **100** ℓ — 0,01 $h\ell$ = 1 ℓ

Die **Umrechnungszahl** zwischen $c\ell$, ℓ und $h\ell$ ist **100**,
die Umrechnungszahl zwischen $m\ell$ und $c\ell$ ist **10**.

Umrechnung:

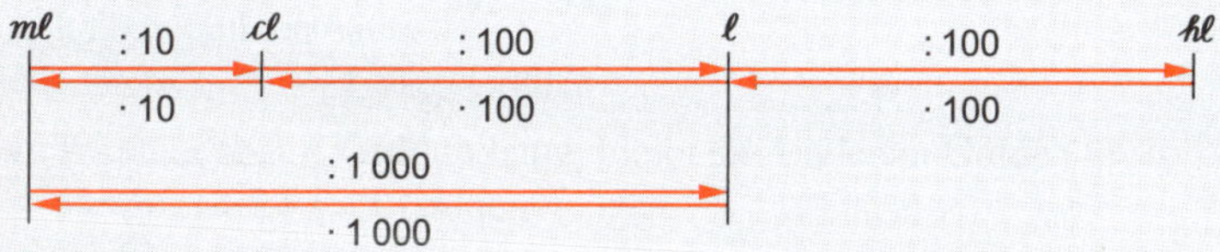

eispiele

1. $45{,}5\ \ell = 0{,}455\ h\ell$

Umrechnungszahl: 100
Die Einheit wird größer, somit wird die Maßzahl kleiner.
Verschiebe das Komma um 2 Stellen nach links.

2. $2{,}356\ \ell = 2\,356\ m\ell$

Umrechnungszahl: 1 000
Die Einheit wird kleiner, somit wird die Maßzahl größer.
Verschiebe das Komma um 3 Stellen nach rechts.

Zwischen den Raumeinheiten besteht ein weiterer wichtiger **Zusammenhang**:
1 cm³ = 1 $m\ell$
1 dm³ = 1 ℓ

eispiele

1. $34\ c\ell = 0{,}34\ \ell$

2. $23\ dm^3 = 23\ \ell$

210 Rechne in die angegebene Einheit um.

a) 354 cm^3 (dm^3)
b) 78 mm^3 (cm^3)
c) 23,7 dm^3 (m^3)
d) 897 m^3 (dm^3)
e) 21 hℓ (ℓ)
f) 326 ℓ (hℓ)
g) 9 hℓ 4 ℓ (ℓ)
h) 35 ℓ (cm^3)
i) 2,5 hℓ (m^3)
j) 4 ℓ (dm^3)
k) 15 m^3 (hℓ)
l) 4,2 dm^3 (mℓ)
m) 24 dm^3 (ℓ)
n) 4 637 mℓ (cm^3)
o) 364 dm^3 (mℓ)
p) 56 cm^3 (ℓ)
q) 23 cm^3 (dm^3)
r) 0,046327 dm^3 (mm^3)
s) 20 cm^3 (mℓ)
t) 10 cℓ (cm^3)
u) 50 dm^3 (mℓ)
v) 0,456 mℓ (cm^3)

211 Schätze richtig ab, welche Menge in die abgebildeten Behälter passt.

140 ℓ   50 ℓ   1 mℓ   200 ℓ   10 ℓ   400 mℓ
3 cℓ   5 000 mℓ   30 hℓ

212 Rechne die Summanden in der größten vorkommenden Einheit zusammen. Rechne anschließend das Ergebnis in die nächstgrößere Einheit um.

a) 56 mℓ + 44 mℓ
b) 70 cℓ + 500 mℓ
c) 250 ℓ + 5 000 cℓ
d) 40,5 cℓ + 15 mℓ

2 Volumen von Quader und Würfel

Das **Volumen V_Q** dieses Quaders kann nach folgender Überlegung berechnet werden:

- Eine **Reihe** enthält **7** Vergleichswürfel von 1 dm^3 Volumen.
- Eine **Schicht** enthält $7 \cdot \mathbf{2}$ Vergleichswürfel von 1 dm^3.
- Der Quader hat **insgesamt** **3** Schichten, somit ergibt sich für das **Volumen**: $7\,dm \cdot 2\,dm \cdot 3\,dm = 42\,dm^3$

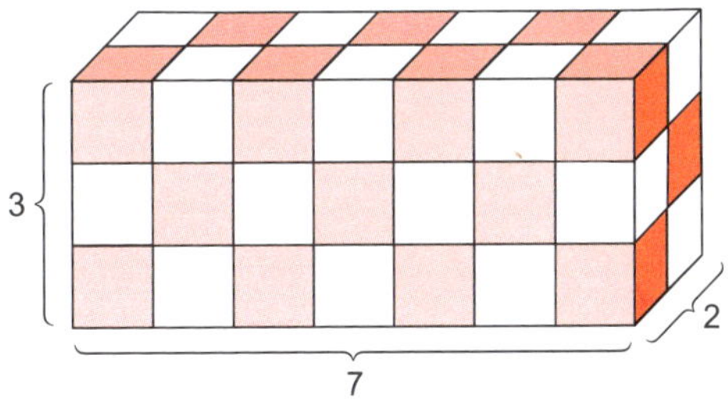

Für das **Volumen V_Q eines Quaders** gilt:
$\mathbf{V_Q = a \cdot b \cdot c}$
Dabei gibt a die Länge, b die Breite und c die Höhe an.

Der **Würfel** ist ein Sonderfall des Quaders mit 12 gleich langen Kanten.
Für das **Volumen V_W eines Würfels** mit der Kantenlänge a gilt:
$\mathbf{V_W = a \cdot a \cdot a = a^3}$

Beispiel

Ein Schwimmbecken ist 12 m lang, 7 m breit und 3 m tief. Wie viele Liter Wasser fasst das Becken, wenn es bis 30 cm unter den Rand gefüllt wird?

Lösung:
Skizze:

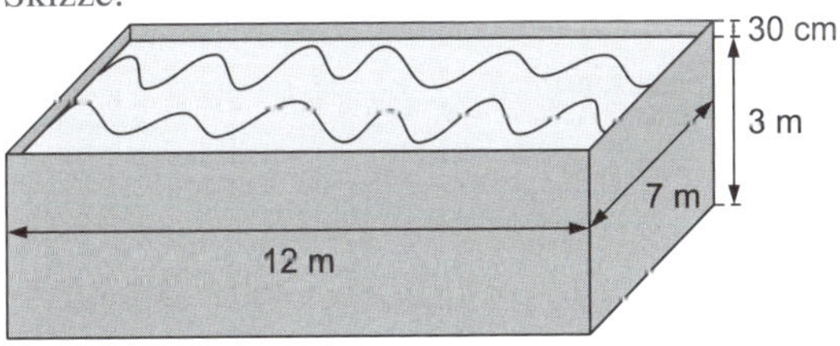

12 m = 120 dm; 7 m = 70 dm; 3 m = 30 dm;
30 cm = 3 dm

Es ist sinnvoll, gleich in dm zu rechnen, da dem Raummaß 1 dm^3 das Hohlmaß 1 Liter entspricht.

Rechnung:

$V_Q = a \cdot b \cdot c$

$V_Q = 120\,dm \cdot 70\,dm \cdot (30\,dm - 3\,dm)$

$V_Q = 8\,400\,dm^2 \cdot 27\,dm$

$V_Q = 226\,800\,dm^3 = 226\,800\,\ell$

Das Becken fasst 226 800 ℓ Wasser.

Nebenrechnung:
$$\begin{array}{r} \underline{8400 \cdot 27} \\ 16800 \\ 58800 \\ \hline 226800 \end{array}$$

213 Berechne das Volumen eines Baucontainers mit den Maßen a = 8 m, b = 2 m und c = 2,50 m.

214 Ein Quader hat ein Volumen von 2 250 cm^3, ist 15 cm lang und 30 cm breit. Berechne seine Höhe.

215 Die Breite eines Quaders beträgt 16 m.
Welches Volumen hat der Quader, wenn er doppelt so lang wie breit und halb so hoch wie breit ist?

216 In einem Freibad soll ein Sprungbecken gebaut werden. Zur Verfügung steht eine quadratische Fläche von 500 m^2. Das Becken soll ebenfalls eine quadratische Form haben und 20 m lang sein.

a) Berechne, ob die zur Verfügung stehende Fläche ausreicht.

b) Wie viele Liter Wasser kann das Sprungbecken fassen, wenn es 5 m tief ist und das Wasser bis 10 cm unter den Beckenrand reicht?

217 Ein Lkw-Anhänger ist 10 m lang, 2 m breit und 2 m hoch. Eine Spedition möchte Kisten, von denen jede ein Volumen von 200 dm^3 besitzt, mit dem Lkw-Anhänger transportieren.

a) Wie viele Kisten können maximal verladen werden?

b) Warum passen eventuell doch weniger Kisten als in Teilaufgabe a berechnet auf den Anhänger?

218 Frau Lustig baut für ihre Kinder einen Sandkasten hinter dem Haus. Dieser wird 1,5 m lang, einen Meter breit und 50 cm tief.

a) Wie viel m^3 Erde müssen abgetragen werden?

b) Wie viele 25-Liter-Säcke Sand muss sie zum Füllen des Sandkastens besorgen?

219 Ein Aquarium ist 70 cm lang, 50 cm breit und 1,2 m hoch.

a) Wie viele Liter Wasser fasst das Aquarium?

b) Wie lange dauert das Füllen des Aquariums, wenn 10 Liter Wasser in 5 Sekunden durch einen Schlauch fließen?

220 Eine Flasche Hustensaft hat 0,1 ℓ Inhalt.
Wie lange reicht eine Flasche, wenn Gerd jeden Abend 0,5 $c\ell$ einnehmen muss?

221 Ein Heizöltank fasst 3 000 ℓ. In einem harten Winter werden je Tag 1,5 hℓ Öl verbrannt.
Wie viele Tage kann so geheizt werden, wenn der Händler bei einer Restmenge von 300 ℓ Heizöl angerufen werden muss?

222 Für eine Geburtstagsparty wurden 4 Kästen Getränke mit je einem Dutzend 1-ℓ-Flaschen eingekauft.
Wie viele 0,5-ℓ-Gläser können verteilt werden?

223 Eine Großfamilie plant den Wochenendeinkauf. Sie haben 70 € für Getränke zur Verfügung. Ein Kasten Wasser kostet 4 €, ein Kasten Limo 6 € und 1 500 mℓ Cola (1 Flasche) 1,50 €.
Berechne, ob das Geld für 5 Kästen Limo, 4 Kästen Wasser und 10 Flaschen Cola ausreicht.

224 Familie Meier möchte ihren Swimmingpool mit Wasser füllen. Er hat ein Fassungsvermögen von 6,5 m^3. Leider ist der Schlauch kaputt und kein Nachbar zu Hause. Familie Meier muss den Pool mit 10-ℓ-Eimern auffüllen.

a) Wie viele Eimer muss Familie Meier tragen?

b) Wie teuer ist eine Füllung, wenn 1 ℓ einen halben Cent kostet?

225 Eine Baugrube läuft gleichmäßig mit Wasser voll. Ihre Maße betragen a = 17 m, b = 12 m und c = 4 m.

a) Berechne die Wassermenge, die in die Baugrube fließen kann.

b) Wie viele Minuten dauert es, bis die Baugrube mit Wasser vollgelaufen ist, wenn in einer halben Stunde 68 000 ℓ hineinfließen?

c) Eine Pumpe schafft 272 000 ℓ in der Stunde.
In wie vielen Stunden ist die Baugrube leer gepumpt?

3 Volumen von zusammengesetzten Körpern und Restkörpern

Zusammengesetzte Körper entstehen aus der Kombination mehrerer Teilkörper.

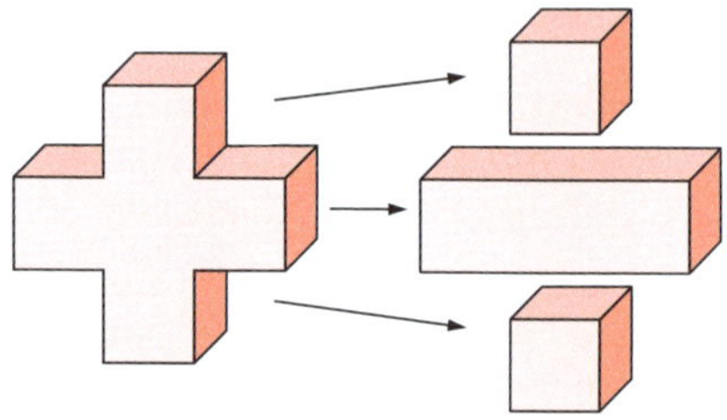

Restkörper entstehen durch Herausschneiden von Teilkörpern aus einem Körper.

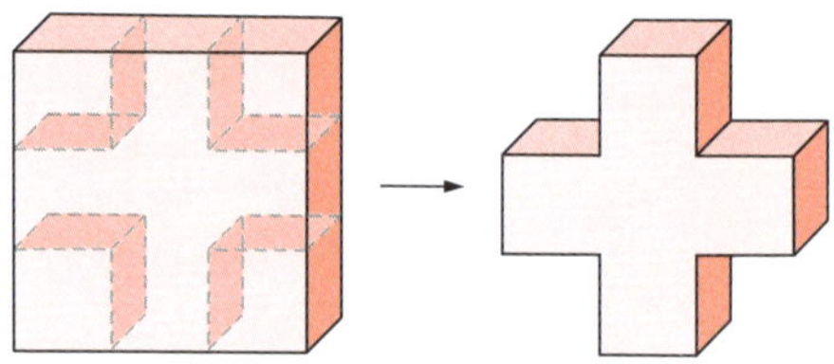

Die Volumenberechnung bei zusammengesetzten Körpern und Restkörpern lässt sich auf die Volumenberechnung der beteiligten Teilkörper zurückführen.

- Das **Volumen** eines zusammengesetzten Körpers erhält man, indem man die Volumen seiner **Teilkörper addiert**.
- Das **Volumen** eines Restkörpers erhält man, indem man vom Ausgangskörper die Volumen seiner **Teilkörper subtrahiert**.

Beispiele

1. Die Seitenangaben des Körpers sind in mm.
Berechne das Volumen des Körpers in cm^3.

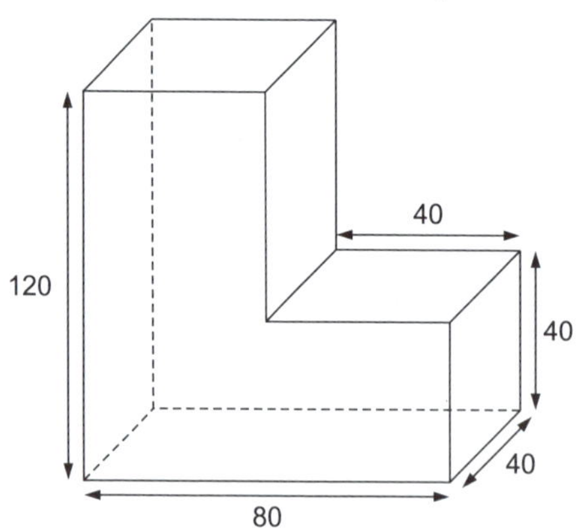

Lösung:

Skizze:

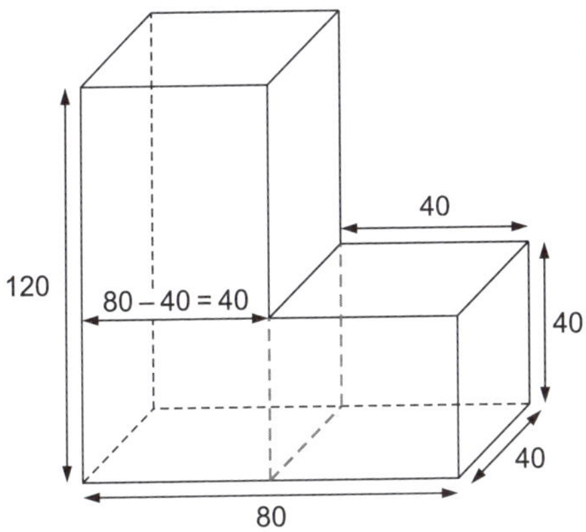

Der Körper setzt sich aus einem Würfel und einem Quader zusammen. Die Länge des Quaders erhält man, wenn man von den 80 mm die Länge des Würfels abzieht.

Rechnung:

$V_{Körper} = V_{Quader} + V_{Würfel}$

$V_{Körper} = a \cdot b \cdot c + a^3$

$V_{Körper} = 40\text{ mm} \cdot 40\text{ mm} \cdot 120\text{ mm} + (40\text{ mm})^3$

$V_{Körper} = 192\,000\text{ mm}^3 + 64\,000\text{ mm}^3$

$V_{Körper} = 256\,000\text{ mm}^3 \overset{:1\,000}{=} 256\text{ cm}^3$

2. Berechne das Volumen des abgebildeten Keils, wenn $a = 10$ cm, $b = 4$ cm und $c = 6$ cm gilt.

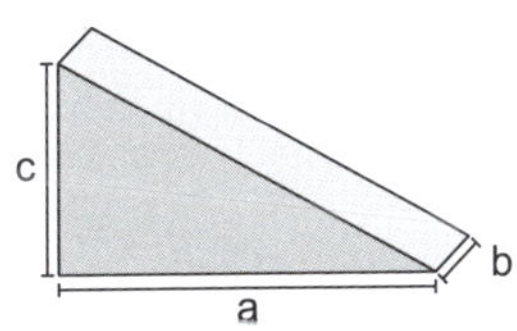

Lösung:

Skizze:

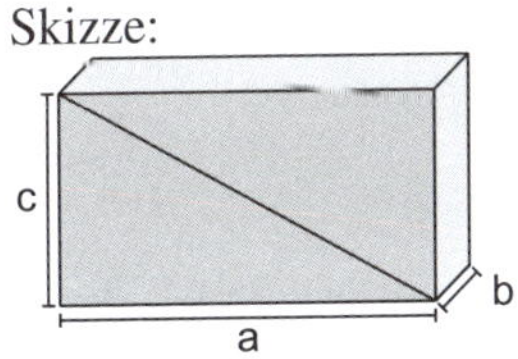

Der Keil hat die Hälfte des Volumens des Quaders, der sich aus zwei dieser Keile zusammensetzt. Das Volumen des Keils entspricht also dem halben Volumen des Quaders mit Länge $a = 10$ cm, Breite $b = 4$ cm und Höhe $c = 6$ cm.

Rechnung:

$V_{Keil} = 0{,}5 \cdot V_{Quader}$

$V_{Keil} = 0{,}5 \cdot (a \cdot b \cdot c)$

$V_{Keil} = 0{,}5 \cdot (10\text{ cm} \cdot 4\text{ cm} \cdot 6\text{ cm})$

$V_{Keil} = 0{,}5 \cdot 240\text{ cm}^3 = 120\text{ cm}^3$

226 Berechne das Volumen des Siegerpodestes.

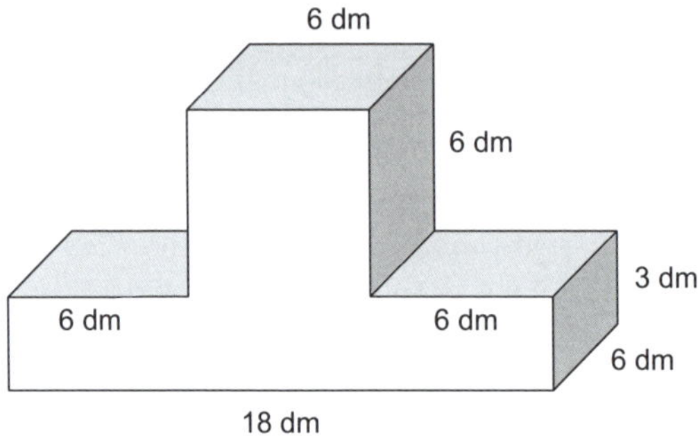

227 Das Bild zeigt den Querschnitt eines T-Trägers aus Stahl. Seine Länge beträgt 0,75 m. Berechne die Masse dieses Trägers in kg, wenn 1 cm^3 Stahl 7,9 g wiegt.

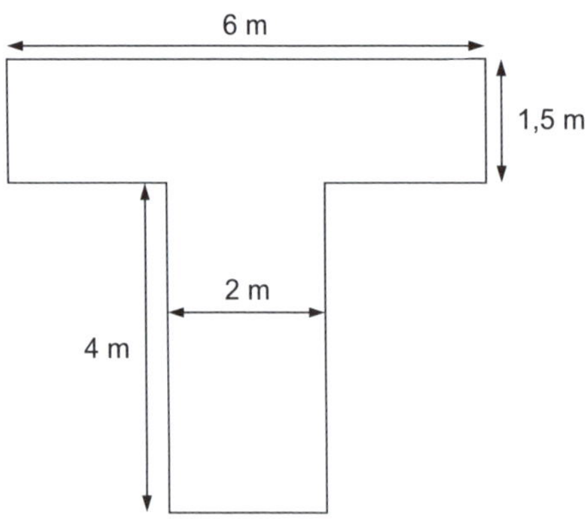

228 Berechne das Volumen des Würfelrahmens mithilfe der gegebenen Maße.

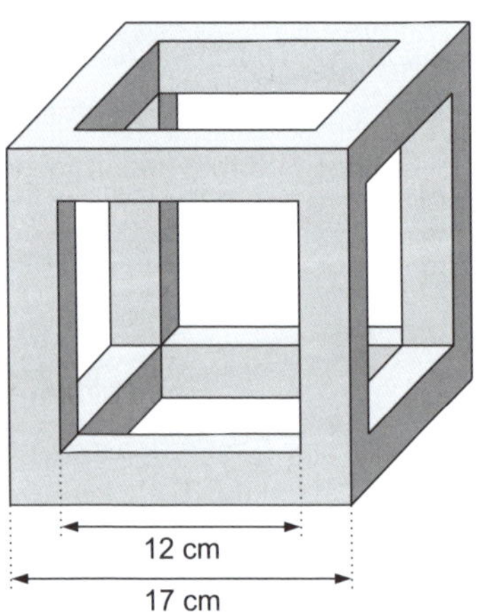

Direkte Proportionalität und Prozentrechnung

1 Zuordnungen und Graphen

Die Beaufortskala (Bft) ist eine Skala zur Einteilung von 13 Windstärkebereichen und das verbreitetste System zur Windbeschreibung. Es gibt Windgeschwindigkeiten von 0 Bft (Windstille) bis 12 Bft (Orkan).

Windstärke	Bezeichnung	Windstärke	Bezeichnung
0 Bft (kleiner 1 $\frac{km}{h}$)	Windstille	7 Bft (bis 61 $\frac{km}{h}$)	steifer Wind
1 Bft (bis 5 $\frac{km}{h}$)	leiser Zug	8 Bft (bis 74 $\frac{km}{h}$)	stürmischer Wind
2 Bft (bis 11 $\frac{km}{h}$)	leichte Brise	9 Bft (bis 88 $\frac{km}{h}$)	Sturm
3 Bft (bis 19 $\frac{km}{h}$)	schwache Brise	10 Bft (bis 102 $\frac{km}{h}$)	schwerer Sturm
4 Bft (bis 28 $\frac{km}{h}$)	mäßige Brise	11 Bft (bis 117 $\frac{km}{h}$)	orkanartiger Sturm
5 Bft (bis 38 $\frac{km}{h}$)	frische Brise	12 Bft (ab 118 $\frac{km}{h}$)	Orkan
6 Bft (bis 49 $\frac{km}{h}$)	starker Wind		

In der Wettervorhersage wird für bestimmte Gebiete eine **Zuordnung** zwischen **Vorhersagetag** und maximaler **Windstärke** vorgenommen.

Eine **Zuordnung** ordnet einem Wert x einen anderen Wert y zu, dabei entstehen **Wertepaare (x | y)**. Diese Wertepaare können tabellarisch oder grafisch dargestellt werden:

- **Wertetabelle:**

Ausgangswert	x_1	x_2	x_3
zugeordneter Wert	y_1	y_2	y_3

- **Koordinatensystem:**

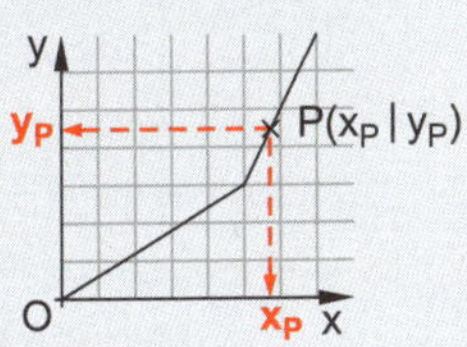

Das Wertepaar eines Punkts im Koordinatensystem lässt sich an den Achsen ablesen.

Beispiel Auf einer 10-tägigen Hüttentour hat Leo täglich auf seinem Smartphone nachgesehen, wie stark der Wind am folgenden Tag wird, und diese Werte im Tagebuch notiert.

Tag	1	**2**	3	4	5	**6**	7	8	9	10
Windstärke in Bft	4	**8**	5	6	3	**1**	2	5	5	7

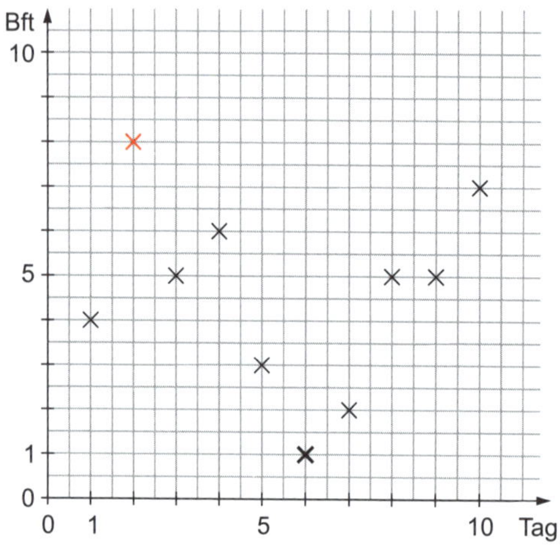

Aus der grafischen Darstellung lässt sich schnell ablesen, dass der Wind am 2. Tag am stärksten und am 6. Tag am schwächsten war. Insgesamt ist der Wind sehr unbeständig gewesen.

Im Beispiel oben gibt es pro Tag nur einen zugeordneten Wert. Für Vorgänge, bei denen man jedem beliebigen Zeitpunkt einen Wert zuordnen kann, ergeben sich aus den Wertepaaren Graphen. Solche kontinuierlichen Zuordnungen liegen etwa bei Füllvorgängen von Körpern vor.

Der Füllvorgang eines Körpers mit Wasser kann in einem **Fülldiagramm** dargestellt werden. Dabei wird die Zeit t auf der horizontalen Achse und die Füllhöhe h auf der vertikalen Achse festgehalten. Bei gleichmäßigem Zufluss hängt der Verlauf des **Füllgraphen** dann nur von der Form des Körpers ab:

- Ist die Querschnittsfläche des Körpers stets gleich, dann ist der zugehörige Graph eine Gerade.

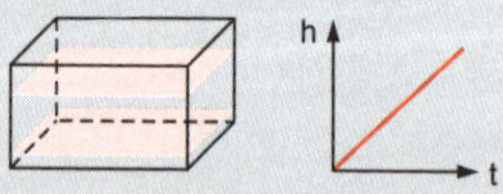

- Wird die Querschnittsfläche des Körpers nach oben kleiner, ist der zugehörige Füllgraph eine immer schneller steigende Kurve.

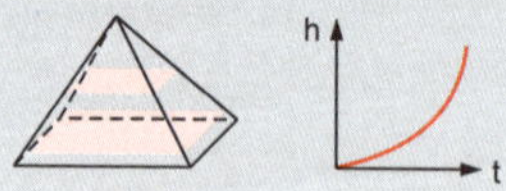

- Wird die Querschnittsfläche des Körpers nach oben größer, ist der zugehörige Füllgraph eine immer langsamer steigende Kurve.

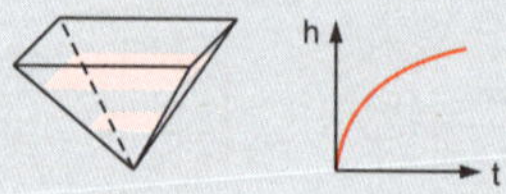

Beispiel Ordne jedem Gefäß einen Füllgraphen zu und begründe deine Wahl.

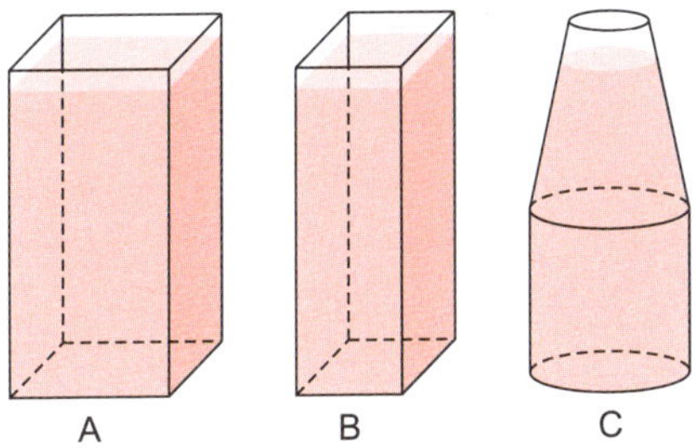

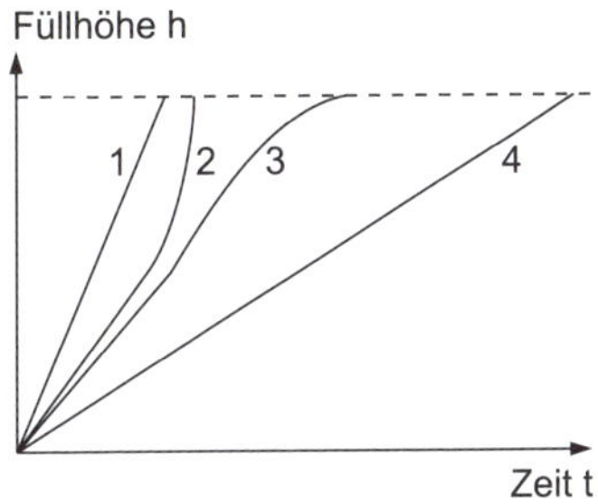

Lösung:
Bei Gefäß A und B ist die jeweilige Querschnittsfläche überall gleich, weshalb für sie nur die gerade verlaufenden Füllgraphen 1 und 4 infrage kommen. Das Gefäß A hat die größere Grundfläche, sodass die Füllhöhe langsamer zunimmt als bei B, also A $\rightarrow$ 4 und B $\rightarrow$ 1.
Das Gefäß C wird auf halber Körperhöhe nach oben hin schmaler. Der zugehörige Füllgraph verläuft zuerst linear und dann in Form einer immer schneller ansteigenden Kurve, also C $\rightarrow$ 2.

229 Ordne den Gefäßen den richtigen Füllgraphen zu und begründe die Entscheidung.

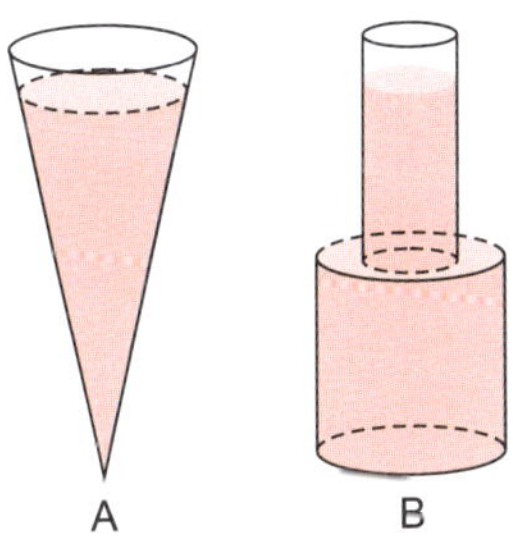

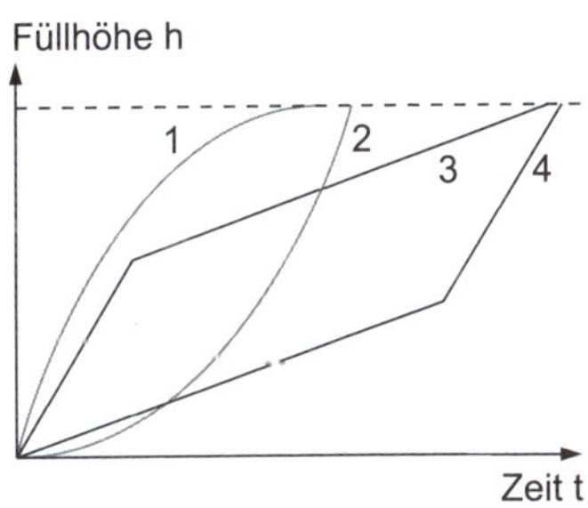

230 Hier sind Gefäße im Querschnitt abgebildet. Skizziere jeweils den Füllgraphen.

a)

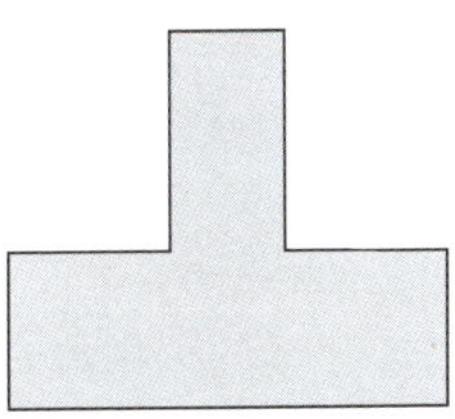

b)

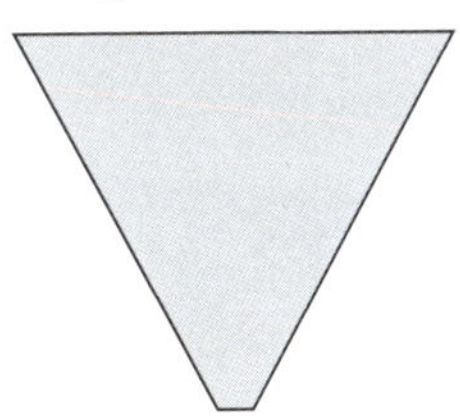

c)

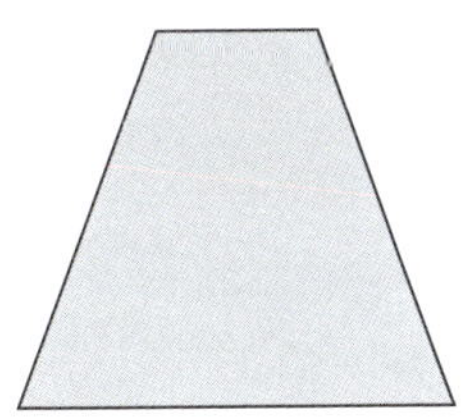

231 Im Diagramm sind die Schulwege von Gamze, Sara, Samuel und Fabio grafisch dargestellt. Fülle den Lückentext mithilfe des Diagramms aus.

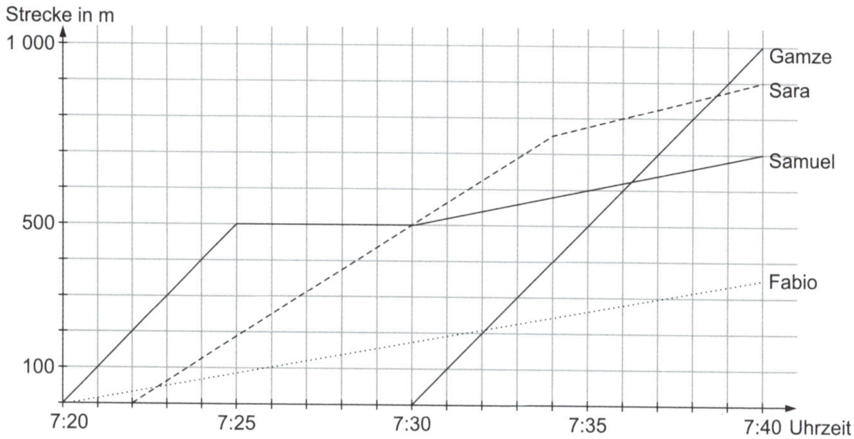

- Fabio startet um ___ Uhr und hat mit ___ m den kürzesten Schulweg.
- Sara überholt ___ um ___ Uhr.
- ___ geht schnell los und macht um ___ Uhr eine Pause von ___ Minuten und geht dann mit dem gleichen Tempo wie ___ weiter in die Schule.
- Gamze hat mit ___ m den ___ Schulweg, braucht bei ihrem Tempo mit ___ min aber die wenigste Zeit.
- ___ und ___ gehen mit gleichbleibender Geschwindigkeit zur Schule.

2 Direkte Proportionalität

2.1 Kennzeichen und grafische Darstellung

Auf dem Wochenmarkt gibt es frische Bananen.
1 Kilogramm kostet 2 Euro.
Wie viel kosten 4 Kilogramm?
Wie viel kostet ein halbes Kilogramm?

Eine **Zuordnung**, bei der dem n-fachen des Ausgangswerts das n-fache des zugeordneten Werts zugeordnet wird und umgekehrt, nennt man **direkt proportional**. Es gilt dann:
Dem doppelten, dreifachen, halbierten, gedrittelten … Ausgangswert wird der doppelte, dreifache, halbierte, gedrittelte … Wert zugeordnet.

Beispiel

Bananen in kg	Preis in €	
1 → (· 4) → 4	2 → (· 4) → 8	Für viermal so viele Kilogramm Bananen muss der vierfache Preis bezahlt werden.
1 → (: 2) → 0,5	2 → (: 2) → 1	Für halb so viele Kilogramm Bananen muss der halbe Preis bezahlt werden.

Zur Überprüfung, ob eine Zuordnung direkt proportional ist, gibt es eine rechnerische und eine grafische Methode.

- Eine **Zuordnung** ist genau dann **direkt proportional**, wenn für alle Wertepaare **Quotientengleichheit** gilt, das heißt, wenn für alle Wertepaare (Ausgangswert x | zugeordneter Wert y) der Quotient aus zugeordnetem Wert y und Ausgangswert x gleich ist:
  $$\frac{\textbf{zugeordneter Wert}}{\textbf{Ausgangswert}} = \frac{y}{x} = k$$
  Den konstanten Quotientenwert k nennt man **Proportionalitätsfaktor k**.
- Eine **Zuordnung** ist genau dann **direkt proportional**, wenn alle Wertepaare (Ausgangswert x | zugeordneter Wert y) auf einer **Ursprungshalbgeraden** liegen.

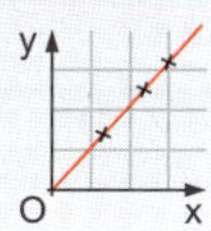

Beispiel

Prüfe, ob die folgende Zuordnung direkt proportional ist.

x	4	8	12	2	10
y	100	200	300	50	250

Lösung:

- rechnerische Methode:

  $\frac{100}{4} = 25; \ \frac{200}{8} = 25; \ \frac{300}{12} = 25; \ \frac{50}{2} = 25; \ \frac{250}{10} = 25$

  Teile den y-Wert jeweils durch den x-Wert.

  Da alle Wertepaare quotientengleich sind, ist die Zuordnung direkt proportional.

- grafische Methode:
  Die Wertepaare werden als Punkte im Koordinatensystem abgetragen.
  Da alle Punkte auf einer Ursprungshalbgeraden liegen, ist die Zuordnung direkt proportional.

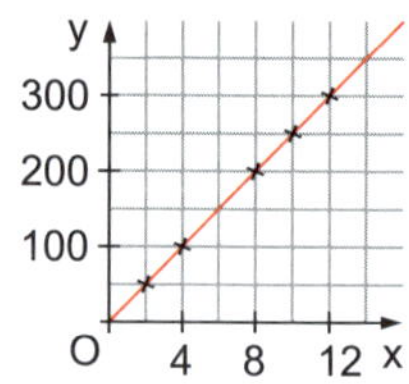

Bei einer direkt proportionalen **Zuordnung** genügt ein Wertepaare (x | y), um alle Wertepaare zu bestimmen.

- Bestimme zunächst mithilfe von $k = \frac{y}{x}$ den Proportionalitätsfaktor k.
- Berechne dann zu jedem Ausgangswert x den zugeordneten Wert y mit $y = k \cdot x$.

Beispiele

1. Beim Einkauf siehst du, dass eine Tafel Schokolade 1,50 € kostet. Nach kurzer Überlegung weißt du, was 7 Tafeln Schokolade kosten.

Ausgangswert: x = 1 Tafel Schokolade (Menge)

zugeordneter Wert: y = 1,50 € (Kosten)

Proportionalitätsfaktor: $k = \frac{y}{x} = \frac{1{,}50\ €}{1\ \text{Tafel}} = 1{,}50\ \frac{€}{\text{Tafel}}$

Berechnung der Kosten y für x = 7 Tafeln:

$y = k \cdot x = 1{,}50\ \frac{€}{\text{Tafel}} \cdot 7\ \text{Tafeln} = 10{,}50\ €$

Die 7 Tafeln Schokolade kosten 10,50 €.

2. Es liegt eine direkt proportionale Zuordnung vor.
Ergänze die fehlenden Zahlenwerte.

x	3	4	5	8	16
y			20		

Lösung:

$$k = \frac{y}{x} = \frac{20}{5} = 4$$

Den Proportionalitätsfaktor k berechnest du durch den Quotienten aus 20 und 5.

x	3	4	5	8	16
y	**12**	**16**	20	**32**	**64**

Multipliziere dann alle x-Werte mit k = 4, um die passenden y-Werte zu erhalten.

232 Ergänze die Zahlenpaare für den Proportionalitätsfaktor $k = \frac{3}{4}$.

x	3	4	5	8	16
y					

233 Frau Lehmann fährt auf der Autobahn in die Stadt. An der Autobahnauffahrt stellt sie den Tageskilometerzähler auf null und liest nach jeder Minute ab, wie viele Kilometer zurückgelegt wurden.

Fahrzeit t in min	1	2	3	4	5	6	7	8	9	10	11
Fahrstrecke s in km	4	8	12	16	20	24	28	32	36	40	44

a) Welcher Zusammenhang besteht zwischen der Fahrzeit und der Fahrstrecke? Begründe rechnerisch anhand der Wertetabelle.

b) Zeichne den Graphen für diesen Zusammenhang in ein t-s-Diagramm. Wähle einen geeigneten Maßstab.

234 Überprüfe grafisch, ob zwischen den Größen eine direkte Proportionalität vorliegt.

Äpfel in kg	4	6	8	10	12
Preis in €	3	4,5	6	7,5	9

235 Mithilfe eines Tauchsieders wurden 500 $m\ell$ Wasser und 500 $m\ell$ Speiseöl erwärmt. Gemessen wurde dabei die Dauer der Erwärmung in Minuten und die erreichte Temperaturerhöhung in Grad Celsius (°C).

Zeit in Minuten	0,5	1,0	1,5	2,0	2,5	3,0	3,5
Temperaturerhöhung in °C – Wasser	1,5	3,0	4,5	6,0	7,5	9,0	10,5
Temperaturerhöhung in °C – Speiseöl	2,0	4,0	6,0	8,0	10,0	12,0	14,0

a) Werte die Messergebnisse in einem Diagramm aus. Dabei soll die Erwärmungszeit auf der horizontalen Achse und die Temperaturerhöhung auf der vertikalen Achse abgetragen werden.

b) Welcher der Stoffe erwärmt sich schneller? Begründe.

c) Bestimme jeweils den Proportionalitätsfaktor. Vergleiche.

236 Andere Länder, andere Preise: Ergänze die fehlenden Größen der nachfolgenden Tabelle, die zu einer direkten Proportionalität gehören.

Liter Diesel		27	35		
Preis in €	4,20		36,75	42	67,20

237 Andere Länder, andere Preise: Ergänze die fehlenden Größen der nachfolgenden Tabelle, die zu einer direkten Proportionalität gehören.

Liter Super	12	20			65
Preis in €	13,20		27,50	46,20	

2.2 Berechnung fehlender Werte bei direkt proportionalen Zuordnungen

Ist bei einer Sachaufgabe von einer direkt proportionalen Zuordnung ein Wertepaar $(a\,|\,b)$ bekannt und von einem zweiten Wertepaar ein Wert bekannt und der andere **gesucht** $(c\,|\,x)$, gibt es zwei Möglichkeiten, denn gesuchten Wert zu berechnen:

1. Möglichkeit – Dreisatz:
Man nutzt aus, dass die Wertepaare $(a\,|\,b)$, $(1\,|\,\frac{b}{a})$ und $(c\,|\,\frac{b}{a}\cdot c)$ quotientengleich sind und somit zur gleichen direkt proportionalen Zuordnung gehören. Der gesuchte Wert kann daher in 3 Sätzen, also im **Dreisatz**, bestimmt werden.

Es gilt:

$$\frac{b}{a_{:a}} = \frac{\frac{b}{a}}{1_{\cdot c}} = \frac{\frac{b}{a}\cdot c}{c}$$

Dreisatz:

1. Satz: Die Werte des **gegebenen Wertepaars** entsprechen einander.

2. Satz: Es wird durch **Division auf beiden Seiten** auf die 1 **(Einheit)** geschlossen.

3. Satz: Es wird durch **Multiplikation auf beiden Seiten** auf den gesuchten Wert x **(Vielfaches)** geschlossen.

$$\begin{aligned} a &\triangleq b \quad && :a \\ 1 &\triangleq \frac{b}{a} \quad && \cdot b \\ c &\triangleq \underbrace{\frac{b}{a}\cdot c}_{x} \end{aligned}$$

2. Möglichkeit – Verhältnisgleichung:
Man nutzt aus, dass für die Wertepaare $(a\,|\,b)$ und $(c\,|\,x)$ der direkt proportionalen Zuordnung Quotientengleichheit gilt, also die Quotienten $\frac{b}{a}$ und $\frac{x}{c}$ gleichgesetzt werden können: $\frac{x}{c} = \frac{b}{a}$

Da man die Quotienten zweier Werte auch als Verhältnisse bezeichnet, spricht man von einer **Verhältnisgleichung**.

Verhältnisgleichung

Sind $(a\,|\,b)$ und $(c\,|\,x)$ Wertepaare einer direkt proportionalen Zuordnung und ist x der gesuchte Wert, dann lautet die zugehörige Verhältnisgleichung:

$$\frac{x}{c} = \frac{b}{a}$$

- Im **Linksterm** steht der **gesuchte Wert x im Zähler**.
- Im **Rechtsterm** stehen die **Werte des bekannten Wertepaars** im zum Rechtsterm passenden Verhältnis.
- Die Verhältnisgleichung wird durch **Multiplikation mit c auf beiden Seiten** nach dem gesuchten Wert x umgestellt und dann gelöst.

Beispiele

1. 10 Tafeln Schokolade kosten 14 €. Wie viel kosten 6 Tafeln Schokolade?

Lösung:

Das gegebene Wertepaar ist (10 Tafeln | 14 €).
Gesucht ist x in (6 Tafeln | x €).

- Dreisatz in Textform:

  1. Satz: 10 Tafeln Schokolade kosten 14 €.
  2. Satz: 1 Tafel Schokolade kostet 14 € : 10 = 1,40 €.
  3. Satz: 6 Tafeln Schokolade kosten 6 · 1,40 € = 8,40 €.

  Dreisatz kompakt:

  $$\begin{array}{llcll} \textbf{1. Satz:} & :10\,(& 10 \text{ Tafeln} \mathrel{\hat{=}} 14\,€ &):10 \\ \textbf{2. Satz:} & \cdot 6\,(& 1 \text{ Tafel} \mathrel{\hat{=}} 1{,}40\,€ &)\cdot 6 \\ \textbf{3. Satz:} & & 6 \text{ Tafeln} \mathrel{\hat{=}} 8{,}40\,€ & \end{array}$$

- Verhältnisgleichung:

  $$\frac{x\,€}{6} = \frac{14\,€}{10} \qquad |\cdot 6$$

  $$\Leftrightarrow \quad x\,€ = \frac{14 \cdot 6}{10}\,€$$

  $$\Leftrightarrow \quad x\,€ = \frac{84}{10}\,€$$

  $$\Leftrightarrow \quad x\,€ = 8{,}40\,€$$

  Setze x in den Zähler des Linksterms, 6 in den Nenner.
  Entsprechend steht im Rechtsterm der Preis im Zähler und die Anzahl im Nenner.

  6 Tafeln Schokolade kosten 8,40 €.

2. Mit „16 zu 9" wird bei Bildschirmen das Verhältnis der Bildbreite zur Bildhöhe angegeben. Wie hoch ist der Bildschirm eines 16 : 9-Fernsehers, der eine Bildschirmbreite von ca. 120 cm hat?

Lösung:

- Dreisatz:

  $$\begin{array}{llcll} \textbf{1. Satz:} & :16\,(& 16 \mathrel{\hat{=}} 120 \text{ cm} &):16 \\ \textbf{2. Satz:} & \cdot 9\,(& 1 \mathrel{\hat{=}} \frac{120}{16} \text{ cm} &)\cdot 9 \\ \textbf{3. Satz:} & & 9 \mathrel{\hat{=}} \frac{120}{16} \cdot 9 \text{ cm} & \\ & & = 67{,}5 \text{ cm} & \end{array}$$

- Verhältnisgleichung:

  $$\frac{x}{120\text{ cm}} = \frac{9}{16} \qquad |\cdot 120\text{ cm}$$

  $$\Leftrightarrow \quad x = \frac{9 \cdot 120}{16}\text{ cm}$$

$$\Leftrightarrow \quad x = \frac{1\,080}{16}\text{ cm}$$

$$\Leftrightarrow \quad x = 67{,}5\text{ cm}$$

Der Fernseher hat eine Höhe von ca. 67,5 cm.

238 Für das Auslegen einer 36 m^2 großen Terrasse werden 900 Marmorfliesen benötigt.

Wie viele Fliesen müssen für eine 40 m^2 große Terrasse gekauft werden?

239 Eine Firma produziert Nougatstangen und verpackt diese zu einem Dutzend in Schachteln. Im Werkverkauf kosten 65 Nougatschachteln 780 €. Im Supermarkt ist jede Nougatschachtel um einen Euro teurer.
Was würden 95 Nougatschachteln im Supermarkt kosten?

240 Berechne die Zeit, die ein Motorboot für 600 m benötigt, wenn es in einer halben Stunde genau 12 km zurücklegt. Die Geschwindigkeit ist die Zeit über konstant.

241 Bei einem Radrennen über eine 3 km lange Strecke benötigt Rennfahrer 1 nur 200 Sekunden. Er hat im Ziel einen Vorsprung von 500 m gegenüber Rennfahrer 2, der für die bis dahin gefahrenen 2,5 km eine Zeit von 200 Sekunden benötigte.

a) Wie viele Meter fährt Rennfahrer 1 in 14 Sekunden?

b) Wie lange braucht Rennfahrer 2 für die restlichen 0,5 km, wenn er mit der gleichen Geschwindigkeit weiterfährt?

242 Während eines Gewitters laufen aus der Dachrinne eines Hauses in 5 Minuten gleichmäßig 4 Liter Regenwasser in die Regentonne.
Wie lange müsste es konstant weiter regnen, damit die 200 Liter fassende Regentonne bis zum Rand mit Regenwasser gefüllt wäre?

3 Prozentrechnung

3.1 Grundwert, Prozentwert, Prozentsatz

50 % von 600 € sind 300 €.

Hierbei gelten folgende Bezeichnungen:

50	**Prozentsatz p** (der relative Anteil)
600 €	**Grundwert GW** (das Ganze, entspricht 100 %)
300 €	**Prozentwert PW** (der Anteil, entspricht 50 %)

Es liegt hier eine **direkt proportionale Zuordnung** zwischen **Prozentangabe** und **Preis** vor. Die Wertepaare sind (100 % | GW) und (p % | PW).
Sind zwei der drei Werte GW, PW und p gegeben, so kann der dritte mithilfe des Dreisatzes oder durch Umstellen und Auflösen der Verhältnisgleichung $\frac{PW}{p\,\%} = \frac{GW}{100\,\%}$ berechnet werden.

3.2 Berechnung des Prozentwerts

In Geschäften wird immer öfter mit Preisnachlässen geworben. Es gibt z. B. 15 % oder sogar 40 % Preisnachlass auf bestimmte Artikel. Zur Bestimmung der neuen Preise ist die Höhe des Preisnachlasses zu berechnen.

Möglichkeit 1 – Dreisatz:

1. Satz: Der Grundwert entspricht 100 %.

2. Satz: Es wird **auf beiden Seiten durch 100 dividiert**, um 1 % des Grundwerts zu berechnen.

3. Satz: Es wird **auf beiden Seiten mit p multipliziert**, um p % des Grundwerts zu berechnen. Man erhält den Prozentwert.

$$100\,\% \mathrel{\hat=} GW$$

$$: 100 \qquad\qquad : 100$$

$$1\,\% \mathrel{\hat=} \frac{GW}{100}$$

$$\cdot\, p \qquad\qquad \cdot\, p$$

$$p\,\% \mathrel{\hat=} \underbrace{\frac{GW}{100} \cdot p}_{PW}$$

Möglichkeit 2 – Verhältnisgleichung:

$$\frac{PW}{p\,\%} = \frac{GW}{100\,\%}$$

- Im **Linksterm** steht der **Prozentwert im Zähler**.
- Im **Rechtsterm** steht der Grundwert im passenden Verhältnis.
- Die Verhältnisgleichung wird durch **Multiplikation mit p % auf beiden Seiten** nach PW umgestellt und dann gelöst. Dabei sind ggf. Einheiten mitzuführen.

Beispiel

Eine Markenwaschmaschine, die 1 000 Euro kostet, wird mit 15 % Preisnachlass beworben.

a) Berechne den Preisnachlass.
b) Berechne den neuen Preis der Waschmaschine.

Lösung:

a) geg.: GW = 1 000 €
p % = 15 %

ges.: PW (Preisnachlass)

- Dreisatz in Textform:
  1. Satz: 100 % entsprechen 1 000 €.
  2. Satz: 1 % von 1 000 € sind 1 000 € : 100 = 10 €.
  3. Satz: 15 % sind 10 € · 15 = **150 €**.

  Dreisatz kompakt:

  $$\begin{array}{llcl} \textbf{1. Satz:} & 100\,\% & \triangleq & 1\,000\,€ \\ \textbf{2. Satz:} & 1\,\% & \triangleq & 10\,€ \\ \textbf{3. Satz:} & 15\,\% & \triangleq & \mathbf{150\,€} \end{array}$$

  (: 100 von Satz 1 zu Satz 2 auf beiden Seiten; · 15 von Satz 2 zu Satz 3 auf beiden Seiten)

- Verhältnisgleichung:

$$\frac{PW}{p\,\%} = \frac{GW}{100\,\%}$$

$$\Leftrightarrow \quad \frac{x}{15\,\%} = \frac{1\,000\,€}{100\,\%} \qquad |\cdot 15\,\%$$

$$\Leftrightarrow \quad x = \frac{1\,000\,€ \cdot 15\,\%}{100\,\%}$$

$$\Leftrightarrow \quad x = \frac{15\,000\,€}{100} = \mathbf{150\,€}$$

Der Preisnachlass beträgt 150 €.

b) 1 000 € − 150 € = 850 €

Die Waschmaschine kostet jetzt noch 850 €.

Der aktuelle Preis ergibt sich aus der Differenz des Grundwerts und des Prozentwerts

Die Verhältnisgleichung in der nach PW aufgelösten Form liefert eine Formel für die Berechnung des Prozentwerts.

Formel für den Prozentwert

$$PW = \frac{GW}{100\,\%} \cdot p\,\%$$

Teile den Grundwert GW durch 100 % und multipliziere mit p %, um den **Prozentwert PW** zu erhalten.

Beispiel

Von 480 kg Obst sind 20 % verdorben.
Wie viel kg Obst sind das?

Lösung:

geg.: GW = 480 kg
p % = 20 %
ges.: PW

Du kannst alle Werte direkt aus der Angabe übernehmen.

$$PW = \frac{GW}{100\ \%} \cdot p\ \%$$

Setze die gegebenen Werte in die Formel ein und berechne.

$$PW = \frac{480\ kg}{100\ \%} \cdot 20\ \%$$

$$PW = 96\ kg$$

96 kg Obst sind verdorben.

Anwendungen der Prozentrechnung aus dem Fach Rechnungswesen:

Grundwert	Prozentsatz	Prozentwert
Ausgangspreis	Rabatt	Preisnachlass
Nennwert	Kurs	Kurswert

243 Berechne jeweils beide Prozentwerte.

a) 3 % von 165 € und von 60 €

b) 10 % von 320 cm^2 und von 540 g

c) 40 % von 1 200 km und von 120 m

244 Ein Kaufmann gewährt 3 % Rabatt.
Wie groß ist bei einem Ausgangspreis von 42,70 € der Preisnachlass?

245 Eine Aktie hat einen Kurs von 148 %.
Wie groß ist ihr Kurswert bei einem Nennwert von 250 €?

246 Der Werbeetat eines Schuhhauses beträgt 3,5 % des Umsatzes des vorigen Jahres. Es hatte in diesem Jahr einen Jahresumsatz von 184 244,75 €. Welcher Betrag kann im folgenden Jahr für Werbung ausgegeben werden? Runde auf Cent.

247 Auf einer 148 km langen Berg-Etappe einer Radtour gewann der Sieger mit einer Gesamtzeit von 4:34:16 vor dem Träger des gelben Trikots. Das Reglement schreibt vor, dass nur Fahrer mit einem Zeitrückstand von höchstens 12 % im Wettkampf verbleiben dürfen.
Welche Zeit musste man also fahren, um im Feld bleiben zu können?

3.3 Berechnung des Grundwerts

Möglichkeit 1 – Dreisatz:

1. Satz: Der Prozentwert entspricht p %.

2. Satz: Es wird **auf beiden Seiten durch p dividiert**, um den Wert von 1 % zu berechnen.

3. Satz: Es wird **auf beiden Seiten mit 100 multipliziert**, um den Wert von 100 % zu berechnen. Man erhält den Grundwert.

$$\begin{aligned} p\,\% &\mathrel{\hat=} PW && \Big) :p \\ 1\,\% &\mathrel{\hat=} \frac{PW}{p} && \Big) \cdot 100 \\ 100\,\% &\mathrel{\hat=} \underbrace{\frac{PW}{p} \cdot 100}_{GW} \end{aligned}$$

Möglichkeit 2 – Verhältnisgleichung:

$$\frac{GW}{100\,\%} = \frac{PW}{p\,\%}$$

- Im **Linksterm** steht der **Grundwert im Zähler**.
- Im **Rechtsterm** steht der Prozentwert im passenden Verhältnis.
- Die Verhältnisgleichung wird durch **Multiplikation mit 100 % auf beiden Seiten** nach GW umgestellt und dann gelöst. Dabei sind ggf. Einheiten mitzuführen.

Beispiel

Bei einer Schulaufgabe sind wegen einer Grippewelle nur 80 % der Schüler anwesend. Das sind 20 Schüler der Klasse.
Berechne die Klassenstärke.

Lösung:

- Dreisatz in Textform:

  1. Satz: 80 % der Schüler sind 20 Schüler.
  2. Satz: 1 % von 20 Schülern sind 20 : 80 = 0,25 Schüler.
  3. Satz: 100 % sind 0,25 Schüler · 100 = **25 Schüler**.

  Dreisatz kompakt:

  1. Satz: $:80\,($ 80 % ≙ 20 Schüler $)\,:80$
  2. Satz: $\cdot100\,($ 1 % ≙ 0,25 Schüler $)\,\cdot100$
  3. Satz: 100 % ≙ **25 Schüler**

- Verhältnisgleichung:

$$\frac{GW}{100\,\%} = \frac{PW}{p\,\%}$$

$$\Leftrightarrow \quad \frac{x}{100\,\%} = \frac{20\text{ Schüler}}{80\,\%} \qquad |\cdot 100\,\%$$

$$\Leftrightarrow \quad x = \frac{20\text{ Schüler} \cdot 100\ \%}{80\ \%}$$

$$\Leftrightarrow \quad x = \frac{2\,000}{80}\text{ Schüler}$$

$$\Leftrightarrow \quad x = \mathbf{25\ Schüler}$$

In der Klasse sind **25 Schüler**.

Die Verhältnisgleichung in der nach GW aufgelösten Form liefert eine Formel für die Berechnung des Grundwerts.

Formel für den Grundwert

$$GW = \frac{PW}{p\ \%} \cdot 100\ \%$$

Teile den Prozentwert PW durch p % und multipliziere mit 100 %, um den **Grundwert GW** zu erhalten.

Beispiel

Beim Kauf eines Fernsehers erhält Frau Hübner einen Rabatt von 20 %. Sie zahlt an der Kasse nur noch 240 €. Wie viel hat der Fernseher ursprünglich gekostet?

Lösung:

geg.: PW = 240 € — Den Prozentwert findest du in der Angabe.

p % = 80 % — Frau Hübner erhält einen Rabatt von 20 %. Das bedeutet, sie zahlt 80 % des ursprünglichen Preises.

ges.: GW

$$GW = \frac{PW}{p\ \%} \cdot 100\ \%$$

Setze die gegebenen Werte in die Formel ein und berechne.

$$GW = \frac{240\ €}{80\ \%} \cdot 100\ \%$$

$$GW = 300\ €$$

Der Fernseher hat ursprünglich 300 € gekostet.

Anwendungen der Prozentrechnung aus dem Fach Rechnungswesen:

Grundwert	Prozentsatz	Prozentwert
Aktienwert	Dividendenrendite	Dividende
Nennwert	Kurs	Kurswert

248 Berechne den Grundwert.

a) p %: 20 % PW: 150 km

b) p %: 12 % PW: 9 kg

c) p %: 50 % PW: 90 m^2

249 Ein Aktionär erhielt im letzten Jahr 747,50 € Dividende ausbezahlt, da die Gesellschaft 23 % Dividendenrendite verteilte.
Wie groß war sein Aktienkapital?

250 Wie groß ist der Nennwert einer Aktie, die bei einem Kurs von 132 % mit einem Kurswert von 330 € gehandelt wird?

3.4 Berechnung des Prozentsatzes

Möglichkeit 1 – Dreisatz:

1. Satz: Der Grundwert entspricht 100 %.

2. Satz: Es wird **auf beiden Seiten durch GW dividiert**, um den Prozentanteil einer Einheit zu berechnen.

3. Satz: Es wird **auf beiden Seiten mit PW multipliziert**, um den Prozentanteil des Prozentwerts zu berechnen. Man erhält den Prozentsatz.

$$\text{GW} \mathrel{\hat{=}} 100\,\%$$
$$: \text{GW} \qquad : \text{GW}$$
$$1 \mathrel{\hat{=}} \frac{100\,\%}{\text{GW}}$$
$$\cdot \text{PW} \qquad \cdot \text{PW}$$
$$\text{PW} \mathrel{\hat{=}} \underbrace{\frac{\text{PW}}{\text{GW}} \cdot 100\,\%}_{p\,\%}$$

Möglichkeit 2 – Verhältnisgleichung:

$$\frac{p\,\%}{\text{PW}} = \frac{100\,\%}{\text{GW}}$$

- Im **Linksterm** steht der **Prozentsatz im Zähler**.
- Im **Rechtsterm** steht der Grundwert im passenden Verhältnis.
- Die Verhältnisgleichung wird durch **Multiplikation mit PW auf beiden Seiten** nach p % umgestellt und dann gelöst. Dabei sind ggf. Einheiten mitzuführen.

Beispiel

Von 25 Quizfragen hat Paul 15 richtig beantwortet.
Berechne den Prozentsatz der richtigen Antworten.

Lösung:

- Dreisatz in Textform:

1. Satz: 25 Antworten entsprechen 100 % der Antworten.

2. Satz: 1 Antwort entspricht 100 % : 25 = 4 %.

3. Satz: 15 Antworten entsprechen 4 % · 15 = **60 %**.

Dreisatz kompakt:

$$\begin{array}{llrcr} \textbf{1. Satz:} & :25\,(& 25 \text{ Antworten} & \hat{=} & 100\,\% \;) :25 \\ \textbf{2. Satz:} & & 1 \text{ Antwort} & \hat{=} & 4\,\% \\ \textbf{3. Satz:} & \cdot 15\,(& 15 \text{ Antworten} & \hat{=} & \mathbf{60\,\%} \;) \cdot 15 \end{array}$$

- Verhältnisgleichung:

$$\frac{p\,\%}{PW} = \frac{100\,\%}{GW}$$

$$\Leftrightarrow \quad \frac{x}{15 \text{ Antworten}} = \frac{100\,\%}{25 \text{ Antworten}} \qquad \mid \cdot 15 \text{ Antworten}$$

$$\Leftrightarrow \quad x = \frac{100\,\%}{25 \text{ Antworten}} \cdot 15 \text{ Antworten}$$

$$\Leftrightarrow \quad x = \frac{100\,\% \cdot 3}{5}$$

$$\Leftrightarrow \quad x = \mathbf{60\,\%}$$

60 % von Pauls Antworten waren richtig.

Die Verhältnisgleichung in der nach p % aufgelösten Form liefert eine Formel für die Berechnung des Prozentsatzes.

Formel für den Prozentsatz

$$p\,\% = \frac{PW}{GW} \cdot 100\,\%$$

Teile den Prozentwert PW durch den Grundwert GW und multipliziere mit 100 %, um den **Prozentsatz p %** zu erhalten.

Beispiel

Ein Sweatshirt kostet aufgrund eines Nachlasses von 19,98 € nur noch 29,97 €.
Wie viel Prozent beträgt der Nachlass?

Lösung:

geg.: GW = 29,97 € + 19,98 € = 49,95 € — Der Grundwert setzt sich zusammen aus dem jetzigen Preis und dem Preisnachlass.

PW = 19,98 € — Den Prozentwert findest du in der Angabe.

ges.: p %

$$p\,\% = \frac{PW}{GW} \cdot 100\,\%$$

Setze die gegebenen Werte in die Formel ein und berechne.

$$p\,\% = \frac{19{,}98\,€}{49{,}95\,€} \cdot 100\,\%$$

$$p\,\% = 40\,\%$$

Der Nachlass beträgt 40 %.

Anwendungen der Prozentrechnung aus dem Fach Rechnungswesen:

Grundwert	**Prozentsatz**	**Prozentwert**
Rechnungsbetrag	Skonto	Preisnachlass

251 Berechne den Prozentsatz und gib das Ergebnis in % an.

a) 40 km von 200 km

b) 15 € von 500 €

c) 400 mg von 1 000 mg

252 Das wöchentliche Gehalt eines Angestellten wurde von 480 € auf 540 € erhöht. Wie viel Prozent beträgt die Gehaltssteigerung?

253 Bei einer Festveranstaltung der Metzgerinnung wurden verzehrt:
30 kg Schweinefleisch, 17,6 kg Rindfleisch, 1,8 kg Kalbfleisch, 4,7 kg Geflügelfleisch und 4,2 kg sonstiges Fleisch.
Berechne die Prozentanteile der einzelnen Fleischsorten. Runde auf Zehntel.

254 Ein Rechnungsbetrag lautet auf 582 €. Der Kunde überweist 567,45 €.
Wie viel Prozent Skonto hat er abgezogen?

255 Bei einem Ausverkauf wurde ein Anzug, der mit 180 € ausgezeichnet war, um 25,20 € billiger verkauft.
Um wie viel Prozent wurde der Preis gesenkt?

Prozentformeln

- Prozentwort: $PW = \frac{GW}{100\,\%} \cdot p\,\%$
- Grundwert: $GW = \frac{PW}{p\,\%} \cdot 100\,\%$
- Prozentsatz: $p\,\% = \frac{PW}{GW} \cdot 100\,\%$

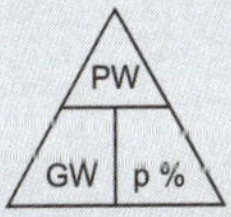

Ein Formeldreieck hilft beim Umformen: Decke die gesuchte Größe ab. Trennt die verbleibenden Größen ein senkrechter Strich, werden sie multipliziert, bei einem
waagerechten Strich dividiert. Falls nötig, verwende $p\,\% = \frac{p\,\%}{1} = \frac{p\,\%}{\frac{100}{100}} = \frac{p\,\%}{100\,\%}$.

Vermischte Aufgaben

256 a) Ein öffentlicher Radiosender nimmt an Hörfunkgebühren etwa 30 Mio. € ein. Für die Programmgestaltung werden 43 % davon verwendet.
Wie viel Euro macht dies aus?

b) Der Radiosender hat Werbeausgaben von 930 000 €.
Wie viel Prozent von den Gesamteinnahmen sind das?

257 Ein Autohändler kaufte einen Transporter für 3 000 € und ein älteres Auto für 1 650 €.

a) Den Transporter konnte er bereits nach 3 Tagen für 3 360 € verkaufen.
Auf wie viel Prozent vom Einkaufspreis belief sich der Gewinn?

b) Das ältere Auto musste zunächst in der Werkstatt für 397,62 € überholt werden. Der Verkauf brachte dem Händler nur 10 % der entstandenen Kosten an Gewinn ein.
Wie teuer konnte er das ältere Auto verkaufen?

c) Welchen Gesamtgewinn in € und in Prozent vom Selbstkostenpreis hat der Händler erzielt?

Lösungen

1 a) $\frac{6}{18}$ der Fläche sind gefärbt.
Der Rest beträgt $\frac{12}{18}$.

b) $\frac{3}{8}$ der Fläche sind gefärbt.
Der Rest beträgt $\frac{5}{8}$.

c) $\frac{3}{12}$ der Fläche sind gefärbt.
Der Rest beträgt $\frac{9}{12}$.

d) $\frac{1}{16}$ der Fläche ist gefärbt.
Der Rest beträgt $\frac{15}{16}$.

e) $\frac{4}{12}$ des Körpers sind gefärbt.
Der Rest beträgt $\frac{8}{12}$.

f) $\frac{3}{8}$ der Fläche sind gefärbt.
Der Rest beträgt $\frac{5}{8}$.

Zähle die Kästchen und schreibe ihre Anzahl in den Nenner.

Dann zähle die gefärbten Kästchen und schreibe ihre Anzahl in den Zähler.

In Aufgabe 1 a gibt es 18 Kästchen. 18 steht deshalb im Nenner.

6 Kästchen sind gefärbt. 6 steht deswegen im Zähler.

2 **2** Halbe ergeben ein Ganzes.
3 Drittel ergeben ein Ganzes.
8 Achtel ergeben ein Ganzes.
40 Vierzigstel ergeben ein Ganzes.

Bei einem Ganzen steht im Zähler und im Nenner dieselbe Zahl, also $\frac{2}{2}$, $\frac{3}{3}$, $\frac{8}{8}$, $\frac{40}{40}$.

3 a) $\frac{1}{5}$ ist abgebrochen.

Der Stab lässt sich in 5 gleiche Teile teilen. 5 wird deswegen in den Nenner geschrieben.

Ein Teil ist abgebrochen. In den Zähler wird deshalb 1 geschrieben.

b) $\frac{2}{3}$ sind abgebrochen.

c) $\frac{4}{7}$ sind abgebrochen.

d) $\frac{3}{9}$ sind abgebrochen.

4 a) $\frac{4}{10}$ 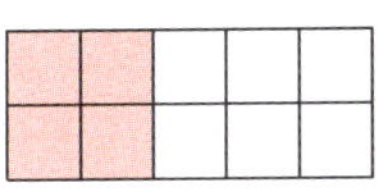

Die Anzahl der gefärbten Kästchen muss der Ziffer im Zähler entsprechen. Färbe also 4 von den 10 Kästchen.

b) $\frac{5}{9}$

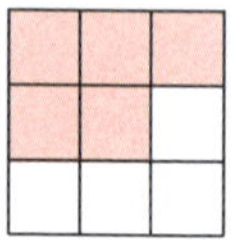

Färbe 5 von den 9 Kästchen.

c) $\frac{3}{4}$

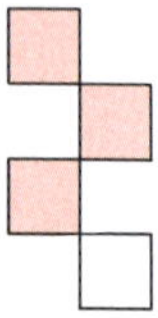

Färbe 3 von den 4 Kästchen.

d) $\frac{5}{7}$

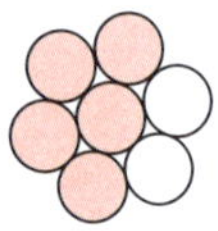

Färbe 5 von den 7 Kreisen.

5 a) $\frac{4}{6}$

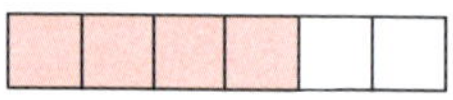

Der Nenner sagt dir, wie viele Kästchen das Rechteck haben soll.
Der Zähler gibt an, wie viele Kästchen du färben musst.

b) $\frac{3}{12}$

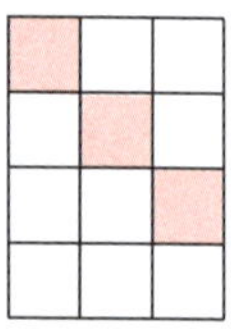

c) $\frac{12}{15}$

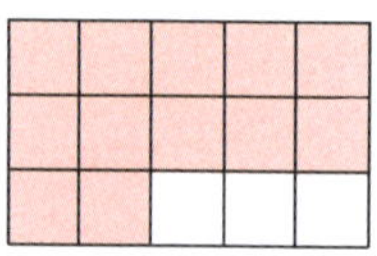

d) $\frac{5}{8}$

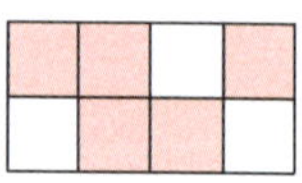

6 a) Ein Überraschungsei ist $\frac{1}{36}$ vom Ganzen.

Zähle, wie viele Überraschungseier in der Palette Platz hätten, und schreibe das Ergebnis in den Nenner.

b) $\frac{10}{36}$ der Überraschungseier sind bereits verkauft.

Zähle, wie viele Lücken die Palette hat, und schreibe das Ergebnis in den Zähler.

c) $\frac{26}{36}$ der Überraschungseier sind noch übrig.

Zähle, wie viele Eier in der Palette sind, und schreibe das Ergebnis in den Zähler.

7 a) $\frac{7}{35}$ des Daches müssen repariert werden.

b) $\frac{28}{35}$ des Daches haben den Sturm unbeschadet überstanden.

Zähle, wie viele Dachschindeln das Haus hat, und schreibe das Ergebnis in den Nenner. Zähle, wie viele Dachschindeln kaputt sind, und schreibe das Ergebnis in den Zähler.

8 a) $\frac{3}{4}$ der Fläche werden bepflanzt.

b) $\frac{1}{4}$ der Fläche wird bepflanzt.

c) $\frac{1}{4}$ der Fläche wird bepflanzt.

d) $\frac{3}{8}$ der Fläche werden bepflanzt.

Bestimme die Flächenstücke, aus denen sich die umspannte Fläche und die gesamte Fläche zusammensetzen lassen. Bestimme dann, wie oft diese Flächenstücke in die gesamte Fläche passen, und schreibe das Ergebnis in den Nenner. Bestimme, wie oft diese Flächenstücke in die umspannte Fläche passen, und schreibe das Ergebnis in den Zähler.

9

… von	24 kg	288 ha	96 €
$\frac{1}{2}$	(24 kg : 2) · 1 = **12 kg**	(288 ha : 2) · 1 = **144 ha**	(96 € : 2) · 1 = **48 €**
$\frac{8}{12}$	(24 kg : 12) · 8 = **16 kg**	(288 ha : 12) · 8 = **192 ha**	(96 € : 12) · 8 = **64 €**
$\frac{2}{3}$	(24 kg : 3) · 2 = **16 kg**	(288 ha : 3) · 2 = **192 ha**	(96 € : 3) · 2 = **64 €**
$\frac{5}{8}$	(24 kg : 8) · 5 = **15 kg**	(288 ha : 8) · 5 = **180 ha**	(96 € : 8) · 5 = **60 €**
$\frac{3}{4}$	(24 kg : 4) · 3 = **18 kg**	(288 ha : 4) · 3 = **216 ha**	(96 € : 4) · 3 = **72 €**

10 a) 32 € = 3 200 ct
(3 200 ct : 8) · 2 = **800 ct**

b) 55 h = 3 300 min
(3 300 min : 11) · 7 = **2 100 min**

c) 150 ℓ = 150 000 mℓ
(150 000 mℓ : 3) · 2 = **100 000 mℓ**

d) 3,55 t = 3 550 kg
(3 550 kg : 5) · 4 = **2 840 kg**

e) 64 a = 6 400 m^2
(6 400 m^2 : 16) · 3 = **1 200 m^2**

f) 21 m^2 = 2 100 dm^2
(2 100 dm^2 : 7) · 3 = **900 dm^2**

11 a) A = 100 m · 40 m = 4 000 m^2
$\frac{4}{10}$ von 4 000 m^2:
(4 000 m^2 : 10) · 4 = **1 600 m^2**
Rest: 4 000 m^2 – 1 600 m^2 = **2 400 m^2**

Berechne zuerst mit der Formel
A = Länge · Breite den Inhalt der Fläche.
Teile dann die Fläche in 10 gleiche Teile.
Multipliziere mit 4.

b) $V = 40\text{ m} \cdot 20\text{ m} \cdot 50\text{ m} = 40\,000\text{ m}^3$

$\frac{8}{20}$ von $40\,000\text{ m}^3$:

$(40\,000\text{ m}^3 : 20) \cdot 8 = \mathbf{16\,000\text{ m}^3}$

Rest: $40\,000\text{ m}^3 - 16\,000\text{ m}^3 = \mathbf{24\,000\text{ m}^3}$

Berechne zuerst mit der Formel V = Länge · Breite · Höhe das Volumen des Körpers.
Teile dann die Fläche in 20 gleiche Teile. Multipliziere mit 8.

c) $V = (40\text{ m})^3 = 64\,000\text{ m}^3$

$\frac{4}{8}$ von $64\,000\text{ m}^3$:

$(64\,000\text{ m}^3 : 8) \cdot 4 = \mathbf{32\,000\text{ m}^3}$

Rest: $64\,000\text{ m}^3 - 32\,000\text{ m}^3 = \mathbf{32\,000\text{ m}^3}$

d) $A = 60\text{ m} \cdot 70\text{ m} = 4\,200\text{ m}^2$

$\frac{6}{8}$ von $4\,200\text{ m}^2$:

$(4\,200\text{ m}^2 : 8) \cdot 6 = \mathbf{3\,150\text{ m}^2}$

Rest: $4\,200\text{ m}^2 - 3\,150\text{ m}^2 = \mathbf{1\,050\text{ m}^2}$

12 $\frac{3}{4}$ von 12 cm:

$(12\text{ cm} : 4) \cdot 3 = \mathbf{9\text{ cm}}$

Der Lutscher hat jetzt einen Durchmesser von 9 cm.

Teile den Durchmesser in 4 gleiche Teile. Nimm dann mit 3 mal.

13 $\frac{2}{8}$ von 224 cm:

$(224\text{ cm} : 8) \cdot 2 = \mathbf{56\text{ cm}}$

Die gekürzte Tischplatte ist $(224 - 56)\text{ cm} = 168\text{ cm}$ lang.

Teile die Tischplatte in 8 gleiche Teile. Nimm dann mit 2 mal.

14 $\frac{1}{7}$ von 21 °C:

$(21\,°\text{C} : 7) \cdot 1 = 3\,°\text{C}$

$21\,°\text{C} - 3\,°\text{C} = \mathbf{18\,°\text{C}}$

Anfang Mai hatte der See eine Temperatur von 18 °C.

Teile die 21 °C durch 7. Das Ergebnis gibt an, um wie viel Grad der See kälter war.
Ziehe nun die 3 °C von den 21 °C ab. Das Ergebnis gibt die Temperatur des Sees Anfang Mai an.

15 Sender 1:

$\frac{4}{6}$ von 25 800 000 Zuschauern:

$(25\,800\,000 : 6) \cdot 4 =$ **17 200 000** Zuschauer

Sender 2:

$\frac{2}{10}$ von 25 800 000 Zuschauern:

$(25\,800\,000 : 10) \cdot 2 =$ **5 160 000** Zuschauer

Berechne, wie viele Zuschauer den Sender 1 eingeschaltet hatten. Teile dazu die Gesamtzuschauerzahl in 6 gleiche Teile und multipliziere mit 4.
Berechne, wie viele Zuschauer den Sender 2 eingeschaltet hatten. Teile dazu die Gesamtzuschauerzahl in 10 gleiche Teile und multipliziere mit 2.

Auf die restlichen Sender verteilten sich 25 800 000 – (17 200 000 + 5 160 000) = **3 440 000** Zuschauer.

Ziehe die beiden Ergebnisse von der Gesamtzuschauerzahl ab. Das Ergebnis ist die Anzahl der Zuschauer, die einen der restlichen Sender eingeschaltet hatten.

16 $\frac{2}{7}$ von 4 200:

(4 200 : 7) · 2 = **1 200 Mountainbiker**

Um die Anzahl der Mountainbiker zu berechnen, teile 4 200 in 7 gleiche Teile und multipliziere mit 2.

$\frac{2}{4}$ von 4 200:

(4 200 : 4) · 2 = **2 100 Bergtourengeher**

Um die Anzahl der Bergtourengeher zu berechnen, teile 4 200 in 4 gleiche Teile und multipliziere mit 2.

$\frac{6}{28}$ von 4 200:

(4 200 : 28) · 6 = **900 Kletterer**

Um die Anzahl der Kletterer zu berechnen, teile 4 200 in 28 gleiche Teile und multipliziere mit 6.

Es waren letztes Jahr 1 200 Mountainbiker, 2 100 Bergtourengeher und 900 Kletterer in der Alpenregion unterwegs.

17 $\frac{1}{3}$ von 900:

(900 : 3) · 1 = 300 Boote

300 · 2 = **600**

Würde die Anzahl verdoppelt werden, wären es 600 Motorboote.

Um die Anzahl der Motorboote zu berechnen, teile die Boote in 3 gleiche Teile und multipliziere mit 1.

Gesucht ist das Doppelte der Anzahl der Motorboote.

18 a) 600 g : 4 = 150 g
150 g · 6 = **900 g**

b) 720 g : 3 = 240 g
240 g · 4 = **960 g**

c) 880 g : 5 = 176 g
176 g · 8 = **1 408 g**

d) 1 435 g : 7 = 205 g
205 g · 12 = **2 460 g**

19 a)

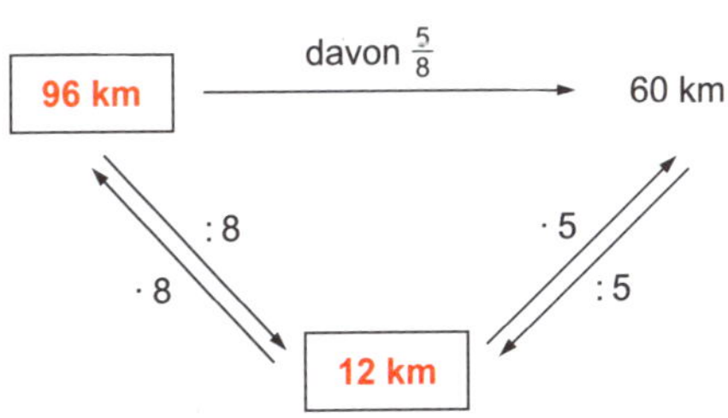

b)

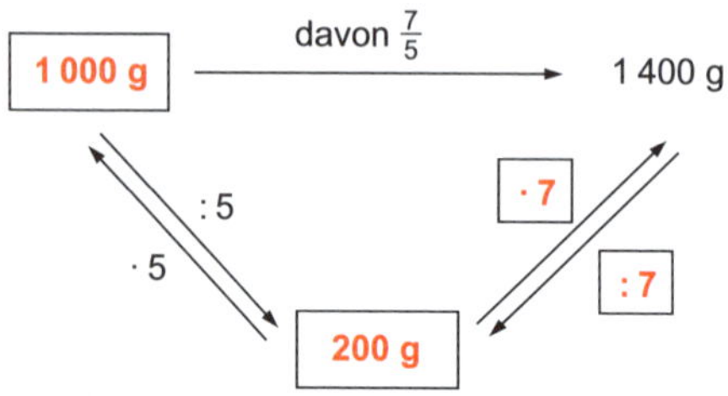

20 180 000 t : 9 = 20 000 t

20 000 t · 10 = **200 000 t**

Der Eisberg hat eine Gesamtmasse von 200 000 t.

Die Maßzahl wird durch den Zähler dividiert und man erhält „ein Teilstück" des Ganzen.
Durch Multiplikation mit dem Nenner erhält man „alle Teilstücke" bzw. das Ganze.

21 Jede Tafel muss in 4 gleiche Teile geteilt werden. Es entstehen 12 Teile. Diese können gerecht aufgeteilt werden. Jedes der 4 Kinder erhält 12 : 4 = **3 Teile**, oder anders gesagt, $\frac{3}{4}$ von einer Tafel.

22

$\frac{8}{9} = 8:9$	$\mathbf{\frac{4}{2} = 4:2 = 2}$	$\frac{4}{3} = 4:3$
$\mathbf{\frac{121}{11} = 121:11 = 11}$	$\frac{21}{8} = 21:8$	$\frac{19}{83} = 19:83$
$\frac{2}{8} = 2:8$	$\mathbf{\frac{12}{4} = 12:4 = 3}$	$\mathbf{\frac{72}{9} = 72:9 = 8}$
$\mathbf{\frac{35}{7} = 35:7 = 5}$	$\frac{7}{2} = 7:2$	$\mathbf{\frac{27}{3} = 27:3 = 9}$

Summe: $2+11+3+8+5+9=38$

23 a) $\frac{7}{3} = 7:3 = 2 \text{ Rest } 1 = \mathbf{2\frac{1}{3}}$

Schreibe den Bruch als Quotienten:
7 : 3 = 2 Rest 1
2 ist die gesuchte natürliche Zahl und 1 wird der Zähler des gesuchten Bruchs. Als Nenner wird 3 beibehalten.

b) $\frac{12}{5} = 12:5 = 2 \text{ Rest } 2 = \mathbf{2\frac{2}{5}}$

c) $\frac{23}{4} = 23:4 = 5 \text{ Rest } 3 = \mathbf{5\frac{3}{4}}$

d) $\frac{17}{3} = 17:3 = 5 \text{ Rest } 2 = \mathbf{5\frac{2}{3}}$

e) $60:9 = 6$ Rest $6 = \mathbf{6\frac{6}{9}}$

f) $34:8 = 4$ Rest $2 = \mathbf{4\frac{2}{8}}$

g) $\frac{11}{2} = 11:2 = 5$ Rest $1 = \mathbf{5\frac{1}{2}}$

h) $19:7 = 2$ Rest $5 = \mathbf{2\frac{5}{7}}$

i) $9:4 = 2$ Rest $1 = \mathbf{2\frac{1}{4}}$

j) $45:6 = 7$ Rest $3 = \mathbf{7\frac{3}{6}}$

24 a) $2\frac{2}{3} = 2 + \frac{2}{3}$

Schreibe den gemischten Bruch als Summe aus den Ganzen und dem echten Bruch.

$= \frac{6}{3} + \frac{2}{3}$

Schreibe die Ganzen als Bruch mit dem Nenner des echten Bruchs. Dann schreibe die Summe aus den beiden Quotienten.

$= 6:3 + 2:3$

Klammere aus.

$= (6+2):3$

Schreibe den unechten Bruch.

$= \mathbf{\frac{8}{3}}$

b) $8\frac{1}{5} = 8 + \frac{1}{5}$

$= \frac{40}{5} + \frac{1}{5}$

$= 40:5 + 1:5$

$= (40+1):5$

$= \mathbf{\frac{41}{5}}$

c) $6\frac{13}{15} = 6 + \frac{13}{15}$

$= \frac{90}{15} + \frac{13}{15}$

$= 90:15 + 13:15$

$= (90+13):15$

$= \mathbf{\frac{103}{15}}$

d) $4\frac{7}{9} = 4 + \frac{7}{9}$

$= \frac{36}{9} + \frac{7}{9}$

$= 36:9 + 7:9$

$= (36+7):9$

$= \frac{43}{9}$

25

$3\frac{1}{4}$	$= 3 + \frac{1}{4} = \frac{12}{4} + \frac{1}{4} = 12:4 + 1:4 = (12+1):4 = \frac{13}{4}$	**F**
$12\frac{2}{5}$	$= 12 + \frac{2}{5} = \frac{60}{5} + \frac{2}{5} = 60:5 + 2:5 = (60+2):5 = 62:5 = \frac{62}{5}$	**R**
$5\frac{2}{3}$	$= 5 + \frac{2}{3} = \frac{15}{3} + \frac{2}{3} = 15:3 + 2:3 = (15+2):3 = \frac{17}{3}$	**E**
$25\frac{3}{4}$	$= 25 + \frac{3}{4} = \frac{100}{4} + \frac{3}{4} = 100:4 + 3:4 = (100+3):4 = 103:4 = \frac{103}{4}$	**I**
$22\frac{1}{3}$	$= 22 + \frac{1}{3} = \frac{66}{3} + \frac{1}{3} = 66:3 + 1:3 = (66+1):3 = 67:3 = \frac{67}{3}$	**Z**
$4\frac{2}{5}$	$= 4 + \frac{2}{5} = \frac{20}{5} + \frac{2}{5} = 20:5 + 2:5 = (20+2):5 = 22:5 = \frac{22}{5}$	**E**
$7\frac{2}{4}$	$= 7 + \frac{2}{4} = \frac{28}{4} + \frac{2}{4} = 28:4 + 2:4 = (28+2):4 = 30:4 = \frac{30}{4}$	**I**
$15\frac{3}{5}$	$= 15 + \frac{3}{5} = \frac{75}{5} + \frac{3}{5} = 75:5 + 3:5 = (75+3):5 = 78:5 = \frac{78}{5}$	**T**

26 a) $A = \frac{3}{10}; B = \frac{8}{10}; C = \frac{13}{10} = 1\frac{3}{10}; D = \frac{22}{10} = 2\frac{2}{10}$

b) $A = \frac{2}{5}; B = \frac{3}{5}; C = \frac{7}{5} = 1\frac{2}{5}$

Zähle, in wie viele Teile die Strecke [0,1] geteilt ist. Schreibe die Anzahl in den Nenner der Punkte.

Nun schau, auf dem wievielten Strich die Punkte liegen. Schreibe die Nummer in den Zähler.

c) $A = \frac{2}{3}; B = \frac{5}{3} = 1\frac{2}{3}; C = \frac{13}{3} = 4\frac{1}{3}; D = \frac{20}{3} = 6\frac{2}{3}; E = \frac{21}{3} = 21:3 = 7$

d) $A = \frac{1}{2}; B = \frac{3}{2} = 1\frac{1}{2}$

27 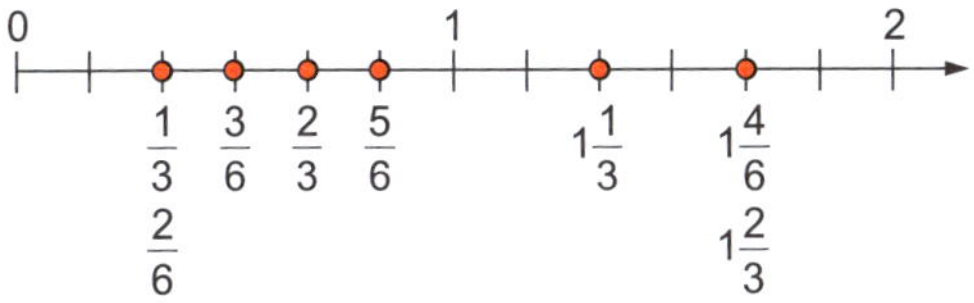

Die Brüche $\frac{1}{3}$ und $\frac{2}{6}$ sowie $1\frac{4}{6}$ und $1\frac{2}{3}$ gehören zur selben Zahl.

Teile die Strecke [0,1] und die Strecke [1,2] in 3 gleiche Teile. Trage dann die Brüche $\frac{1}{3}$, $\frac{2}{3}$, $1\frac{1}{3}$ und $1\frac{2}{3}$ ab. Teile die Strecken nun in 6 gleiche Teile. Trage die Brüche $\frac{3}{6}$, $\frac{2}{6}$, $\frac{5}{6}$ und $1\frac{4}{6}$ ab.

28 a) $\frac{12}{7} \underset{\cdot 2}{=} \frac{12\cdot 2}{7\cdot 2} = \frac{24}{14}$

Multipliziere Zähler und Nenner mit 2.

$\frac{12}{7} \underset{\cdot 9}{=} \frac{12\cdot 9}{7\cdot 9} = \frac{108}{63}$

Multipliziere Zähler und Nenner mit 9.

b) $\frac{6}{4} \underset{\cdot 2}{=} \frac{6\cdot 2}{4\cdot 2} = \frac{12}{8}$

$\frac{6}{4} \underset{\cdot 9}{=} \frac{6\cdot 9}{4\cdot 9} = \frac{54}{36}$

c) $\frac{9}{5} \underset{\cdot 2}{=} \frac{9\cdot 2}{5\cdot 2} = \frac{18}{10}$

$\frac{9}{5} \underset{\cdot 9}{=} \frac{9\cdot 9}{5\cdot 9} = \frac{81}{45}$

d) $\frac{7}{3} \underset{\cdot 2}{=} \frac{7\cdot 2}{3\cdot 2} = \frac{14}{6}$

$\frac{7}{3} \underset{\cdot 9}{=} \frac{7\cdot 9}{3\cdot 9} = \frac{63}{27}$

e) $\frac{4}{11} \underset{\cdot 2}{=} \frac{4\cdot 2}{11\cdot 2} = \frac{8}{22}$

$\frac{4}{11} \underset{\cdot 9}{=} \frac{4\cdot 9}{11\cdot 9} = \frac{36}{99}$

f) $\frac{6}{9} \underset{\cdot 2}{=} \frac{6\cdot 2}{9\cdot 2} = \frac{12}{18}$

$\frac{6}{9} \underset{\cdot 9}{=} \frac{6\cdot 9}{9\cdot 9} = \frac{54}{81}$

29 a) $\frac{3}{4} = \frac{\square}{12} = \frac{3 \cdot 3}{4 \cdot 3} = \frac{9}{12}$

Überlege dir, mit welcher Zahl man 4 multiplizieren muss, um 12 zu erhalten. Multipliziere dann Zähler und Nenner mit dieser Zahl.

b) $\frac{2}{7} = \frac{\square}{49} = \frac{2 \cdot 7}{7 \cdot 7} = \frac{14}{49}$

c) $\frac{3}{6} = \frac{18}{\square} = \frac{3 \cdot 6}{6 \cdot 6} = \frac{18}{36}$

Überlege dir, mit welcher Zahl man 3 multiplizieren muss, um 18 zu erhalten. Multipliziere dann Zähler und Nenner mit dieser Zahl.

d) $\frac{5}{8} = \frac{\square}{32} = \frac{5 \cdot 4}{8 \cdot 4} = \frac{20}{32}$

e) $\frac{11}{9} = \frac{121}{\square} = \frac{11 \cdot 11}{9 \cdot 11} = \frac{121}{99}$

f) $\frac{6}{13} = \frac{\square}{78} = \frac{6 \cdot 6}{13 \cdot 6} = \frac{36}{78}$

30 a) $\frac{12}{21} \underset{:3}{=} \frac{12:3}{21:3} = \frac{4}{7}$

$\frac{33}{6} \underset{:3}{=} \frac{33:3}{6:3} = \frac{11}{2}$

$\frac{18}{15} \underset{:3}{=} \frac{18:3}{15:3} = \frac{6}{5}$

$\frac{51}{39} \underset{:3}{=} \frac{51:3}{39:3} = \frac{17}{13}$

$\frac{63}{27} \underset{:3}{=} \frac{63:3}{27:3} = \frac{21}{9}$

b) $\frac{12}{8} \underset{:4}{=} \frac{12:4}{8:4} = \frac{3}{2}$

$\frac{32}{24} \underset{:4}{=} \frac{32:4}{24:4} = \frac{8}{6}$

$\frac{60}{16} \underset{:4}{=} \frac{60:4}{16:4} = \frac{15}{4}$

$\frac{8}{20} \underset{:4}{=} \frac{8:4}{20:4} = \frac{2}{5}$

$\frac{28}{64} \underset{:4}{=} \frac{28:4}{64:4} = \frac{7}{16}$

31 a) $\frac{124}{32} \underset{:2}{=} \frac{62}{16} \underset{:2}{=} \frac{31}{8} = \mathbf{3\frac{7}{8}}$

Der Zähler 124 ist durch 2 teilbar. Der Nenner 32 ist auch durch 2 teilbar. Kürze den Bruch also mit 2. 62 ist durch 2 teilbar. 16 ist auch durch 2 teilbar. Kürze den Bruch also nochmals mit 2.

b) $\frac{320}{70} \underset{:10}{=} \frac{32}{7} = \mathbf{4\frac{4}{7}}$

c) $\frac{96}{36} \underset{:3}{=} \frac{32}{12} \underset{:2}{=} \frac{16}{6} \underset{:2}{=} \frac{8}{3} = \mathbf{2\frac{2}{3}}$

d) $\frac{72}{16} \underset{:4}{=} \frac{18}{4} \underset{:2}{=} \frac{9}{2} = \mathbf{4\frac{1}{2}}$

e) $\frac{212}{336} \underset{:2}{=} \frac{106}{168} \underset{:2}{=} \mathbf{\frac{53}{84}}$

f) $\frac{540}{120} \underset{:10}{=} \frac{54}{12} \underset{:2}{=} \frac{27}{6} = \mathbf{4\frac{3}{6}}$

g) $\frac{153}{408} \underset{:3}{=} \frac{51}{136} \underset{:17}{=} \mathbf{\frac{3}{8}}$

h) $\frac{228}{192} \underset{:3}{=} \frac{76}{64} \underset{:2}{=} \frac{38}{32} \underset{:2}{=} \frac{19}{16} = \mathbf{1\frac{3}{16}}$

32 a) $\frac{1}{2} = \frac{\square}{4} = \frac{1\cdot 2}{2\cdot 2} = \mathbf{\frac{2}{4}}$

Überlege dir, mit welcher Zahl die 2 multipliziert worden ist, um 4 zu erhalten. Multipliziere dann auch den Zähler mit dieser Zahl.

$\frac{1}{2} = \frac{\square}{6} = \frac{1\cdot 3}{2\cdot 3} = \mathbf{\frac{3}{6}}$

$\frac{1}{2} = \frac{\square}{8} = \frac{1\cdot 4}{2\cdot 4} = \mathbf{\frac{4}{8}}$

b) $\frac{1}{4} = \frac{\square}{8} = \frac{1\cdot 2}{4\cdot 2} = \mathbf{\frac{2}{8}}$

$\frac{1}{4} = \frac{\square}{16} = \frac{1\cdot 4}{4\cdot 4} = \mathbf{\frac{4}{16}}$

c) $\frac{1}{5} = \frac{\square}{10} = \frac{1\cdot 2}{5\cdot 2} = \mathbf{\frac{2}{10}}$

$\frac{1}{5} = \frac{\square}{30} = \frac{1\cdot 6}{5\cdot 6} = \mathbf{\frac{6}{30}}$

33 a) $\frac{2}{10} = \frac{\square}{40} = \frac{2 \cdot 4}{10 \cdot 4} = \frac{\mathbf{8}}{40}$; $8 = \mathbf{S}$

Der Nenner wurde mit 4 erweitert. Erweitere auch den Zähler mit 4.

b) $\frac{25}{\square} = \frac{5}{12} = \frac{5 \cdot 5}{12 \cdot 5} = \frac{25}{\mathbf{60}}$; $60 = \mathbf{C}$

Der Bruch wurde mit 5 gekürzt. Was stand vorher im Nenner?

c) $\frac{\square}{4} = \frac{39}{12} = \frac{39:3}{12:3} = \frac{\mathbf{13}}{4}$; $13 = \mathbf{H}$

Der Bruch wurde mit 3 erweitert. Was stand vorher im Zähler?

d) $\frac{4}{\square} = \frac{24}{66} = \frac{24:6}{66:6} = \frac{4}{\mathbf{11}}$; $11 = \mathbf{U}$

Der Bruch wurde mit 6 erweitert. Was stand vorher im Nenner?

e) $\frac{21}{\square} = \frac{3}{8} = \frac{3 \cdot 7}{8 \cdot 7} = \frac{21}{\mathbf{56}}$; $56 = \mathbf{L}$

Der Bruch wurde mit 7 gekürzt. Was stand vorher im Nenner?

f) $\frac{14}{3} = \frac{\square}{30} = \frac{14 \cdot 10}{3 \cdot 10} = \frac{\mathbf{140}}{30}$; $140 = \mathbf{F}$

Der Nenner wurde mit 10 erweitert. Erweitere auch den Zähler mit 10.

g) $\frac{7}{12} = \frac{84}{\square} = \frac{7 \cdot 12}{12 \cdot 12} = \frac{84}{\mathbf{144}}$; $144 = \mathbf{E}$

Der Zähler wurde mit 12 erweitert. Erweitere auch den Nenner mit 12.

h) $\frac{42}{\square} = \frac{3}{5} = \frac{3 \cdot 14}{5 \cdot 14} = \frac{42}{\mathbf{70}}$; $70 = \mathbf{R}$

Der Bruch wurde mit 14 gekürzt. Was stand vorher im Nenner?

i) $\frac{8}{\square} = \frac{96}{12} = \frac{96:12}{12:12} = \frac{8}{\mathbf{1}}$; $1 = \mathbf{I}$

Der Bruch wurde mit 12 erweitert. Was stand vorher im Nenner?

j) $\frac{\square}{42} = \frac{150}{84} = \frac{150:2}{84:2} = \frac{\mathbf{75}}{42}$; $75 = \mathbf{E}$

Der Bruch wurde mit 2 erweitert. Was stand vorher im Zähler?

k) $\frac{12}{7} = \frac{\square}{21} = \frac{12 \cdot 3}{7 \cdot 3} = \frac{\mathbf{36}}{21}$; $36 = \mathbf{N}$

Der Nenner wurde mit 3 erweitert. Erweitere auch den Zähler mit 3.

Lösungswort: **SCHULFERIEN**

34 a) $\frac{3}{14} = \frac{3 \cdot 3}{14 \cdot 3} = \frac{9}{42}$

Versuche, den linken Bruch auf den rechten Bruch zu erweitern.

b) $\frac{3}{2} = \frac{3 \cdot 4}{2 \cdot 4} = \frac{12}{8} \neq \frac{12}{9}$

c) $\frac{7}{3} = \frac{7 \cdot 5}{3 \cdot 5} = \frac{35}{15}$

d) $\frac{17}{12} = \frac{17 \cdot 2}{12 \cdot 2} = \frac{34}{24}$

e) $\frac{3}{5} = \frac{3 \cdot 3}{5 \cdot 3} = \frac{9}{15}$

f) $\frac{1}{3} = \frac{1 \cdot 7}{3 \cdot 7} = \frac{7}{21} \neq \frac{7}{20}$

35 a) $\frac{20}{30 :10} = \frac{2}{3}$ $\quad \frac{28}{42 :7} = \frac{4}{6 :2} = \frac{2}{3}$

Kürze so weit wie möglich und vergleiche.

$\frac{20}{30}$ und $\frac{28}{42}$ haben den gleichen Wert.

b) $\frac{18}{24 :6} = \frac{3}{4}$ $\quad \frac{30}{40 :10} = \frac{3}{4}$

$\frac{18}{24}$ und $\frac{30}{40}$ haben den gleichen Wert.

c) $\frac{20}{32 :4} = \frac{5}{8}$ $\quad \frac{50}{80 :10} = \frac{5}{8}$

$\frac{20}{32}$ und $\frac{50}{80}$ haben den gleichen Wert.

d) $\frac{11}{33 :11} = \frac{1}{3}$ $\quad \frac{22}{66 :22} = \frac{1}{3}$

$\frac{11}{33}$ und $\frac{22}{66}$ haben den gleichen Wert.

36 $\frac{25}{10} \underset{:5}{=} \frac{5}{2} \underset{\cdot 12}{=} \frac{60}{24} \underset{:6}{=} \frac{10}{4} \underset{\cdot 11}{=} \frac{110}{44} \underset{:2}{=} \frac{55}{22} \underset{\cdot 3}{=} \frac{165}{66}$

37 $(450:3)\cdot 1 = 150$ $\quad \frac{2}{6} \underset{:2}{=} \frac{1}{3}$ $\quad \frac{3}{9} \underset{:3}{=} \frac{1}{3}$

Der Wald besteht in jedem der drei Fälle aus 150 Laubbäumen, da der Anteil an Laubbäumen stets gleich $\frac{1}{3}$ ist.

38

	Dezimalzahl	H	Z	E	z	h	t	zt
a)	12,346		**1**	**2**	**3**	**4**	**6**	
b)	0,12				**1**	**2**		
c)	7,3489			**7**	**3**	**4**	**8**	**9**
d)	10,043		**1**	**0**	**0**	**4**	**3**	

39 a) **141,047**

b) **0,136**

c) **24,3**

Hunderter, Zehner und Einer stehen links neben dem Komma. Zehntel, Hundertstel, Tausendstel und Zehntausendstel stehen rechts neben dem Komma.

40 a) $23{,}17 = \mathbf{23\frac{17}{100}}$

Rechts neben dem Komma steht die Zahl 17. Schreibe 17 in den Zähler. Weil die letzte Ziffer an 2. Stelle hinter dem Komma steht, schreibe 100 in den Nenner.

b) $9{,}560 = 9\frac{560}{1\,000} = \mathbf{9\frac{14}{25}}$

Rechts neben dem Komma steht die Zahl 560. Weil die 0 an 3. Stelle hinter dem Komma steht, sind es Tausendstel. Kürze noch mit 40.

c) $3{,}8 = 3\frac{8}{10} = \mathbf{3\frac{4}{5}}$

Kürze noch mit 2.

d) $1{,}75 = 1\frac{75}{100} = \mathbf{1\frac{3}{4}}$

Kürze noch mit 25.

e) $345{,}2 = \mathbf{345\frac{2}{10}}$

f) $11{,}125 = 11\frac{125}{1\,000} = \mathbf{11\frac{1}{8}}$

Kürze noch mit 125.

g) $4{,}061 = \mathbf{4\frac{61}{1\,000}}$

h) $81{,}07 = \mathbf{81\frac{7}{100}}$

i) $913{,}001 = \mathbf{913\frac{1}{1\,000}}$

j) $2{,}5 = 2\frac{5}{10} = \mathbf{2\frac{1}{2}}$

Kürze noch mit 5.

41 a) $0{,}04 = \frac{4}{100_{:4}} = \mathbf{\frac{1}{25}}$

b) $0{,}25 = \frac{25}{100_{:25}} = \mathbf{\frac{1}{4}}$

c) $1{,}375 = 1\frac{375}{1\,000_{:5}} = 1\frac{75}{200_{:25}} = 1\frac{3}{8} = \mathbf{\frac{11}{8}}$

d) $0{,}42 = \frac{42}{100_{:2}} = \mathbf{\frac{21}{50}}$

e) $2{,}625 = 2\frac{625}{1\,000_{:25}} = 2\frac{25}{40_{:5}} = 2\frac{5}{8} = \mathbf{\frac{21}{8}}$

f) $3{,}5 = 3\frac{5}{10_{:5}} = 3\frac{1}{2} = \mathbf{\frac{7}{2}}$

g) $0{,}02 = \frac{2}{100_{:2}} = \mathbf{\frac{1}{50}}$

h) $2{,}25 = 2\frac{25}{100_{:25}} = 2\frac{1}{4} = \mathbf{\frac{9}{4}}$

Zähle nach, an wievielter Stelle die letzte Ziffer hinter dem Komma steht. So viele Nullen bekommt der Nenner.

42 a) $9\frac{2}{10} = \mathbf{9{,}2}$

b) $224\frac{51}{100} = \mathbf{224{,}51}$

c) $7\frac{13}{1\,000} = \mathbf{7{,}013}$

d) $1\frac{3}{100} = \mathbf{1{,}03}$

e) $32\frac{581}{1\,000} = \mathbf{32{,}581}$

f) $21\frac{131}{1\,000} = \mathbf{21{,}131}$

g) $81\frac{3}{5} = 81\frac{6}{10} = \mathbf{81{,}6}$

Brüche mit Zehnteln, Hundertsteln, Tausendsteln usw. kannst du ohne Umformungen als Dezimalbruch schreiben.
Zehntel kommen an 1. Stelle hinter dem Komma.
Hundertstel kommen an 2. Stelle hinter dem Komma.
Tausendstel kommen an 3. Stelle hinter dem Komma.

Hier musst du erst erweitern: Erweitere mit 2 auf den Nenner 10.

h) $0\frac{1}{8} = 0\frac{125}{1\,000} = \mathbf{0{,}125}$

Erweitere mit 125 auf den Nenner 1 000.

i) $12\frac{3}{4} = 12\frac{75}{100} = \mathbf{12{,}75}$

Erweitere mit 25 auf den Nenner 100.

j) $671\frac{4}{8} = 671\frac{1}{2} = 671\frac{5}{10} = \mathbf{671{,}5}$

Kürze erst mit 4 und erweitere dann mit 5 auf den Nenner 10.

43 a) $\frac{19}{100} = \mathbf{0{,}19}$

b) $\frac{85}{10} = 8\frac{5}{10} = \mathbf{8{,}5}$

c) $\frac{32}{1\,000} = \mathbf{0{,}032}$

d) $\frac{162}{100} = 1\frac{62}{100} = \mathbf{1{,}62}$

e) $\frac{6}{10} = \mathbf{0{,}6}$

f) $\frac{2}{100} = \mathbf{0{,}02}$

44 Kilometerstände:

a)	**2**	**5**	**1**	**0**	**5**	**0**
b)		**4**	**2**	**0**	**1**	**7**
c)			**5**	**3**	**0**	**0**
d)		**6**	**2**	**1**	**2**	**0**
e)			**7**	**7**	**3**	**0**
f)		**2**	**1**	**0**	**5**	**0**

45 a) $9:6=\mathbf{1{,}5}$

$\underline{6}$
30
$\underline{30}$
0

Die 6 passt 1-mal in die 9. 1 mal 6 ist 6. 9 minus 6 ist 3. Die Stellen des Zählers sind nun aufgebraucht. Setze ein Komma hinter das bisherige Ergebnis und eine 0 hinter die 3.
30 geteilt durch 6 ist 5. 30 minus 30 ist 0. Die Division geht auf.

b) $45:12=\mathbf{3{,}75}$

$\underline{36}$
90
$\underline{84}$
60
$\underline{60}$
0

Die 12 passt 3-mal in die 45. 3 mal 12 ist 36. 45 minus 36 ist 9. Die Stellen des Zählers sind aufgebraucht. Setze ein Komma hinter das bisherige Ergebnis und eine 0 hinter die 9.
Die 12 passt 7-mal in die 90. 7 mal 12 ist 84. 90 minus 84 ist 6. Setze eine 0 hinter die 60.
60 geteilt durch 12 ist 5. 60 minus 60 ist 0. Die Division geht auf.

c) $27:12=\mathbf{2{,}25}$

$\underline{24}$
30
$\underline{24}$
60
$\underline{60}$
0

Die 12 passt 2-mal in die 27. 2 mal 12 ist 24. 27 minus 24 ist 3. Die Stellen des Zählers sind aufgebraucht. Setze ein Komma hinter das bisherige Ergebnis und eine 0 hinter die 3.
Die 12 passt 2-mal in die 30. 2 mal 12 ist 24. 30 minus 24 ist 6. Setze eine 0 hinter die 6.
60 geteilt durch 12 ist 5. 60 minus 60 ist 0. Die Division geht auf.

d) $7:16=\mathbf{0{,}4375}$

$\underline{0}$
70
$\underline{64}$
60
$\underline{48}$
120
$\underline{112}$
80
$\underline{80}$
0

Die 16 passt 0-mal in die 7. Schreibe eine 0 und setze ein Komma. 0 mal 7 ist 0. 7 minus 0 ist 7. Setze eine 0 hinter die 7.
Die 16 passt 4-mal in die 70. 4 mal 16 ist 64. 70 minus 64 ist 6. Setze eine 0 hinter die 6.
Die 16 passt 3-mal in die 60. 3 mal 16 ist 48. 60 minus 48 ist 12. Setze eine 0 hinter die 12.
Die 16 passt 7-mal in die 120. 7 mal 16 ist 112. 120 minus 112 ist 8. Setze eine 0 hinter die 8.
80 geteilt durch 16 ist 5. 80 minus 80 ist 0. Die Division geht auf.

46 a) $5:3=\mathbf{1{,}\overline{6}}$

$\underline{3}$
20
$\underline{18}$
20
$\underline{18}$
2
…

Es ergibt sich immer wieder ein Rest von 2 und dadurch immer wieder eine 6 im Ergebnis. Schreibe einen Querstrich über die 6. Das bedeutet, dass noch unendlich viele 6er folgen. Es ist ein periodischer Dezimalbruch.

b) $12:9=\mathbf{1,\overline{3}}$

$$\begin{array}{l} \underline{9} \\ 30 \\ \underline{27} \\ \ \ 30 \\ \ \ \underline{27} \\ \ \ \ 3 \\ \ \ \ \ldots \end{array}$$

Es ergibt sich immer wieder ein Rest von 3 und dadurch immer wieder eine 3 im Ergebnis. Schreibe einen Querstrich über die 3. Das bedeutet, dass noch unendlich viele 3er folgen. Es ist ein periodischer Dezimalbruch.

c) $2:8=\mathbf{0,25}$

$$\begin{array}{l} 20 \\ \underline{16} \\ \ \ 40 \\ \ \ \underline{40} \\ \ \ \ 0 \end{array}$$

Die Rechnung geht auf. Es ist ein endlicher Dezimalbruch.

d) $4:6=\mathbf{0,\overline{6}}$

$$\begin{array}{l} 40 \\ \underline{36} \\ \ \ 40 \\ \ \ \underline{36} \\ \ \ \ 40 \\ \ \ \ \ldots \end{array}$$

Es liegt ein periodischer Dezimalbruch vor, da immer der Rest 4 bleibt. 40 geteilt durch 6 ist 6, und deshalb ergibt sich eine Periodizität von 6.

47 a) $1\frac{27}{100}=1,27 \quad (\neq 1,027)$ **falsch (7 €)**

b) $0,031=\frac{31}{1\,000} \quad \left(\neq \frac{31}{100}\right)$ **falsch (12 €)**

c) $81,1=81\frac{1}{10}$

d) $91\frac{121}{100}=92,21 \quad (\neq 91,121)$ **falsch (213 €)**

e) $-0,1=-\frac{1}{10} \quad \left(\neq -\frac{2}{10}\right)$ **falsch (19 €)**

f) $407\frac{331}{10\,000}=407,0331 \quad (\neq 407,331)$ **falsch (87 €)**

g) $33\frac{1}{100}=33,01 \quad (\neq 33,1)$ **falsch (28 €)**

h) $2\,131\frac{3}{100} = 2\,131{,}03$

i) $4\frac{11}{1\,000} = 4{,}011$

(7 + 12 + 213 + 19 + 87 + 28) € = 366 €

48

	45,3691	0,23489	892,236	13,5814	52,1235
Einer	**45**	**0**	**892**	**14**	**52**
Zehntel	**45,4**	**0,2**	**892,2**	**13,6**	**52,1**
Hundertstel	**45,37**	**0,23**	**892,24**	**13,58**	**52,12**
Tausendstel	**45,369**	**0,235**	**892,236**	**13,581**	**52,124**

Achte auf die Stelle nach der zu rundenden Stelle.

49

Berg	a) in km	b) in km auf Hundertstel	c) in km auf Zehntel
Zugspitze	**2,962**	**2,96**	**3,0**
Höllentalspitze	**2,745**	**2,75**	**2,7**
Watzmann	**2,713**	**2,71**	**2,7**
Kreuzspitze	**2,185**	**2,19**	**2,2**
Säuling	**2,047**	**2,05**	**2,0**
Rotwand	**1,884**	**1,88**	**1,9**
Feldberg	**1,493**	**1,49**	**1,5**
Belchen	**1,414**	**1,41**	**1,4**
Schauinsland	**1,284**	**1,28**	**1,3**
Großer Arber	**1,456**	**1,46**	**1,5**
Großer Rachel	**1,453**	**1,45**	**1,5**
Dreisesselberg	**1,332**	**1,33**	**1,3**
Lemberg	**1,015**	**1,02**	**1,0**
Schneeberg	**1,051**	**1,05**	**1,1**

50

optische Linse	a)	b)	c)	d)	e)	f)	g)	h)	i)	j)
Durchmesser (mm)	**4,56**	4,54	**4,59**	**4,62**	4,68	4,51	**4,58**	**4,64**	**4,61**	4,65
gerundet	**4,6**	4,5	**4,6**	**4,6**	4,7	4,5	**4,6**	**4,6**	**4,6**	4,7

51

Land	a) männliche Bevölkerungszahl	b) weibliche Bevölkerungszahl
Baden-Württemberg	**5,25**	**5,4**
Bayern	**6,08**	**6,3**
Berlin	**1,65**	**1,7**
Brandenburg	**1,27**	**1,3**
Bremen	**0,32**	**0,3**
Hamburg	**0,84**	**0,9**
Hessen	**2,98**	**3,1**
Mecklenburg-Vorpommern	**0,86**	**0,9**
Niedersachsen	**3,92**	**4,1**
Nordrhein-Westfalen	**8,80**	**9,3**
Rheinland-Pfalz	**1,99**	**2,1**
Saarland	**0,52**	**0,5**
Sachsen	**2,10**	**2,2**
Sachsen-Anhalt	**1,23**	**1,3**
Schleswig-Holstein	**1,38**	**1,4**
Thüringen	**1,17**	**1,2**

52

Bruchteil	Prozentangabe
$\frac{3}{20}$	15 %
$\frac{3}{8}$	37,5 %
$\frac{7}{10}$	70 %
$\frac{4}{5}$	80 %
$\frac{1}{4}$	25 %

$\frac{3}{20} \overset{\cdot 5}{=} \frac{15}{100}$

$\frac{3}{8} \overset{\cdot 125}{=} \frac{375}{1\,000} = \frac{37{,}5}{100}$

$\frac{7}{10} \overset{\cdot 10}{=} \frac{70}{100}$

$\frac{4}{5} \overset{\cdot 20}{=} \frac{80}{100}$

$\frac{1}{4} \overset{\cdot 25}{=} \frac{25}{100}$

$\frac{3}{4}$	75 %
$\frac{1}{8}$	12,5 %
$\frac{2}{20}$	10 %

$\frac{3}{4} \underset{\cdot 25}{=} \frac{75}{100}$

$\frac{1}{8} \underset{\cdot 125}{=} \frac{125}{1\,000} = \frac{12{,}5}{100}$

$\frac{2}{20} \underset{\cdot 5}{=} \frac{10}{100}$

53 Carlo:

$\frac{7}{10} = 0{,}7 = 70\ \%$

Enya:

$\frac{20}{25} = \frac{80}{100} = 80\ \%$

Carlo hat 70 % seiner Würfe und Enya hat 80 % ihrer Würfe getroffen. Somit hat Enya besser abgeschnitten.

54 Berechnung der Anzahl der weißen Welpen:
$40 - (18 + 12) = 40 - 30 = 10$

10 von 40 Welpen haben weißes Fell. Das sind $\frac{10}{40} = \frac{10:4}{40:4} = \frac{2{,}5}{10} = 0{,}25$ also **25 %**.

55 a) $\frac{21}{100} = 0{,}21 =$ **21 %**

Von 100 Kästchen sind $3 \cdot 3 + 3 \cdot 4 = 21$ gefärbt.

b) $\frac{3}{8} = 3 \cdot \frac{1}{8} = 3 \cdot 0{,}125 = 0{,}375 =$ **37,5 %**

c) $\frac{2}{8} = \frac{2:2}{8:2} = \frac{1}{4} = 0{,}25 =$ **25 %**

Zeichne Hilfslinien ein. Von 8 gleich großen Teilstücken sind 2 gefärbt.

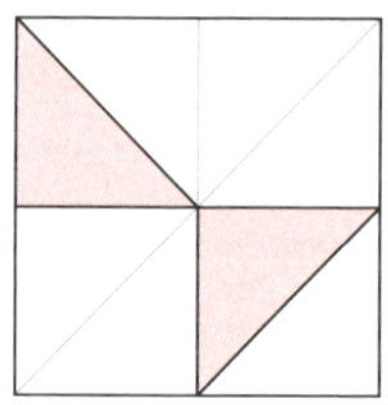

d) $\frac{3}{25} = \frac{3 \cdot 4}{25 \cdot 4} = \frac{12}{100} = 0{,}12 =$ **12 %**

Zeichne Hilfslinien ein. Von 25 Kästchen ist eines komplett gefärbt und von 4 Kästchen sind je 2 Viertel gefärbt, das heißt es sind $1 + 4 \cdot \frac{2}{4} = 1 + 2 = 3$ gefärbt.

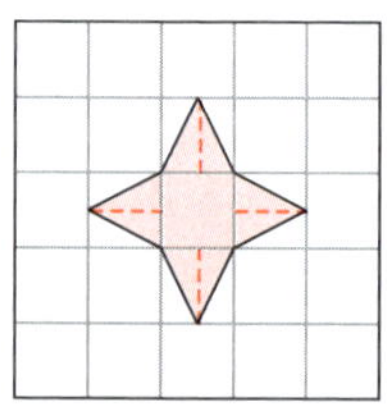

56 In der Klasse 6a sind insgesamt $2+8+5+4+6=25$ Schüler*innen.

a) **Richtig.**

$$\frac{2+8}{25}=\frac{10}{25}=\frac{10\cdot 4}{25\cdot 4}=\frac{40}{100}=0,40=40\ \%$$

$40\ \%=40\ \%$

b) **Richtig.**

$$\frac{6}{25}=\frac{6\cdot 4}{25\cdot 4}=\frac{24}{100}=0,24=24\ \%$$

$24\ \%<25\ \%$

c) **Falsch.**

$$\frac{5}{25}=\frac{5\cdot 4}{25\cdot 4}=\frac{20}{100}=0,20=20\ \%$$

$20\ \%\neq 10\ \%$

57 Man muss nur noch $100\ \%-20\ \%=$ **80 %** des ursprünglichen Preises für einen Artikel bezahlen.

Berechnung des Rabatts:

20 % sind $\frac{1}{5}$ also sind 20 % von 300 € $=\frac{300\ €}{5}=60$ €.

Berechnung des neuen Preises:
300 € − 60 € = 240 €

Die Bergschuhe kosten jetzt nur noch **240 €**.

58 a) $\frac{3}{2}<\frac{7}{2}$

Die Nenner sind gleich. Deswegen ist der Bruch mit dem größeren Zähler größer.

b) $-\frac{5}{12}<-\frac{5}{18}$

Die Zähler sind gleich (−5) und negativ. Deswegen ist der Bruch mit dem größeren Nenner größer.

c) $\frac{14}{3}>\frac{13}{3}$

d) $-\frac{4}{9}>-\frac{12}{9}$

e) $\frac{2}{10}>\frac{2}{100}$

f) $\frac{21}{6}<\frac{21}{4}$

g) $-\frac{11}{7} < -\frac{5}{7}$

h) $\frac{2}{5} < \frac{20}{5}$

59 a) **HN: 6**

Das kgV von 2 und 3 ist 6. Erweitere also beide Nenner auf 6. Bei Brüchen mit gleichem Nenner ist der Bruch mit dem kleineren Zähler kleiner.

$$\left.\begin{array}{l} \frac{1}{2}\underset{\cdot 3}{=}\frac{3}{6} \\ \frac{2}{3}\underset{\cdot 2}{=}\frac{4}{6} \end{array}\right\} \frac{3}{6} < \frac{4}{6}, \text{ somit ist } \frac{1}{2} < \frac{2}{3}.$$

b)
$$\begin{array}{lll} 3 & = 3 & \\ 15 & = 3 \cdot 5 & \\ 5 & = & 5 \\ \hline \multicolumn{3}{l}{\text{kgV} = 3 \cdot 5 = \mathbf{15}} \end{array}$$

HN: 15

$$\left.\begin{array}{l} \frac{2}{3}\underset{\cdot 5}{=}\frac{10}{15} \\ \frac{4}{15} \\ \frac{3}{5}\underset{\cdot 3}{=}\frac{9}{15} \end{array}\right\} \frac{4}{15} < \frac{9}{15} < \frac{10}{15}, \text{ somit ist } \frac{4}{15} < \frac{3}{5} < \frac{2}{3}.$$

c)
$$\begin{array}{ll} 4 & = 2 \cdot 2 \\ 8 & = 2 \cdot 2 \cdot 2 \\ 12 & = 2 \cdot 2 \cdot \phantom{2 \cdot{}} 3 \\ \hline \multicolumn{2}{l}{\text{kgV} = 2 \cdot 2 \cdot 2 \cdot 3 = \mathbf{24}} \end{array}$$

HN: 24

$$\left.\begin{array}{l} \frac{3}{4}\underset{\cdot 6}{=}\frac{18}{24} \\ \frac{2}{8}\underset{\cdot 3}{=}\frac{6}{24} \\ \frac{7}{12}\underset{\cdot 2}{=}\frac{14}{24} \end{array}\right\} \frac{6}{24} < \frac{14}{24} < \frac{18}{24}, \text{ somit ist } \frac{2}{8} < \frac{7}{12} < \frac{3}{4}.$$

d) $2 = 2$
$4 = 2 \cdot 2$
$6 = 2 \cdot 3$
$\text{kgV} = 2 \cdot 2 \cdot 3 = \mathbf{12}$

HN: 12

$$\left.\begin{array}{l} \frac{3}{2} \underset{\cdot 6}{=} \frac{18}{12} \\ \frac{1}{4} \underset{\cdot 3}{=} \frac{3}{12} \\ \frac{4}{6} \underset{\cdot 2}{=} \frac{8}{12} \end{array}\right\} \frac{3}{12} < \frac{8}{12} < \frac{18}{12}, \text{ somit ist } \frac{1}{4} < \frac{4}{6} < \frac{3}{2}.$$

e) $8 = 2 \cdot 2 \cdot 2$
$4 = 2 \cdot 2$
$16 = 2 \cdot 2 \cdot 2 \cdot 2$
$\text{kgV} = 2 \cdot 2 \cdot 2 \cdot 2 = \mathbf{16}$

HN: 16

$$\left.\begin{array}{l} \frac{5}{8} \underset{\cdot 2}{=} \frac{10}{16} \\ \frac{7}{4} \underset{\cdot 4}{=} \frac{28}{16} \\ \frac{11}{16} \end{array}\right\} \frac{10}{16} < \frac{11}{16} < \frac{28}{16}, \text{ somit ist } \frac{5}{8} < \frac{11}{16} < \frac{7}{4}.$$

f) $15 = 3 \cdot 5$
$3 = 3$
$5 = 5$
$9 = 3 \cdot 3$
$\text{kgV} = 3 \cdot 3 \cdot 5 = \mathbf{45}$

HN: 45

$$\left.\begin{array}{l} \frac{8}{15} \underset{\cdot 3}{=} \frac{24}{45} \\ -\frac{10}{3} \underset{\cdot 15}{=} -\frac{150}{45} \\ -\frac{4}{5} \underset{\cdot 9}{=} -\frac{36}{45} \\ \frac{11}{9} \underset{\cdot 5}{=} \frac{55}{45} \end{array}\right\} -\frac{150}{45} < -\frac{36}{45} < \frac{24}{45} < \frac{55}{45}, \text{ somit ist } -\frac{10}{3} < -\frac{4}{5} < \frac{8}{15} < \frac{11}{9}.$$

60 a) $5 = 5$
$20 = 2 \cdot 2 \cdot 5$
$15 = 3 \cdot 5$
$10 = 2 \cdot 5$

$\text{kgV} = 2 \cdot 2 \cdot 3 \cdot 5 = \mathbf{60}$

HN: 60

$\frac{4}{5} \underset{\cdot 12}{=} \frac{48}{60}$

$\frac{12}{20} \underset{\cdot 3}{=} \frac{36}{60}$

$\frac{6}{15} \underset{\cdot 4}{=} \frac{24}{60}$

$\frac{12}{10} \underset{\cdot 6}{=} \frac{72}{60}$

$\frac{36}{60}$ liegt am nächsten bei $\frac{48}{60}$, somit $\frac{12}{20}$ am nächsten bei $\frac{4}{5}$.

b) $5 = 5$
$12 = 2 \cdot 2 \cdot 3$
$15 = 3 \cdot 5$
$30 = 2 \cdot 3 \cdot 5$

$\text{kgV} = 2 \cdot 2 \cdot 3 \cdot 5 = \mathbf{60}$

HN: 60

$\frac{4}{5} \underset{\cdot 12}{=} \frac{48}{60}$

$\frac{5}{12} \underset{\cdot 5}{=} \frac{25}{60}$

$\frac{9}{15} \underset{\cdot 4}{=} \frac{36}{60}$

$\frac{45}{30} \underset{\cdot 2}{=} \frac{90}{60}$

$\frac{36}{60}$ liegt am nächsten bei $\frac{48}{60}$, somit $\frac{9}{15}$ am nächsten bei $\frac{4}{5}$.

c) $5 = 5$
$8 = 2 \cdot 2 \cdot 2$
$10 = 2 \cdot 5$
$4 = 2 \cdot 2$

$\text{kgV} = 2 \cdot 2 \cdot 2 \cdot 5 = \mathbf{40}$

HN: 40

$\frac{4}{5} \underset{\cdot 8}{=} \frac{32}{40}$

$\frac{7}{8} \underset{\cdot 5}{=} \frac{35}{40}$

$\frac{7}{10} \underset{\cdot 4}{=} \frac{28}{40}$

$\frac{1}{4} \underset{\cdot 10}{=} \frac{10}{40}$

$\left.\right\}$ $\frac{35}{40}$ liegt am nächsten bei $\frac{32}{40}$, somit $\frac{7}{8}$ am nächsten bei $\frac{4}{5}$.

d) $5 = 5$
$2 = 2$
$4 = 2 \cdot 2$
$9 = 3 \cdot 3$

kgV $= 2 \cdot 2 \cdot 3 \cdot 3 \cdot 5 =$ **180**

HN: 180

$\frac{4}{5} \underset{\cdot 36}{=} \frac{144}{180}$

$\frac{1}{2} \underset{\cdot 90}{=} \frac{90}{180}$

$\frac{3}{4} \underset{\cdot 45}{=} \frac{135}{180}$

$\frac{7}{9} \underset{\cdot 20}{=} \frac{140}{180}$

$\left.\right\}$ $\frac{140}{180}$ liegt am nächsten bei $\frac{144}{180}$, somit $\frac{7}{9}$ am nächsten bei $\frac{4}{5}$.

61 a) $\frac{4}{8}$ und $\frac{5}{8}$ liegen zwischen den beiden Brüchen.

b) Erweitere mit 2.

$\frac{3}{6} \underset{\cdot 2}{=} \mathbf{\frac{6}{12}}$ und $\frac{4}{6} \underset{\cdot 2}{=} \mathbf{\frac{8}{12}}$

$\frac{7}{12}$ liegt zwischen den beiden Brüchen.

c) **HN: 20**

$\frac{2}{5} \underset{\cdot 4}{=} \mathbf{\frac{8}{20}}$ und $\frac{1}{4} \underset{\cdot 5}{=} \mathbf{\frac{5}{20}}$

$\frac{6}{20}$ und $\frac{7}{20}$ liegen zwischen den beiden Brüchen.

d) **HN: 21**

$\frac{2}{3}\underset{\cdot 7}{=}\frac{\mathbf{14}}{\mathbf{21}}$ und $\frac{1}{7}\underset{\cdot 3}{=}\frac{\mathbf{3}}{\mathbf{21}}$

Zum Beispiel liegt $\frac{9}{21}$ zwischen den beiden Brüchen.

e)
$$\begin{array}{l} 12 = 2\cdot 2\cdot 3 \\ \underline{9 \;\;= \quad\;\; 3\cdot 3} \\ \text{kgV} = 2\cdot 2\cdot 3\cdot 3 = \mathbf{36} \end{array}$$

HN: 36

$\frac{9}{12}\underset{\cdot 3}{=}\frac{\mathbf{27}}{\mathbf{36}}$ und $\frac{12}{9}\underset{\cdot 4}{=}\frac{\mathbf{48}}{\mathbf{36}}$

Zum Beispiel liegt $\frac{41}{36}$ zwischen den beiden Brüchen.

f) **HN: 34**

$-\frac{3}{2}\underset{\cdot 17}{=}-\frac{\mathbf{51}}{\mathbf{34}}$ und $-\frac{15}{17}\underset{\cdot 2}{=}-\frac{\mathbf{30}}{\mathbf{34}}$

Zum Beispiel liegt $-\frac{32}{34}$ zwischen den beiden Brüchen.

62 **HN: 48**

$\frac{4}{16}\underset{\cdot 3}{=}\frac{\mathbf{12}}{\mathbf{48}}$;

$\frac{19}{24}\underset{\cdot 2}{=}\frac{\mathbf{38}}{\mathbf{48}}$;

$\frac{8}{12}\underset{\cdot 4}{=}\frac{\mathbf{32}}{\mathbf{48}}$;

$\frac{\mathbf{47}}{\mathbf{48}}$;

$\frac{14}{8}\underset{\cdot 6}{=}\frac{\mathbf{84}}{\mathbf{48}}$;

$2\frac{2}{3}=\frac{8}{3}\underset{\cdot 16}{=}\frac{\mathbf{128}}{\mathbf{48}}$;

$\frac{9}{6}\underset{\cdot 8}{=}\frac{\mathbf{72}}{\mathbf{48}}$;

$5\frac{1}{3}=\frac{16}{3}\underset{\cdot 16}{=}\frac{\mathbf{256}}{\mathbf{48}}$

$\frac{12}{48} < \frac{32}{48} < \frac{38}{48} < \frac{47}{48} < \frac{72}{48} < \frac{84}{48} < \frac{128}{48} < \frac{256}{48}$, somit ist

$\frac{4}{16} < \frac{8}{12} < \frac{19}{24} < \frac{47}{48} < \frac{9}{6} < \frac{14}{8} < 2\frac{2}{3} < 5\frac{1}{3}$

Z U G V Ö G E L

63 Der Fettanteil wird berechnet durch $\frac{\text{Fettgehalt}}{\text{Burgergewicht}}$.

Um den Fettanteil zu vergleichen, werden alle Brüche auf den Hauptnenner gebracht (HN: 360).

Burger 1	Burger 2	Burger 3
$\frac{28}{120} \underset{\cdot 3}{=} \frac{\mathbf{84}}{\mathbf{360}}$	$\frac{55}{180} \underset{\cdot 2}{=} \frac{\mathbf{110}}{\mathbf{360}}$	$\frac{30}{90} \underset{\cdot 4}{=} \frac{\mathbf{120}}{\mathbf{360}}$

Burger 1 hat den geringsten Fettanteil, da $\frac{84}{360} < \frac{110}{360} < \frac{120}{360}$.

64 Die Gewinnchance wird berechnet durch $\frac{\text{Anzahl der Gewinnfelder}}{\text{Anzahl der Felder}}$.

Um die Gewinnchancen zu vergleichen, werden die Brüche alle auf den Hauptnenner gebracht.

$\frac{5}{60}; \frac{3}{40}; \frac{7}{80}$

HN: 240

$\frac{5}{60} \underset{\cdot 4}{=} \frac{\mathbf{20}}{\mathbf{240}}$

$\frac{3}{40} \underset{\cdot 6}{=} \frac{\mathbf{18}}{\mathbf{240}}$

$\frac{7}{80} \underset{\cdot 3}{=} \frac{\mathbf{21}}{\mathbf{240}}$

$\frac{18}{240} < \frac{20}{240} < \frac{21}{240}$, somit ist $\frac{3}{40} < \frac{5}{60} < \frac{7}{80}$.

Das Glücksrad mit den 7 Gewinnfeldern bringt die besten Gewinnchancen.

65

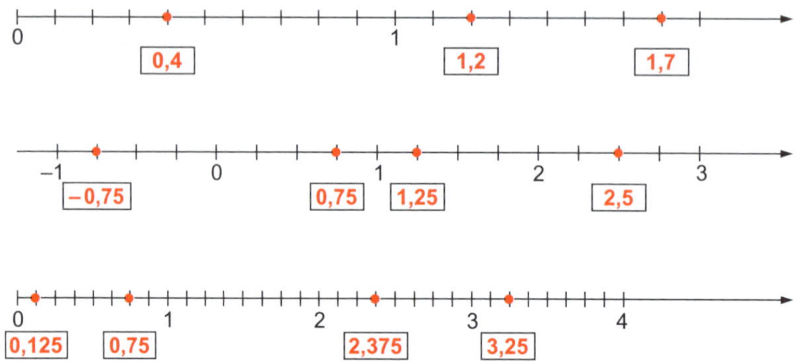

66

a) 3,78 < 3,79

Entscheidend ist hier die zweite Stelle hinter dem Komma.

b) 21,583 > 21,581

c) 11,17 > 11,16

d) $3{,}5 = 3\frac{1}{2}$

$3\frac{1}{2} = 3\frac{5}{10}$

e) 141,50 = 141,50

f) –0,3478 > –0,3488

Bei negativen Dezimalzahlen gilt: Je größer der Betrag, desto kleiner die Zahl. Hier ist die dritte Stelle hinter dem Komma entscheidend.

g) –1,379 < –1,37

1,37 = 1,370

h) –7,45 > –7,48

i) –17,01 > –17,015

j) –111,011 < –111,0011

Hier ist die zweite Stelle hinter dem Komma entscheidend.

67

a) 17,91 > 17,53 > 17,42 > 17,35 > 16,86

Schau dir zuerst die Zahlen links vom Komma an, dann rechts davon.

b) 2,542 > 2,356 > 2,352 > –2,355 > –2,535

Die positiven Zahlen sind größer als die negativen. Die kleinste negative Zahl ist die mit dem größten Betrag.

68

Eva	1	mit 1,04 kg
Lisa	2	mit 1,01 kg
Stefan	3	mit 1,00 kg
Sabrina	4	mit 0,99 kg

Gehe die Ziffern von links nach rechts durch. Die erste unterschiedliche Ziffer entscheidet.

69 a) zum Beispiel: 0,4 und 0,65 sowie 0,71

b) zum Beispiel: –0,75 und –0,1 sowie –0,05

c) zum Beispiel: –0,2 und $\frac{1}{5}$ sowie 0,24

70 a) $1{,}2 = \frac{6}{5}$

b) –2,7° > –3,4°

c) $5\frac{1}{4}$ kg > 5,2 kg $5\frac{1}{4} = 5{,}25$

d) 24,61 € > –103,45 €

e) $-10{,}5 > -15\frac{1}{8}$

71 $-4\frac{3}{4} < -3{,}52 < -1{,}96 < 0 < \frac{7}{5} < 2{,}6 < 2\frac{2}{3}$ $\frac{7}{5} = 1{,}2;\quad 2\frac{2}{3} = 2{,}\overline{6}$

72
- 45 m unter NHN $\hat{=}$ –45 → **A**
- $\frac{20}{4}$ m über NHN $\hat{=}$ 5 → **B**
- $\frac{450}{10}$ m über NHN $\hat{=}$ 45 → **C**
- 12,5 m unter NHN $\hat{=}$ –12,5 → **D**

73 a) $\frac{4}{6}+\frac{3}{6}=\frac{4+3}{6}=\frac{7}{6}=\mathbf{1\frac{1}{6}}$

Schreibe das **gemeinsame Vorzeichen** vor den Bruch und die Zähler als **Summe** auf einen gemeinsamen Bruchstrich. Der Nenner wird beibehalten. Schreibe das Ergebnis als gemischte Zahl.

b) $\frac{2}{4}-\frac{1}{4}=\frac{2-1}{4}=\mathbf{\frac{1}{4}}$

Der **betragsmäßig größere Zähler** $(+2)$ bestimmt das Vorzeichen, wobei ein + auch weggelassen werden kann. **Subtrahiere** dann den kleineren vom größeren Betrag.

c) $\frac{5}{15}+\frac{8}{15}=\frac{5+8}{15}=\mathbf{\frac{13}{15}}$

Zähle zuerst die Striche zwischen 0 und 1. Bestimme dann die Brüche.

74 a) $\frac{1}{8}+\frac{4}{8}+\frac{2}{8}+\frac{6}{8}=\frac{1+4+2+6}{8}=\frac{13}{8}=\mathbf{1\frac{5}{8}}$

b) $+\frac{20}{6}-\frac{15}{6}=+\frac{20-15}{6}=\mathbf{\frac{5}{6}}$

c) $-\frac{4}{12}+\frac{17}{12}=+\frac{17-4}{12}=\frac{13}{12}=\mathbf{1\frac{1}{12}}$

d) $\frac{6}{7}+\frac{10}{7}-\frac{17}{7}=\frac{6+10}{7}-\frac{17}{7}=\frac{16}{7}-\frac{17}{7}=-\frac{17-16}{7}=\mathbf{-\frac{1}{7}}$

75 a) $\frac{65}{25}-\frac{21}{25}-\frac{8}{25}=\frac{65-21}{25}-\frac{8}{25}=\frac{44}{25}-\frac{8}{25}=\frac{44-8}{25}=\frac{36}{25}=\mathbf{1\frac{11}{25}}$

b) $\frac{15}{5}-\frac{6}{5}-\frac{3}{5}-\frac{2}{5}=\frac{15-6}{5}-\frac{3}{5}-\frac{2}{5}$

$=\frac{9}{5}-\frac{3}{5}-\frac{2}{5}$

$=\frac{9-3}{5}-\frac{2}{5}$

$=\frac{6}{5}-\frac{2}{5}$

$=\frac{6-2}{5}=\mathbf{\frac{4}{5}}$

oder:

$\frac{15}{5}-\frac{6}{5}-\frac{3}{5}-\frac{2}{5}=\frac{15-6-3-2}{5}=\mathbf{\frac{4}{5}}$

c) $\frac{34}{20}-\frac{13}{20}-\frac{17}{20}-\frac{7}{20}=\frac{34-13}{20}-\frac{17}{20}-\frac{7}{20}=\frac{21}{20}-\frac{17}{20}-\frac{7}{20}=\frac{21-17}{20}-\frac{7}{20}$

$$=\frac{4}{20}-\frac{7}{20}$$

$$=-\frac{7-4}{20}=\mathbf{-\frac{3}{20}}$$

oder:

$\frac{34}{20}-\frac{13}{20}-\frac{17}{20}-\frac{7}{20}=\frac{34-13-17-7}{20}=\frac{34-37}{20}=\frac{-3}{20}=\mathbf{-\frac{3}{20}}$

d) $\frac{17}{3}-\frac{14}{3}-\frac{2}{3}-\frac{1}{3}=\frac{17-14-2-1}{3}=\frac{0}{3}=\mathbf{0}$

76 $\left(\frac{22}{100}+\frac{45}{100}+\frac{60}{100}+\frac{65}{100}\right)\text{s}=\frac{192}{100}\text{s}=\mathbf{1\frac{92}{100}\,s}$

Beate kommt $1\frac{92}{100}$ Sekunden nach Franziska ins Ziel.

77 $80\text{ m}-\left(20\frac{2}{3}+16\frac{2}{3}+24\frac{1}{3}\right)\text{m}=80\text{ m}-\left(20+16+24+\frac{2}{3}+\frac{2}{3}+\frac{1}{3}\right)\text{m}$

$$=80\text{ m}-\left(60\frac{5}{3}\right)\text{m}=80\text{ m}-61\frac{2}{3}\text{ m}=\mathbf{18\frac{1}{3}\,m}$$

Von dem 80 m langen Kabel bleiben noch $18\frac{1}{3}$ m übrig.

78 1. Zeile: $3\frac{5}{12}+3\frac{8}{12}+12\frac{8}{12}=3+3+12+\frac{5+8+8}{12}=18\frac{21}{12}=19\frac{9}{12}_{:3}=\mathbf{19\frac{3}{4}}$

Diagonale: $5\frac{4}{12}+4\frac{7}{12}+12\frac{8}{12}=5+4+12+\frac{4+7+8}{12}=21\frac{19}{12}=\mathbf{22\frac{7}{12}}$

2. Spalte: $3\frac{8}{12}+4\frac{7}{12}+2\frac{10}{12}=3+4+2+\frac{8+7+10}{12}=9\frac{25}{12}=\mathbf{11\frac{1}{12}}$

79 $\left(8\frac{6}{8}+24+20\frac{4}{8}+5\frac{6}{8}\right)\text{kg}=\left(8+24+20+5+\frac{6+4+6}{8}\right)\text{kg}$

$$=\left(57+\frac{16}{8}\right)\text{kg}=(57+2)\text{ kg}=\mathbf{59\,kg}$$

Das Gesamtgewicht beträgt nur 59 kg und nicht 60 kg.

80 $\left(\frac{4}{5}-\frac{11}{5}\right)+3\frac{3}{5}=\left(\frac{4-11}{5}\right)+\frac{18}{5}=-\frac{7}{5}+\frac{18}{5}=\frac{18-7}{5}=\frac{11}{5}=\mathbf{2\frac{1}{5}}$

81 1. Zeile: $25\frac{17}{18}-8\frac{12}{18}-12\frac{4}{18}=25-8-12+\frac{17-12-4}{18}=\mathbf{5\frac{1}{18}}$

Diagonale: $25\frac{17}{18}-4\frac{2}{18}-2\frac{11}{18}=25-4-2+\frac{17-2-11}{18}=19\frac{4}{18_{:2}}=\mathbf{19\frac{2}{9}}$

2. Spalte: $8\frac{12}{18}-4\frac{2}{18}-2\frac{1}{18}=8-4-2+\frac{12-2-1}{18}=2\frac{9}{18_{:9}}=\mathbf{2\frac{1}{2}}$

82 $500\,\ell-\left(24\frac{24}{60}+25\frac{45}{60}+4\frac{20}{60}\right)\ell=500\,\ell-\left(53+\frac{24+45+20}{60}\right)\ell$

$=500\,\ell-\left(53\frac{89}{60}\right)\ell$

$=500\,\ell-54\frac{29}{60}\,\ell=\mathbf{445\frac{31}{60}\,\ell}$

In der Regentonne ist nach der Wasserentnahme noch eine Wassermenge von $445\frac{31}{60}\,\ell$.

83 a) $\frac{9}{14}+\frac{8}{14}=\frac{9+8}{14}=\frac{17}{14}=\mathbf{1\frac{3}{14}}$

Schreibe die beiden Zähler auf einen gemeinsamen Bruchstrich. Der Nenner wird beibehalten.

b) $\frac{19}{9}+\frac{4}{9}=\frac{19+4}{9}=\frac{23}{9}=\mathbf{2\frac{5}{9}}$

c) $\frac{112}{54}-\frac{87}{54}=\frac{112-87}{54}=\mathbf{\frac{25}{54}}$

d) $\frac{11}{30}+\frac{151}{30}=\frac{11+151}{30}=\frac{162}{30}=5\frac{12}{30_{:6}}=\mathbf{5\frac{2}{5}}$ Kürze mit 6.

e) $\frac{742}{215}-\frac{142}{215}=\frac{742-142}{215}=\frac{600}{215}=2\frac{170}{215_{:5}}=\mathbf{2\frac{34}{43}}$ Kürze mit 5.

f) $\frac{188}{150}-\frac{28}{150}=\frac{188-28}{150}=\frac{160}{150}=1\frac{10}{150_{:10}}=\mathbf{1\frac{1}{15}}$ Kürze mit 10.

84

a) $\frac{3+4}{8} = \mathbf{\frac{7}{8}}$

b) $\frac{5-4}{10} = \mathbf{\frac{1}{10}}$

c) $\frac{1+3+7}{4} = \frac{11}{4} = \mathbf{2\frac{3}{4}}$

d) $\frac{20-4-3}{5} = \frac{13}{5} = \mathbf{2\frac{3}{5}}$

e) $\frac{33+40}{12} = \frac{73}{12} = \mathbf{6\frac{1}{12}}$

f) $\frac{19+11+4}{8} = \frac{34}{8_{:2}} = \frac{17}{4} = \mathbf{4\frac{1}{4}}$

g) $\frac{8+14-17}{15} = \frac{5}{15_{:3}} = \mathbf{\frac{1}{3}}$

h) $\frac{2+4-1}{3} = \frac{5}{3} = \mathbf{1\frac{2}{3}}$

i) $\frac{19+20}{36} = \frac{39}{36_{:3}} = \frac{13}{12} = \mathbf{1\frac{1}{12}}$

85

a) $\mathbf{\frac{16}{28}} + \frac{10}{28} = \frac{26}{28}$

Überlege dir, welche Zahl du zu 10 addieren musst, um 26 zu erhalten.

b) $\frac{38}{62} + \frac{18}{\mathbf{62}} = \frac{56}{62}$

Der Nenner bleibt gleich.

c) $\frac{146}{64} - \frac{78}{64} = \frac{\mathbf{68}}{64}$

Die Zähler werden subtrahiert.

d) $\frac{72}{106} + \frac{30}{106} = \frac{186}{106} - \frac{\mathbf{84}}{106}$

Berechne zuerst, was links neben dem = steht, und überlege dann, welche Zahl du von 186 abziehen musst, um 102 zu erhalten.

86 a) $\frac{11-10+32+13}{17}=\frac{46}{17}=2\frac{12}{17}$ → **L**

Schreibe alle Brüche auf einen gemeinsamen Bruchstrich und berechne.

b) $\frac{125-26-19-51}{20}=\frac{29}{20}=1\frac{9}{20}$ → **E**

c) $\frac{11+12-14+18}{13}=\frac{27}{13}=2\frac{1}{13}$ → **H**

d) $\frac{10+20+30-40}{6}=\frac{20}{6}_{:2}=\frac{10}{3}=3\frac{1}{3}$ → **R**

Hier sind die gemischten Brüche bereits in unechte Brüche umgewandelt worden.

e) $\frac{1}{3}+\frac{10}{3}-\frac{9}{3}=\frac{1+10-9}{3}=\frac{2}{3}$ → **E**

f) $\frac{49}{4}-\frac{15}{4}+\frac{18}{4}=\frac{49-15+18}{4}=\frac{52}{4}=13$ → **R**

Lösungswort: **LEHRER**

87 a) Eva: $\frac{5}{8}$ m übersprungen

Sonja: $\frac{10}{8}$ m übersprungen

$\frac{10}{8}\text{ m}-\frac{5}{8}\text{ m}=\frac{10-5}{8}\text{ m}=\mathbf{\frac{5}{8}\text{ m}}$

Sonja ist $\frac{5}{8}$ m höher gesprungen, also doppelt so hoch wie Eva.

b) $\frac{5}{8}\text{ m}+\frac{10}{8}\text{ m}=\frac{5+10}{8}\text{ m}=\frac{15}{8}\text{ m}=\mathbf{1\frac{7}{8}\text{ m}}$

Beide sind zusammen $1\frac{7}{8}$ m gesprungen.

88 $\frac{7}{25}+\frac{6}{25}+\frac{3}{25}=\frac{7+6+3}{25}=\frac{16}{25}$

Berechnung von $\frac{16}{25}$ von 1 200:

$(1\,200:25)\cdot 16=48\cdot 16=768$

Berechnung der Anzahl der anderen Flugzeugtypen:
$1\,200-768=\mathbf{432}$

In diesem Zeitraum landeten noch 432 Flugzeuge eines anderen Typs.

89 a) $\frac{8}{30}+\frac{12}{150}$ **HN: 150**

$=\frac{40}{150}+\frac{12}{150}=\frac{52}{150_{:2}}=\frac{26}{75} \rightarrow$ **S**

Erweitere $\frac{8}{30}$ mit 5. $\frac{12}{150}$ muss nicht erweitert werden.

b) $\frac{21}{8}-\frac{4}{3}$ **HN: 8 · 3 = 24**

$=\frac{63}{24}-\frac{32}{24}=\frac{31}{24}=1\frac{7}{24} \rightarrow$ **A**

Der HN ist 24. Erweitere $\frac{21}{8}$ mit 3 und $\frac{4}{3}$ mit 8.

c) $-\frac{3}{5}+\frac{2}{10}$ **HN: 10**

$=-\frac{6}{10}+\frac{2}{10}=-\frac{4}{10_{:2}}=-\frac{2}{5} \rightarrow$ **T**

Der HN ist 10. Erweitere $-\frac{3}{5}$ mit 2. $\frac{2}{10}$ muss nicht erweitert werden.

d) $\frac{1}{12}-\frac{1}{15}$ **HN: 60**

$=\frac{5}{60}-\frac{4}{60}=\frac{1}{60} \rightarrow$ **U**

Der HN ist 60. Erweitere $\frac{1}{12}$ mit 5 und $\frac{1}{15}$ mit 4.

e) $-\frac{4}{6}-\frac{10}{4}$ **HN: 12**

$=-\frac{8}{12}-\frac{30}{12}=-\frac{8+30}{12}=-\frac{38}{12_{:2}}=-\frac{19}{6}=-3\frac{1}{6} \rightarrow$ **R**

Der HN ist 12. Erweitere $-\frac{4}{6}$ mit 2 und $\frac{10}{4}$ mit 3.

f) $\frac{35}{256}+\frac{20}{16}$ **HN: 256**

$=\frac{35}{256}+\frac{320}{256}=\frac{355}{256}=1\frac{99}{256} \rightarrow$ **N**

Der HN ist 256. Erweitere $\frac{20}{16}$ mit 16. $\frac{35}{256}$ muss nicht erweitert werden.

Lösungswort: **SATURN**

90 a) $\frac{2}{3}+\frac{4}{10}$ **HN: 3 · 10 = 30**

$=\frac{20}{30}+\frac{12}{30}=\frac{32}{30_{:2}}=\frac{16}{15}=\mathbf{1\frac{1}{15}}$

Der HN ist 30. Erweitere beide Brüche auf den Nenner 30.
Erweitere dazu $\frac{2}{3}$ mit 10 und $\frac{4}{10}$ mit 3.

b) $\frac{1}{4}+\frac{1}{6}$ **HN: 12**

$=\frac{3}{12}+\frac{2}{12}=\mathbf{\frac{5}{12}}$

Der HN ist 12. Erweitere $\frac{1}{4}$ mit 3 und $\frac{1}{6}$ mit 2.

c) $\frac{6}{8}-\frac{5}{12}$ **HN: 24**

$=\frac{18}{24}-\frac{10}{24}=\frac{8}{24}\,{:}2=\frac{4}{12}\,{:}2=\frac{2}{6}\,{:}2=\mathbf{\frac{1}{3}}$

Der HN ist 24. Erweitere $\frac{6}{8}$ mit 3 und $\frac{5}{12}$ mit 2.

d) $\frac{16}{25}+\frac{11}{20}$ **HN: 100**

$=\frac{64}{100}+\frac{55}{100}=\frac{119}{100}=\mathbf{1\frac{19}{100}}$

Der HN ist 100. Erweitere $\frac{16}{25}$ mit 4 und $\frac{11}{20}$ mit 5.

e) $\frac{6}{9}-\frac{6}{15}$ **HN: 45**

$=\frac{30}{45}-\frac{18}{45}=\frac{12}{45}\,{:}3=\mathbf{\frac{4}{15}}$

Der HN ist 45. Erweitere $\frac{6}{9}$ mit 5 und $\frac{6}{15}$ mit 3.

f) $\frac{3}{4}-\frac{4}{5}$ **HN:** $4\cdot 5=\mathbf{20}$

$=\frac{15}{20}-\frac{16}{20}=\mathbf{-\frac{1}{20}}$

Der HN ist 20. Erweitere $\frac{3}{4}$ mit 5 und $\frac{4}{5}$ mit 4.

g) $\frac{7}{9}-\frac{3}{8}$ **HN:** $9\cdot 8=\mathbf{72}$

$=\frac{56}{72}-\frac{27}{72}=\mathbf{\frac{29}{72}}$

Der HN ist 72. Erweitere $\frac{7}{9}$ mit 8 und $\frac{3}{8}$ mit 9.

h) $\frac{3}{5}+\frac{4}{6}$ **HN:** $5\cdot 6=\mathbf{30}$

$=\frac{18}{30}+\frac{20}{30}=\frac{38}{30}\,{:}2=\frac{19}{15}=\mathbf{1\frac{4}{15}}$

Der HN ist 30. Erweitere $\frac{3}{5}$ mit 6 und $\frac{4}{6}$ mit 5.

i) $\frac{2}{10}+\frac{4}{40}$ **HN: 40**

$=\frac{8}{40}+\frac{4}{40}=\frac{12}{40}\,{:}4=\mathbf{\frac{3}{10}}$

Der HN ist 40. Erweitere $\frac{2}{10}$ mit 4. $\frac{4}{40}$ muss nicht erweitert werden.

j) $\frac{9}{12}-\frac{2}{9}$ **HN: 36**

$=\frac{27}{36}-\frac{8}{36}=\mathbf{\frac{19}{36}}$

Der HN ist 36. Erweitere $\frac{9}{12}$ mit 3 und $\frac{2}{9}$ mit 4.

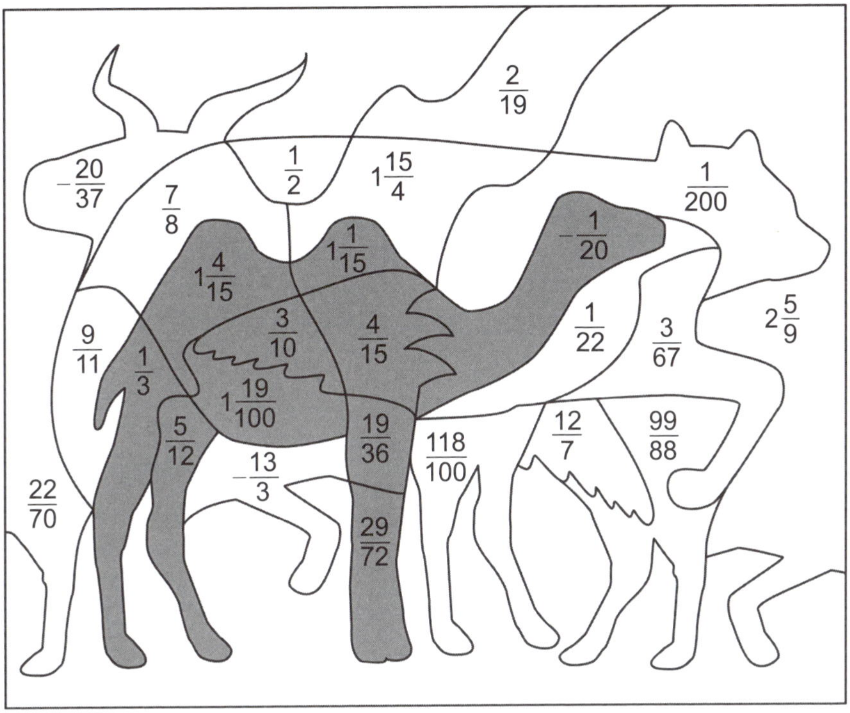

91

1 $\frac{2}{3}+\frac{3}{4}$ **HN:** $3\cdot 4=$ **12** — Erweitere mit 4 und 3.

$=\frac{8}{12}+\frac{9}{12}=\frac{8+9}{12}=\frac{17}{12}=\mathbf{1\frac{5}{12}}$

2 $\frac{7}{10}-2\frac{3}{20}=\frac{7}{10}-\frac{43}{20}$ **HN: 20** — Erweitere mit 2.

$=\frac{14}{20}-\frac{43}{20}=-\frac{43-14}{20}=-\frac{29}{20}=\mathbf{-1\frac{9}{20}}$

3 $\frac{6}{8}-\frac{9}{12}$ — Erweitere mit 3 und 2.

$8 = 2\cdot 2\cdot 2$

$12 = 2\cdot 2\cdot 3$

$\text{kgV} = 2\cdot 2\cdot 2\cdot 3 =$ **24**

HN: 24

$=\frac{18}{24}-\frac{18}{24}=\mathbf{0}$

4 $\frac{4}{6}-\frac{2}{7}$ **HN:** $6\cdot 7=\mathbf{42}$

Erweitere mit 7 und 6.

$=\frac{28}{42}-\frac{12}{42}=\frac{16}{42_{:2}}=\mathbf{\frac{8}{21}}$

5 $\frac{9}{6}-\frac{1}{3}+\frac{4}{5}$

Erweitere mit 5, 10 und 6.

$6 = 2\cdot 3$
$3 = 3$
$5 = 5$

$\text{kgV} = 2\cdot 3\cdot 5 = \mathbf{30}$

HN: 30

$=\frac{45}{30}-\frac{10}{30}+\frac{24}{30}=\frac{45-10+24}{30}=\frac{59}{30}=\mathbf{1\frac{29}{30}}$

6 $-3\frac{2}{6}-4\frac{1}{2}=-\frac{20}{6}-\frac{9}{2}$ **HN: 6**

Erweitere mit 3.

$=-\frac{20}{6}-\frac{27}{6}=-\frac{47}{6}=\mathbf{-7\frac{5}{6}}$

7 $3\frac{1}{3}-2\frac{1}{11}=\frac{10}{3}-\frac{23}{11}$ **HN:** $3\cdot 11=\mathbf{33}$

Erweitere mit 11 und 3.

$=\frac{110}{33}-\frac{69}{33}=\frac{110-69}{33}=\frac{41}{33}=\mathbf{1\frac{8}{33}}$

8 $\frac{3}{8}+1\frac{1}{4}=\frac{3}{8}+\frac{5}{4}$ **HN: 8**

Erweitere mit 2.

$=\frac{3}{8}+\frac{10}{8}=\frac{3+10}{8}=\frac{13}{8}=\mathbf{1\frac{5}{8}}$

9 $\frac{4}{7}+\frac{9}{14}-\frac{2}{28}$

Erweitere mit 4 und 2.

$7 = 7$
$14 = 2\cdot 7$
$28 = 2\cdot 2\cdot 7$

$\text{kgV} = 2\cdot 2\cdot 7 = \mathbf{28}$

HN: 28

$=\frac{16}{28}+\frac{18}{28}-\frac{2}{28}=\frac{16+18-2}{28}=\frac{32}{28_{:4}}=\frac{8}{7}=\mathbf{1\frac{1}{7}}$

10 $\frac{12}{14}+\frac{6}{20}$

$14 = 2 \cdot 7$
$20 = 2 \cdot 2 \cdot 5$
$\text{kgV} = 2 \cdot 2 \cdot 5 \cdot 7 = \mathbf{140}$

HN: 140

$= \frac{120}{140}+\frac{42}{140}=\frac{162}{140}=\mathbf{1\frac{22}{140}}$

$\frac{102}{70}-\frac{22}{140}$ **HN: 140**

$\frac{204}{140}-\frac{22}{140}=\frac{182}{140}=\mathbf{1\frac{42}{140}}$

$1\frac{22}{140}<1\frac{42}{140}$

11 $\frac{17}{10}+\frac{12}{15}$

$10 = 2 \cdot 5$
$15 = 3 \cdot 5$
$\text{kgV} = 2 \cdot 3 \cdot 5 = \mathbf{30}$

HN: 30

$= \frac{51}{30}+\frac{24}{30}=\frac{75}{30_{:3}}=\frac{25}{10_{:5}}=\frac{5}{2}=\mathbf{2\frac{1}{2}}$

$\frac{17}{10}-\frac{12}{15}$ **HN: 30**

$= \frac{51}{30}-\frac{24}{30}=\frac{27}{30_{:3}}=\mathbf{\frac{9}{10}}$

12 $\frac{20}{30}+\frac{10}{20}$

$30 = 2 \cdot 3 \cdot 5$
$20 = 2 \cdot 2 \cdot 5$
$\text{kgV} = 2 \cdot 2 \cdot 3 \cdot 5 = \mathbf{60}$

HN: 60

$= \frac{40}{60}+\frac{30}{60}=\frac{70}{60_{:10}}=\frac{7}{6}=\mathbf{1\frac{1}{6}}$

$\frac{20}{30}-\frac{10}{20}$ **HN: 60**

$= \frac{40}{60}-\frac{30}{60}=\frac{10}{60_{:10}}=\mathbf{\frac{1}{6}}$

92 **Zeilen**

$$\frac{1}{12}+\frac{3}{8}+\frac{1}{6}$$

$$=\frac{2}{24}+\frac{9}{24}+\frac{4}{24}=\mathbf{\frac{15}{24}}$$

$$\frac{7}{24}+\frac{5}{24}+\frac{1}{8}$$

$$=\frac{7}{24}+\frac{5}{24}+\frac{3}{24}=\mathbf{\frac{15}{24}}$$

$$\frac{1}{4}+\frac{1}{24}+\frac{2}{6}$$

$$=\frac{6}{24}+\frac{1}{24}+\frac{8}{24}=\mathbf{\frac{15}{24}}$$

Spalten

$$\frac{1}{12}+\frac{7}{24}+\frac{1}{4}=\frac{2}{24}+\frac{7}{24}+\frac{6}{24}=\mathbf{\frac{15}{24}}$$

$$\frac{3}{8}+\frac{5}{24}+\frac{1}{24}=\frac{9}{24}+\frac{5}{24}+\frac{1}{24}=\mathbf{\frac{15}{24}}$$

$$\frac{1}{6}+\frac{1}{8}+\frac{2}{6}=\frac{4}{24}+\frac{3}{24}+\frac{8}{24}=\mathbf{\frac{15}{24}}$$

Diagonalen

$$\frac{1}{12}+\frac{5}{24}+\frac{2}{6}=\frac{2}{24}+\frac{5}{24}+\frac{8}{24}=\mathbf{\frac{15}{24}}$$

$$\frac{1}{6}+\frac{5}{24}+\frac{1}{4}=\frac{4}{24}+\frac{5}{24}+\frac{6}{24}=\mathbf{\frac{15}{24}}$$

Ergebnis: Bei jeder Spalte, Zeile und Diagonale ist das Ergebnis $\mathbf{\frac{15}{24}}$.

HN: 12 $= 2 \cdot 2 \cdot \quad 3$
8 $= 2 \cdot 2 \cdot 2$
6 $= 2 \cdot \quad 3$
4 $= 2 \cdot 2$

kgV $= 2 \cdot 2 \cdot 2 \cdot 3 = 24$

HN: 24

Brüche mit dem Nenner 6 werden mit 4 erweitert.

Brüche mit dem Nenner 8 werden mit 3 erweitert.

Brüche mit dem Nenner 12 werden mit 2 erweitert.

Brüche mit dem Nenner 24 brauchen nicht erweitert zu werden.

93 $\frac{3}{10}$ von 510 000 000 km^2:

$(510\,000\,000 \text{ km}^2 : 10) \cdot 3 = 51\,000\,000 \text{ km}^2 \cdot 3 = 153\,000\,000 \text{ km}^2$

$$\frac{20}{10\,000}+\frac{6}{2\,000}+\frac{5}{1\,000} \quad \text{HN: } 10\,000$$

$$=\frac{20}{10\,000}+\frac{30}{10\,000}+\frac{50}{10\,000}=\frac{100}{10\,000}=\frac{1}{100}$$

$\frac{1}{100}$ von 153 000 000 km²:

$(153\,000\,000\ \text{km}^2 : 100) \cdot 1 = 1\,530\,000\ \text{km}^2 \cdot 1 =$ **1 530 000 km²**

Von den Naturkatastrophen wären 1 530 000 km² Land betroffen.

94 $\frac{2}{7} + \frac{2}{3}$ HN: $7 \cdot 3 = 21$

$= \frac{6}{21} + \frac{14}{21} = \frac{20}{21}$

$\frac{20}{21}$ von 2 100:

$(2\,100 : 21) \cdot 20 = 100 \cdot 20 =$ **2 000**

Die Marienkäfer und Florfliegenlarven fressen pro Tag 2 000 von den 2 100 Blattläusen.

95 $\frac{5}{12} + \frac{1}{4} + \frac{1}{8}$ HN: 24

$4 = 2 \cdot 2$

$8 = 2 \cdot 2 \cdot 2$

$12 = 2 \cdot 2 \cdot 3$

$\text{kgV} = 2 \cdot 2 \cdot 2 \cdot 3 = 24$

$= \frac{10}{24} + \frac{6}{24} + \frac{3}{24} = \frac{19}{24}$

$\frac{24}{24} - \frac{19}{24} = \frac{5}{24}$

$\frac{5}{24}$ von 1 800:

$(1\,800 : 24) \cdot 5 = 75 \cdot 5 =$ **375**

375 Blätter des Essigbaums sind noch grün.

96 $0{,}7\ \ell - 700\ m\ell$

$\frac{1}{5} + \frac{1}{4}$ HN: $5 \cdot 4 = 20$

$= \frac{4}{20} + \frac{5}{20} = \frac{9}{20}$

$\frac{20}{20} - \frac{9}{20} = \frac{11}{20}$

$\frac{11}{20}$ von 700 $m\ell$:

$(700\ m\ell : 20) \cdot 11 = 35\ m\ell \cdot 11 = \mathbf{385\ m\ell}$

In der Wasserflasche befinden sich noch 385 $m\ell$ Wasser.

97 $\frac{1}{4} + \frac{1}{3} + \frac{1}{6}$ HN: 12

$= \frac{3}{12} + \frac{4}{12} + \frac{2}{12} = \frac{9}{12_{:3}} = \frac{3}{4}$

$\frac{3}{4}$ von 100 $m\ell$:

$(100\ m\ell : 4) \cdot 3 = 25\ m\ell \cdot 3 = 75\ m\ell = \mathbf{75\ cm^3}$

Die drei Körper haben zusammen ein Volumen von 75 cm^3.

98 $3\ \ell - \left(\frac{1}{4}\ \ell + 1\frac{1}{2}\ \ell\right) = 3\ \ell - \left(\frac{1}{4}\ \ell + \frac{3}{2}\ \ell\right)$

Ziehe vom Gesamtvolumen die Summe der Fruchtsaftkomponenten ab.

$= \frac{12}{4}\ \ell - \left(\frac{1}{4}\ \ell + \frac{6}{4}\ \ell\right)$

$= \frac{12}{4}\ \ell - \left(\frac{1+6}{4}\ \ell\right)$

$= \frac{12}{4}\ \ell - \frac{7}{4}\ \ell$

$= \frac{5}{4}\ \ell = \mathbf{1\frac{1}{4}\ \ell}$

Es werden $1\frac{1}{4}\ \ell$ Mineralwasser gebraucht.

99 $A = 5\ m \cdot 2\frac{2}{5}\ m$

A = Länge · Breite

Schreibe auf einen gemeinsamen Bruchstrich und kürze.

$A = 5\ m \cdot \frac{12}{5}\ m = \frac{\cancel{5}^{1} \cdot 12}{\cancel{5}_{1}}\ m^2$

$A = \mathbf{12\ m^2}$

Die Fläche des Tisches beträgt 12 m^2.

100 $3 \cdot 40\frac{2}{6}\,\ell + 4 \cdot 10\frac{3}{4}\,\ell$

$= {}^{1}\not{3} \cdot \frac{242}{\not{6}_{2}}\,\ell + {}^{1}\not{4} \cdot \frac{43}{\not{4}_{1}}\,\ell$

$= \frac{242}{2}\,\ell + 43\,\ell$

$= 121\,\ell + 43\,\ell = \mathbf{164\,\ell}$

Die Tankstelle hat in der letzten Viertelstunde 164 ℓ Benzin abgegeben.

101 Eismann: $4 \cdot \frac{3}{4}\,\text{kg} = \frac{{}^{1}\not{4} \cdot 3}{\not{4}_{1}}\,\text{kg} = \mathbf{3\,kg}$; **C**

Schreibe auf einen gemeinsamen Bruchstrich und kürze.

Bootsverleih: $4\frac{5}{8}\,\ell \cdot 3 = \frac{37 \cdot 3}{8}\,\ell = \frac{111}{8}\,\ell = \mathbf{13\frac{7}{8}\,\ell}$; **H**

Wandle in einen unechten Bruch um, schreibe auf einen gemeinsamen Bruchstrich und berechne.

Imbiss: $7 \cdot \frac{\boxed{3}}{6} = \frac{21}{6}$; **S**

Mit welcher Zahl muss man 7 multiplizieren, um 21 zu erhalten?

Surfschule: $11 \cdot \frac{\boxed{5}}{110} = \frac{55}{110}$; **E**

Mit welcher Zahl muss man 11 multiplizieren, um 55 zu erhalten?

Umkleiden: $-8 \cdot \frac{5}{24} = -\frac{{}^{1}\not{8} \cdot 5}{\not{24}_{3}} = -\frac{5}{3} = \mathbf{-1\frac{2}{3}}$; **E**

Segelboot:

$12 \cdot 6\frac{4}{10}\,\text{m} = \frac{{}^{6}\not{12} \cdot 64}{\not{10}_{5}}\,\text{m} = \frac{6 \cdot 64}{5}\,\text{m} = \frac{384}{5}\,\text{m}$

$= \mathbf{76\frac{4}{5}\,m}$; **M**

Liegefläche: $-5 \cdot \frac{8}{10} = -\frac{{}^{1}\not{5} \cdot 8}{\not{10}_{2}} = -\frac{8}{2} = \mathbf{-4}$; **E**

Kiosk: $6 \cdot 2\frac{3}{5}\,\text{m}^2 = \frac{6 \cdot 13}{5}\,\text{m}^2 = \frac{78}{5}\,\text{m}^2 = \mathbf{15\frac{3}{5}\,m^2}$; **I**

Lösungswort: **CHIEMSEE**

102 ${}^{2}\not{6}\,\text{s} \cdot \frac{1}{\not{3}_{1}}\,\frac{\text{km}}{\text{s}} = \frac{2 \cdot 1}{1}\,\text{km} = \mathbf{2\,km}$

Das Gewitter ist noch 2 km entfernt.

103 Hinflug: $\frac{1}{375}$ von 150 000 000 km

Hin- und Rückflug: $\frac{2}{375}$ von 150 000 000 km

(150 000 000 km : 375) · 2 = 400 000 km · 2 = **800 000 km**

Die Flugstrecke einer Raumfähre von der Erde zum Mond und zurück beträgt ungefähr 800 000 km.

104 a) $\frac{^{6}\cancel{12}}{_{1}\cancel{7}} \cdot \frac{\cancel{21}^{3}}{\cancel{26}_{13}} = \frac{6 \cdot 3}{1 \cdot 13} = \frac{18}{13} = \mathbf{1\frac{5}{13}}$

Bevor du anfängst zu rechnen, prüfe immer, ob du kürzen kannst. Das vereinfacht die Rechnung und spart dir viel Zeit.

b) $\frac{15}{24} \cdot \left(-\frac{36}{20}\right) = -\frac{^{3}\cancel{15}}{_{4}\cancel{24}} \cdot \frac{\cancel{36}^{6}}{\cancel{20}_{4}} = -\frac{3 \cdot 6}{4 \cdot 4} = -\frac{3 \cdot \cancel{6}^{3}}{4 \cdot \cancel{4}_{2}} = -\frac{3 \cdot 3}{4 \cdot 2} = -\frac{9}{8} = \mathbf{-1\frac{1}{8}}$

c) $4\frac{1}{4} \cdot \frac{18}{15} = \frac{17}{_{2}\cancel{4}} \cdot \frac{\cancel{18}^{9}}{15} = \frac{153}{30} \underset{:3}{=} \frac{51}{10} = \mathbf{5\frac{1}{10}}$

d) $\frac{60}{49} \cdot 4\frac{4}{12} = \frac{^{5}\cancel{60} \cdot 52}{49 \cdot \cancel{12}_{1}} = \frac{5 \cdot 52}{49} = \frac{260}{49} = \mathbf{5\frac{15}{49}}$

e) $-\frac{^{8}\cancel{224}}{_{5}\cancel{125}} \cdot \frac{\cancel{25}^{1}}{\cancel{28}_{1}} = -\frac{8 \cdot 1}{5 \cdot 1} = -\frac{8}{5} = \mathbf{-1\frac{3}{5}}$

f) $\frac{^{28}\cancel{196}}{_{8}\cancel{64}} \cdot \frac{\cancel{40}^{5}}{\cancel{35}_{5}} = \frac{^{7}\cancel{28} \cdot \cancel{5}^{1}}{_{2}\cancel{8} \cdot \cancel{5}_{1}} = \frac{7}{2} = \mathbf{3\frac{1}{2}}$

g) $-\frac{99}{66} \cdot \left(-\frac{11}{33}\right) = +\frac{^{3}\cancel{99}}{_{6}\cancel{66}} \cdot \frac{\cancel{11}^{1}}{\cancel{33}_{1}} = \frac{^{1}\cancel{3} \cdot 1}{_{2}\cancel{6} \cdot 1} = \mathbf{\frac{1}{2}}$

h) $\frac{^{3}\cancel{12}}{13} \cdot \frac{38}{\cancel{8}_{2}} = \frac{3 \cdot \cancel{38}^{19}}{13 \cdot \cancel{2}_{1}} = \frac{3 \cdot 19}{13} = \frac{57}{13} = \mathbf{4\frac{5}{13}}$

i) $3\frac{1}{5} \cdot 5\frac{5}{6} = \frac{^{8}\cancel{16}}{_{1}\cancel{5}} \cdot \frac{\cancel{35}^{7}}{\cancel{6}_{3}} = \frac{8 \cdot 7}{1 \cdot 3} = \frac{56}{3} = \mathbf{18\frac{2}{3}}$

j) $-\frac{4}{10} \cdot 2\frac{3}{5} = -\frac{^{2}\cancel{4}}{_{5}\cancel{10}} \cdot \frac{13}{5} = -\frac{26}{25} = \mathbf{-1\frac{1}{25}}$

k) $5\frac{1}{4}\cdot\frac{56}{77}=\frac{^{3}\cancel{21}}{_{1}\cancel{4}}\cdot\frac{\cancel{56}^{14}}{\cancel{77}_{11}}=\frac{3}{1}\cdot\frac{14}{11}=\mathbf{\frac{42}{11}}$

l) $\frac{^{184}\cancel{368}}{_{21}\cancel{315}}\cdot\frac{\cancel{75}^{5}}{\cancel{224}_{112}}=\frac{^{46}\cancel{184}}{21}\cdot\frac{5}{\cancel{112}_{28}}$

$=\frac{^{23}\cancel{46}}{21}\cdot\frac{5}{\cancel{28}_{14}}=\frac{23}{21}\cdot\frac{5}{14}=\mathbf{\frac{115}{294}}$

105 a) $\frac{^{1}\cancel{14}}{_{5}\cancel{30}}\cdot\frac{\cancel{12}^{2}}{\cancel{70}_{5}}=\frac{1}{5}\cdot\frac{2}{5}=\frac{1\cdot 2}{5\cdot 5}=\mathbf{\frac{2}{25}}$

b) $\frac{4}{35}\cdot\left(-\frac{7}{10}\right)=-\frac{^{2}\cancel{4}}{_{5}\cancel{35}}\cdot\frac{\cancel{7}^{1}}{\cancel{10}_{5}}=-\frac{2}{5}\cdot\frac{1}{5}=-\frac{2\cdot 1}{5\cdot 5}=\mathbf{-\frac{2}{25}}$

c) $-\frac{18}{44}\cdot\left(-\frac{4}{54}\right)=+\frac{^{1}\cancel{18}}{_{11}\cancel{44}}\cdot\frac{\cancel{4}^{1}}{\cancel{54}_{3}}=\frac{1}{11}\cdot\frac{1}{3}=\frac{1\cdot 1}{11\cdot 3}=\mathbf{\frac{1}{33}}$

d) $\frac{^{1}\cancel{2}}{_{3}\cancel{9}}\cdot\frac{\cancel{3}^{1}}{\cancel{22}_{11}}=\frac{1}{3}\cdot\frac{1}{11}=\frac{1\cdot 1}{3\cdot 11}=\mathbf{\frac{1}{33}}$

e) $-\frac{7}{10}\cdot\left(-\frac{20}{175}\right)=+\frac{^{1}\cancel{7}}{_{1}\cancel{10}}\cdot\frac{\cancel{20}^{2}}{\cancel{175}_{25}}=\frac{1}{1}\cdot\frac{2}{25}=1\cdot\frac{2}{25}=\mathbf{\frac{2}{25}}$

f) $-\frac{^{1}\cancel{2}}{_{5}\cancel{20}}\cdot\frac{\cancel{8}^{2}}{\cancel{10}_{5}}=-\frac{1}{5}\cdot\frac{2}{5}=-\frac{1\cdot 2}{5\cdot 5}=\mathbf{-\frac{2}{25}}$

Die gleichen Produktwerte haben die Aufgabenpaare a und e, b und f sowie c und d.

106 a) $\frac{1}{2}\cdot\frac{1}{2}=\frac{1\cdot 1}{2\cdot 2}=\frac{1}{4}$; **richtig** Das Wort „von“ bedeutet hier immer „mal“.

b) $\frac{3}{4}\cdot\frac{4}{3}=\frac{^{1}\cancel{3}\cdot\cancel{4}^{1}}{_{1}\cancel{4}\cdot\cancel{3}_{1}}=1=\frac{3}{3}$; **richtig**

c) $\frac{2}{8}\cdot\frac{2}{5}=\frac{{}^{1}\cancel{2}\cdot 2}{{}_{4}\cancel{8}\cdot 5}=\frac{2}{4\cdot 5}=\frac{2}{20};$ **falsch**

d) $\frac{2}{50}\cdot\frac{10}{4}=\frac{{}^{1}\cancel{2}\cdot\cancel{10}^{1}}{{}_{5}\cancel{50}\cdot\cancel{4}_{2}}=\frac{1}{10};$ **falsch**

e) $\frac{1}{6}\cdot\frac{7}{2}=\frac{1\cdot 7}{6\cdot 2}=\frac{7}{12};$ **richtig**

f) $\frac{1}{3}\cdot\frac{3}{9}=\frac{1\cdot\cancel{3}^{1}}{{}_{1}\cancel{3}\cdot 9}=\frac{1}{9};$ **richtig**

g) $\frac{4}{5}\cdot\frac{5}{10}=\frac{{}^{2}\cancel{4}\cdot\cancel{5}^{1}}{{}_{1}\cancel{5}\cdot\cancel{10}_{5}}=\frac{2}{5};$ **richtig**

h) $\frac{9}{10}\cdot\frac{18}{100}=\frac{9\cdot 18}{10\cdot 100}=\frac{162}{1\,000};$ **falsch** Hier ist es günstiger, nicht vollständig zu kürzen, da man mit Tausendsteln vergleichen will.

i) $\frac{15}{10}\cdot\frac{1}{10}=\frac{15\cdot 1}{10\cdot 10}=\frac{15}{100};$ **richtig** Hier möchte man mit Hundertsteln vergleichen, also ist es besser, nicht vollständig zu kürzen.

107 a) $\frac{3}{4}:\frac{3}{2}=\frac{\cancel{3}^{1}}{\cancel{4}_{2}}\cdot\frac{\cancel{2}^{1}}{\cancel{3}_{1}}=\frac{1}{2}\cdot\frac{1}{1}=\mathbf{\frac{1}{2}}$ Bruch : Bruch = Bruch · Kehrbruch

b) $-\frac{7}{9}:\left(-\frac{2}{15}\right)=+\frac{7}{\cancel{9}_{3}}\cdot\frac{\cancel{15}^{5}}{2}=\frac{7}{3}\cdot\frac{5}{2}=\frac{35}{6}=\mathbf{5\frac{5}{6}}$

c) $1\frac{3}{5}:\frac{2}{10}=\frac{8}{5}:\frac{2}{10}=\frac{\cancel{8}^{4}}{\cancel{5}_{1}}\cdot\frac{\cancel{10}^{2}}{\cancel{2}_{1}}=\frac{4}{1}\cdot\frac{2}{1}=\mathbf{8}$

d) $\frac{112}{96}:\frac{76}{48}=\frac{\cancel{112}^{28}}{\cancel{96}_{2}}\cdot\frac{\cancel{48}^{1}}{\cancel{76}_{19}}=\frac{\cancel{28}^{14}}{\cancel{2}_{1}}\cdot\frac{1}{19}=\mathbf{\frac{14}{19}}$

e) $-\frac{10}{12}:2\frac{3}{6}=-\frac{10}{12}:\frac{15}{6}=-\frac{\cancel{10}^{2}}{\cancel{12}_{2}}\cdot\frac{\cancel{6}^{1}}{\cancel{15}_{3}}=-\frac{\cancel{2}^{1}}{\cancel{2}_{1}}\cdot\frac{1}{3}=\mathbf{-\frac{1}{3}}$

f) $\frac{\frac{15}{8}}{\frac{20}{40}}=\frac{15}{8}:\frac{20}{40}=\frac{\cancel{15}^{3}}{\cancel{8}_{1}}\cdot\frac{\cancel{40}^{5}}{\cancel{20}_{4}}=\frac{3}{1}\cdot\frac{5}{4}=\frac{15}{4}=\mathbf{3\frac{3}{4}}$

g) $\frac{3\frac{1}{3}}{4\frac{1}{6}} = 3\frac{1}{3} : 4\frac{1}{6} = \frac{10}{3} : \frac{25}{6} = \frac{\cancel{10}^{2}}{\cancel{3}_{1}} \cdot \frac{\cancel{6}^{2}}{\cancel{25}_{5}} = \frac{2}{1} \cdot \frac{2}{5} = \mathbf{\frac{4}{5}}$

h) $\frac{56}{27} : \frac{35}{72} = \frac{\cancel{56}^{8}}{\cancel{27}_{3}} \cdot \frac{\cancel{72}^{8}}{\cancel{35}_{5}} = \frac{8}{3} \cdot \frac{8}{5} = \frac{64}{15} = \mathbf{4\frac{4}{15}}$

i) $\frac{10}{\frac{5}{4}} = 10 : \frac{5}{4} = \cancel{10}^{2} \cdot \frac{4}{\cancel{5}_{1}} = 2 \cdot \frac{4}{1} = \mathbf{8}$

j) $\frac{\frac{1}{4}}{4} : \frac{1}{32} = \frac{1}{4} : 4 : \frac{1}{32} = \frac{1}{4} \cdot \frac{1}{4} : \frac{1}{32} = \frac{1}{16} : \frac{1}{32} = \frac{1}{\cancel{16}_{1}} \cdot \frac{\cancel{32}^{2}}{1} = \mathbf{2}$

Schreibe zuerst den Doppelbruch als normalen Bruch.

k) $\frac{1}{2} : \left(\frac{4}{7} : \frac{14}{21}\right) = \frac{1}{2} : \left(\frac{\cancel{4}^{2}}{\cancel{7}_{1}} \cdot \frac{\cancel{21}^{3}}{\cancel{14}_{7}}\right) = \frac{1}{2} : \left(\frac{2}{1} \cdot \frac{3}{7}\right) = \frac{1}{2} : \frac{6}{7} = \frac{1}{2} \cdot \frac{7}{6} = \mathbf{\frac{7}{12}}$

Berechne zuerst die Klammer.

l) $\left(11 : \frac{2}{11}\right) : \left(-2\frac{1}{5} : \frac{1}{5}\right) = \left(11 \cdot \frac{11}{2}\right) : \left(-\frac{11}{\cancel{5}_{1}} \cdot \frac{\cancel{5}^{1}}{1}\right) = \frac{121}{2} : (-11)$

$= -\frac{\cancel{121}^{11}}{2} \cdot \frac{1}{\cancel{11}_{1}}$

$= -\frac{11}{2}$

$= \mathbf{-5\frac{1}{2}}$

Berechne zuerst die Klammern.

108 a) $3 : \frac{1}{4} = 3 \cdot \frac{4}{1} = \mathbf{12}$

$\frac{2}{5} : 4 = \frac{\cancel{2}^{1}}{5} \cdot \frac{1}{\cancel{4}_{2}} = \mathbf{\frac{1}{10}}$

$\frac{3}{7} : \frac{2}{8} = \frac{3 \cdot \cancel{8}^{4}}{7 \cdot \cancel{2}_{1}} = \mathbf{\frac{12}{7}}$

$\frac{6}{4} : \frac{4}{7} = \frac{\cancel{6}^{3}}{4} \cdot \frac{7}{\cancel{4}_{2}} = \mathbf{\frac{21}{8}}$

$\frac{12 \cdot 8}{7 \cdot 8}; \frac{21 \cdot 7}{8 \cdot 7}$ HN: 56

$\frac{96}{56} < \frac{147}{56}$, somit ist: $\mathbf{\frac{1}{10} < \frac{12}{7} < \frac{21}{8} < 12}$

Berechne die Ergebnisse und bringe die Brüche dann auf denselben Nenner, um sie vergleichen zu können.

Alternativ kannst du die unechten Brüche auch als gemischte Brüche schreiben, um sie vergleichen zu können.

b) $\frac{2}{3} : \frac{1}{3} = \frac{2}{\cancel{3}} \cdot \frac{\cancel{3}}{1} = \mathbf{2}$

$-\frac{12}{4} : \frac{6}{2} = -\frac{\cancel{12}^{2}}{\cancel{4}_{2}} \cdot \frac{\cancel{2}^{1}}{\cancel{6}_{1}} = -\frac{2}{2} \cdot \frac{1}{1} = \mathbf{-1}$

$\frac{14}{8} : \left(-\frac{2}{4}\right) = -\frac{\cancel{14}^{7}}{\cancel{8}_{2}} \cdot \frac{\cancel{4}^{1}}{\cancel{2}_{1}} = -\frac{7}{2} \cdot \frac{1}{1} = -\frac{7}{2} = \mathbf{-3\frac{1}{2}}$

$\frac{2}{6} : \frac{1}{8} = \frac{2}{\cancel{6}_{3}} \cdot \frac{\cancel{8}^{4}}{1} = \frac{2}{3} \cdot \frac{4}{1} = \frac{8}{3} = \mathbf{2\frac{2}{3}}$

$\mathbf{-3\frac{1}{2} < -1 < 2 < 2\frac{2}{3}}$

c) $15 : \left(1 \cdot \frac{2}{1}\right) = 15 : \frac{2}{1} = 15 \cdot \frac{1}{2} = \frac{15}{2} = \mathbf{7\frac{1}{2}}$

$\frac{20}{4} : \frac{5}{16} = \frac{\cancel{20}^{4}}{\cancel{4}_{1}} \cdot \frac{\cancel{16}^{4}}{\cancel{5}_{1}} = \frac{4}{1} \cdot \frac{4}{1} = \mathbf{16}$

$\frac{15}{3} : \frac{5}{21} = \frac{\cancel{15}^{3}}{\cancel{3}_{1}} \cdot \frac{\cancel{21}^{7}}{\cancel{5}_{1}} = \frac{3}{1} \cdot \frac{7}{1} = \mathbf{21}$

$\frac{1}{2} : \frac{1}{3} = \frac{1}{2} \cdot \frac{3}{1} = \frac{3}{2} = \mathbf{1\frac{1}{2}}$

$\mathbf{1\frac{1}{2} < 7\frac{1}{2} < 16 < 21}$

d) $\frac{\cancel{2}^{1}}{\cancel{5}_{1}} \cdot \frac{\cancel{5}^{1}}{\cancel{2}_{1}} = \mathbf{1}$

$-\frac{22}{10} : \frac{11}{10} = -\frac{\cancel{22}^{2}}{\cancel{10}_{1}} \cdot \frac{\cancel{10}^{1}}{\cancel{11}_{1}} = -\frac{2}{1} \cdot \frac{1}{1} = \mathbf{-2}$

$\frac{\cancel{3}^{1}}{\cancel{7}_{1}} \cdot \frac{\cancel{42}^{6}}{\cancel{6}_{2}} = \frac{1}{1} \cdot \frac{6}{2} = \mathbf{3}$

$-\frac{\cancel{2}^{1}}{\cancel{12}_{1}} \cdot \frac{\cancel{60}^{5}}{\cancel{4}_{2}} = -\frac{1}{1} \cdot \frac{5}{2} = -\frac{5}{2} = \mathbf{-2\frac{1}{2}}$

$\mathbf{-2\frac{1}{2} < -2 < 1 < 3}$

109

2 $\frac{21}{10} : \frac{14}{20} = \frac{\cancel{21}^{3}}{\cancel{10}_{1}} \cdot \frac{\cancel{20}^{2}}{\cancel{14}_{2}} = \frac{3}{1} \cdot \frac{2}{2} = \frac{6}{2} = \mathbf{3}$

5 $\frac{156}{18} : \frac{51}{12} = \frac{\cancel{156}^{52}}{\cancel{18}_{3}} \cdot \frac{\cancel{12}^{2}}{\cancel{51}_{17}} = \frac{52}{3} \cdot \frac{2}{17} = \frac{104}{51} = \mathbf{2\frac{2}{51}}$

1 $\frac{4}{6} : \frac{2}{3} = \frac{4}{6} \cdot \frac{3}{2} = \frac{12}{12} = \mathbf{1}$

4 $\frac{10}{4} : \frac{11}{3} = \frac{{}^{5}\cancel{10} \cdot 3}{{}_{2}\cancel{4} \cdot 11} = \mathbf{\frac{15}{22}}$

3 $\frac{8}{32} : \frac{24}{12} = \frac{\cancel{8}^{1}}{\cancel{32}_{8}} \cdot \frac{\cancel{12}^{3}}{\cancel{24}_{3}} = \frac{1}{8} \cdot \frac{\cancel{3}^{1}}{\cancel{3}_{1}} = \mathbf{\frac{1}{8}}$

B $\frac{3}{12} : \frac{4}{2} = \frac{{}^{1}\cancel{3} \cdot \cancel{2}^{1}}{{}_{4}\cancel{12} \cdot \cancel{4}_{2}} = \mathbf{\frac{1}{8}}$

O $\frac{56}{84} : \frac{44}{45} = \frac{\cancel{56}^{28}}{\cancel{84}_{28}} \cdot \frac{\cancel{45}^{15}}{\cancel{44}_{22}} = \frac{\cancel{28}^{1}}{\cancel{28}_{1}} \cdot \frac{15}{22} = \mathbf{\frac{15}{22}}$

L $\frac{18}{28} : \frac{9}{14} = \frac{\cancel{18}^{2}}{\cancel{28}_{2}} \cdot \frac{\cancel{14}^{1}}{\cancel{9}_{1}} = \frac{2}{2} \cdot \frac{1}{1} = \mathbf{1}$

A $\frac{4}{2} : \frac{2}{3} = \frac{{}^{1}\cancel{4} \cdot 3}{{}_{1}\cancel{2} \cdot \cancel{2}_{1}} = \mathbf{3}$

R $\frac{4}{3} : \frac{17}{26} = \frac{4}{3} \cdot \frac{26}{17} = \frac{104}{51} = \mathbf{2\frac{2}{51}}$

1	2	3	4	5
L	**A**	**B**	**O**	**R**

110 a) $\frac{2}{3}:\frac{16}{4}=\frac{\cancel{2}^1}{3}\cdot\frac{4}{\cancel{16}_8}=\frac{1}{3}\cdot\frac{4}{8}=\frac{4}{24}{}_{:4}=\mathbf{\frac{1}{6}}$ Berechne die Brüche und addiere.

$\frac{1}{2}:\frac{15}{3}=\frac{1\cdot\cancel{3}^1}{2\cdot\cancel{15}_5}=\mathbf{\frac{1}{10}}$

$\frac{3}{5}:\frac{30}{20}=\frac{\cancel{3}^1}{\cancel{5}_1}\cdot\frac{\cancel{20}^4}{\cancel{30}_{10}}=\frac{1}{1}\cdot\frac{\cancel{4}^2}{\cancel{10}_5}=\mathbf{\frac{2}{5}}$

$\frac{4}{3}:\frac{8}{2}=\frac{\cancel{4}^1}{3}\cdot\frac{2}{\cancel{8}_2}=\frac{1\cdot\cancel{2}^1}{3\cdot\cancel{2}_1}=\mathbf{\frac{1}{3}}$

$\Rightarrow\ \frac{1}{6}+\frac{1}{10}+\frac{2}{5}+\frac{1}{3};\ \text{HN}:30$

$=\frac{5}{30}+\frac{3}{30}+\frac{12}{30}+\frac{10}{30}=\frac{30}{30}=\mathbf{1}$

Die Summe der Ergebnisse bei Kleeblatt 1 ergibt ein Ganzes.

b) $\frac{1}{4}:\frac{2}{5}=\frac{1}{4}\cdot\frac{5}{2}=\mathbf{\frac{5}{8}}$

$\frac{13}{17}:\frac{2}{3}=\frac{13}{17}\cdot\frac{3}{2}=\frac{39}{34}=\mathbf{1\frac{5}{34}}$

$15:\frac{10}{4}=15\cdot\frac{4}{10}=\frac{60}{10}{}_{:10}=\mathbf{6}$

$\Rightarrow\ \frac{5}{8}+\frac{39}{34}+6;\ \text{HN}:136$

$8 = 2\cdot2\cdot2$
$34 = 2\cdot\quad 17$
$\text{kgV} = 2\cdot2\cdot2\cdot17=136$

$=\frac{85}{136}+\frac{156}{136}+6=6\frac{241}{136}=\mathbf{7\frac{105}{136}}$

Die Summe der Ergebnisse bei Kleeblatt 2 ergibt kein Ganzes.

111 **Krebs**

$\frac{3}{8}:\frac{3}{4}=\frac{\cancel{3}^1}{8}\cdot\frac{4}{\cancel{3}_1}=\frac{1\cdot\cancel{4}^1}{{}_2\cancel{8}\cdot1}=\mathbf{\frac{1}{2}}$ Juli

Skorpion

$$\frac{9}{7}:\frac{3}{5}=\frac{\cancel{9}^{3}}{7}\cdot\frac{5}{\cancel{3}_{1}}=\frac{3\cdot 5}{7\cdot 1}=\frac{15}{7}=\mathbf{2\frac{1}{7}}$$ November

Fische

$$2\frac{1}{2}:\frac{2}{5}=\frac{5}{2}:\frac{2}{5}=\frac{5}{2}\cdot\frac{5}{2}=\frac{5\cdot 5}{2\cdot 2}=\frac{25}{4}=\mathbf{6\frac{1}{4}}$$ März

Steinbock

$$3\frac{1}{4}:2\frac{5}{8}=\frac{13}{4}:\frac{21}{8}=\frac{13}{\cancel{4}_{1}}\cdot\frac{\cancel{8}^{2}}{21}=\frac{13\cdot 2}{1\cdot 21}=\frac{26}{21}=\mathbf{1\frac{5}{21}}$$ Januar

Löwe

$$\frac{125}{75}:\frac{5}{15}=\frac{\cancel{125}^{25}}{\cancel{75}_{5}}\cdot\frac{\cancel{15}^{1}}{\cancel{5}_{1}}=\frac{25\cdot 1}{5\cdot 1}=\frac{25}{5}=\mathbf{5}$$ August

Schütze

$$\frac{12}{30}:1\frac{3}{2}=\frac{12}{30}:\frac{5}{2}=\frac{12}{\cancel{30}_{15}}\cdot\frac{\cancel{2}^{1}}{5}=\frac{{}^{4}\cancel{12}\cdot 1}{{}_{5}\cancel{15}\cdot 5}=\mathbf{\frac{4}{25}}$$ Dezember

Waage

$$\frac{9}{21}:\frac{3}{7}=\frac{\cancel{9}^{3}}{\cancel{21}_{3}}\cdot\frac{\cancel{7}^{1}}{\cancel{3}_{1}}=\frac{{}^{1}\cancel{3}\cdot 1}{{}_{1}\cancel{3}\cdot 1}=\mathbf{1}$$ Oktober

Zwilling

$$\frac{324}{66}:\frac{9}{12}=\frac{\cancel{324}^{36}}{\cancel{66}_{22}}\cdot\frac{\cancel{12}^{4}}{\cancel{9}_{1}}=\frac{{}^{18}\cancel{36}\cdot 4}{{}_{11}\cancel{22}\cdot 1}=\frac{72}{11}=\mathbf{6\frac{6}{11}}$$ Juni

Widder

$$\frac{27}{35}:\frac{45}{21}=\frac{\cancel{27}^{3}}{\cancel{35}_{5}}\cdot\frac{\cancel{21}^{3}}{\cancel{45}_{5}}=\frac{3\cdot 3}{5\cdot 5}=\mathbf{\frac{9}{25}}$$ April

Jungfrau

$$7\frac{2}{3}:\frac{7}{4}=\frac{23}{3}:\frac{7}{4}=\frac{23}{3}\cdot\frac{4}{7}=\frac{92}{21}=\mathbf{4\frac{8}{21}}$$ September

Stier

$$\frac{2}{7}:12\frac{2}{6}=\frac{2}{7}:\frac{74}{6}=\frac{\cancel{2}^{1}}{7}\cdot\frac{6}{\cancel{74}_{37}}=\frac{1\cdot 6}{7\cdot 37}=\mathbf{\frac{6}{259}}$$ Mai

Wassermann

$\frac{18}{16} : \frac{20}{32} = \frac{\not{18}^{9}}{\not{16}_{1}} \cdot \frac{\not{32}^{2}}{\not{20}_{10}} = \frac{9}{1} \cdot \frac{\not{2}^{1}}{\not{10}_{5}} = \frac{9}{1} \cdot \frac{1}{5} = \frac{9}{5} = \mathbf{1\frac{4}{5}}$ Februar

112 a) $\frac{1}{4} : \boxed{(-5)} = -\frac{1}{20}$, denn $\frac{1}{4} : (-5) = -\frac{1}{4} \cdot \frac{1}{5} = -\frac{1}{20}$

b) $-\frac{2}{6} : \boxed{6} = -\frac{2}{36}$, denn $-\frac{2}{6} : 6 = -\frac{2}{6} \cdot \frac{1}{6} = -\frac{2}{36}$

c) $-\frac{\boxed{4}}{3} : (-10) = \frac{4}{30}$, denn $-\frac{4}{3} : (-10) = \frac{4}{3} \cdot \frac{1}{10} = \frac{4}{30}$

d) $\frac{4}{\boxed{-9}} : 2 = -\frac{4}{18}$, denn $\frac{4}{-9} : 2 = -\frac{4}{9} \cdot \frac{1}{2} = -\frac{4}{18}$

113 $990\ \text{m}^3 : 3\frac{2}{3}\ \text{h} = 990\ \text{m}^3 : \frac{11}{3}\ \text{h} = 990\ \text{m}^3 \cdot \frac{3}{11} \frac{1}{\text{h}}$

$= \mathbf{270\ \frac{m^3}{h}}$

Berechne, wie viel Wasser pro Stunde in den Frachtraum geflossen war.

Es waren 270 m^3 Wasser pro Stunde in den Frachtraum geflossen.

$990\ \text{m}^3 : 5\frac{2}{4}\ \text{h} = 990\ \text{m}^3 : \frac{22}{4}\ \text{h} = 990\ \text{m}^3 \cdot \frac{4}{22} \frac{1}{\text{h}}$

$= \mathbf{180\ \frac{m^3}{h}}$

Berechne, wie viel Wasser pro Stunde abgepumpt worden ist.

Die Pumpen haben 180 m^3 Wasser pro Stunde abpumpen können.

114 Teerladung eines Tiefladers:

Teerladung = Gesamtgewicht minus Eigengewicht

$34\frac{3}{5}\ \text{t} - 15\frac{2}{5}\ \text{t} = \mathbf{19\frac{1}{5}\ t}$

Teerladung in m^3:

Teerladung in m^3 = Teerladung geteilt durch Teergewicht pro m^3

$19\frac{1}{5}\ \text{t} : \frac{6}{5} \frac{\text{t}}{\text{m}^3} = \frac{96\ \not{t}}{\not{5}_{1}} \cdot \frac{\not{5}^{1}}{6} \frac{\text{m}^3}{\not{t}} = \frac{96}{6}\ \text{m}^3 = \mathbf{16\ m^3}$

Anzahl der Tieflader:

$1\,200\ \text{m}^3 : 16\ \text{m}^3 = \mathbf{75}$

70 Tieflader würden nicht ausreichen, es werden 75 Tieflader benötigt.

115 Anzahl der Fliesen:

$1\,500\ \text{m}^2 : \frac{1}{15}\ \text{m}^2 = 1\,500 \cdot \frac{15}{1} = \mathbf{22\,500}$

Entstehende Kosten:

$22\,500 \cdot 15\ € = 337\,500\ €$

$\Rightarrow$ Rest: $400\,000\ € - 337\,500\ € = \mathbf{62\,500\ €}$

Der Betreiber hätte noch 62 500 € für Pflanzen oder Ähnliches zur Verfügung.

Anzahl der Fliesen = Fläche der Saunalandschaft geteilt durch Fläche einer Fliese

Kosten = Anzahl der Fliesen mal Preis pro Fliese

116 a) $\frac{4}{12} + \frac{1}{2} + \frac{2}{12} \overset{\text{Kommutativgesetz}}{=} \frac{4}{12} + \frac{2}{12} + \frac{1}{2}$

$= \frac{\cancel{6}^{1}}{\cancel{12}_{2}} + \frac{1}{2}$

$= \frac{1}{2} + \frac{1}{2} = \mathbf{1}$

b) $3\frac{4}{9} + 7 + 6\frac{5}{9} = \frac{31}{9} + 7 + \frac{59}{9}$

$\overset{\text{Kommutativgesetz}}{=} \frac{31}{9} + \frac{59}{9} + 7$

$= \frac{{}^{10}\cancel{90}}{{}_{1}\cancel{9}} + 7 = \mathbf{17}$

c) $\frac{12}{4} + \frac{14}{8} + \frac{20}{4} + \frac{10}{8} \overset{\text{Kommutativ-, Assoziativgesetz}}{=} \left(\frac{12}{4} + \frac{20}{4}\right) + \left(\frac{14}{8} + \frac{10}{8}\right)$

$= \frac{32}{4} + \frac{24}{8}$

$= 8 + 3 = \mathbf{11}$

d) $2\frac{3}{14}+1\frac{2}{6}+4\frac{12}{4}+\frac{19}{42}=\frac{31}{14}+\frac{8}{6}+\frac{28}{4}+\frac{19}{42}$

$$\overset{\substack{\text{Kommutativ-,}\\ \text{Assoziativ-}\\ \text{gesetz}}}{=}\left(\frac{31}{14}+\frac{19}{42}\right)+\left(\frac{8}{6}+\frac{28}{4}\right)$$

$$=\left(\frac{93}{42}+\frac{19}{42}\right)+\left(\frac{16}{12}+\frac{84}{12}\right)$$

$$=\frac{\cancel{112}^{16}}{{}_{6}\cancel{42}}+\frac{\cancel{100}^{25}}{\cancel{12}_{3}}$$

$$=\frac{16}{6}+\frac{25}{3}$$

$$=\frac{16}{6}+\frac{50}{6}=\frac{66}{6}\underset{:6}{=}\frac{11}{1}=\mathbf{11}$$

e) $\frac{3}{4}\cdot\frac{2}{7}\cdot\left(-\frac{4}{3}\right)\overset{\substack{\text{Kommutativ-}\\ \text{gesetz}}}{=}\frac{3}{4}\cdot\left(-\frac{4}{3}\right)\cdot\frac{2}{7}$

$$=-\frac{12}{12}\cdot\frac{2}{7}$$

$$=-1\cdot\frac{2}{7}$$

$$=\mathbf{-\frac{2}{7}}$$

f) $1\frac{2}{5}\cdot\frac{3}{8}\cdot2\frac{2}{4}\overset{\substack{\text{Kommutativ-}\\ \text{gesetz}}}{=}\frac{7}{5}\cdot\frac{3}{8}\cdot\frac{10}{4}$

$$=\frac{7}{\cancel{5}_{1}}\cdot\frac{\cancel{10}^{2}}{4}\cdot\frac{3}{8}$$

$$=\frac{\cancel{14}^{7}}{4}\cdot\frac{3}{\cancel{8}_{4}}$$

$$=\frac{21}{16}$$

$$=\mathbf{1\frac{5}{16}}$$

g) $\frac{19}{13} \cdot \frac{21}{36} \cdot \frac{39}{57} \cdot \frac{4}{7} \cdot (-9) \overset{\text{Kommutativ-, Assoziativgesetz}}{=} \left(\frac{\cancel{19}^{1}}{\cancel{13}_{1}} \cdot \frac{\cancel{39}^{3}}{\cancel{57}_{3}}\right) \cdot \left(\frac{\cancel{21}^{3}}{\cancel{36}_{9}} \cdot \frac{\cancel{4}^{1}}{\cancel{7}_{1}}\right) \cdot (-9)$

$$= \left(\frac{1 \cdot 3}{1 \cdot 3}\right) \cdot \left(\frac{3 \cdot 1}{9 \cdot 1}\right) \cdot (-9)$$

$$= \frac{3}{3} \cdot \frac{3}{9} \cdot (-9)$$

$$= -\frac{3}{3} \cdot \frac{3}{\cancel{9}_{1}} \cdot \frac{\cancel{9}^{1}}{1}$$

$$= -1 \cdot \frac{3}{1} \cdot 1 = \mathbf{-3}$$

h) $\frac{3}{54} \cdot \frac{12}{13} \cdot \frac{52}{16} \cdot \frac{9}{27} + \frac{17}{18} \overset{\text{Kommutativ-, Assoziativgesetz}}{=} \left(\frac{\cancel{3}^{1}}{\cancel{54}_{6}} \cdot \frac{\cancel{9}^{1}}{\cancel{27}_{9}}\right) \cdot \left(\frac{\cancel{12}^{3}}{\cancel{13}_{1}} \cdot \frac{\cancel{52}^{4}}{\cancel{16}_{4}}\right) + \frac{17}{18}$

$$= \left(\frac{1}{6} \cdot \frac{1}{9}\right) \cdot \left(\frac{3}{1} \cdot \frac{\cancel{4}^{1}}{\cancel{4}^{1}}\right) + \frac{17}{18}$$

$$= \frac{1}{\cancel{54}_{18}} \cdot \frac{\cancel{3}^{1}}{1} + \frac{17}{18}$$

$$= \frac{1}{18} + \frac{17}{18} = \mathbf{1}$$

117 a) $\frac{1}{2} \cdot \frac{1}{4} + \frac{\cancel{3}^{1}}{\cancel{4}_{2}} \cdot \frac{\cancel{2}^{1}}{\cancel{3}_{1}} = \frac{1}{8} + \frac{1}{2}$; HN: 8

$$= \frac{1}{8} + \frac{4}{8} = \mathbf{\frac{5}{8}}$$

Punkt vor Strich! Berechne die Produkte und addiere.

b) $6 \cdot 2\frac{3}{7} = 6 \cdot \frac{17}{7} = \frac{102}{7} = \mathbf{14\frac{4}{7}}$

Forme am Ende so um, dass die natürliche Zahl im gemischten Bruch so groß wie möglich wird.

c) $\frac{2}{4} \cdot \left(\frac{3}{4} + \frac{1}{3}\right)$; HN: 12

Berechne zuerst die Klammer.

$$= \frac{2}{4} \cdot \left(\frac{9+4}{12}\right) = \frac{\cancel{2}^{1}}{4} \cdot \frac{13}{\cancel{12}_{6}} = \mathbf{\frac{13}{24}}$$

d) $\left(\frac{6}{14}-\frac{1}{4}\right)\cdot 3\frac{5}{2}$; HN: 28

Berechne zuerst die Klammer.

$=\frac{12-7}{28}\cdot\frac{11}{2}=\frac{5}{28}\cdot\frac{11}{2}=\mathbf{\frac{55}{56}}$

e) $\frac{2}{8}\cdot(3-9)=\frac{2}{8}\cdot(-6)=-\frac{12}{8}\underset{:4}{=}-\frac{3}{2}=\mathbf{-1\frac{1}{2}}$

Berechne zuerst die Klammer.

f) $12\cdot\left(\frac{7}{6}+\frac{13}{10}-\frac{4}{5}\right)$; HN: 30

Berechne zuerst die Klammer.

$=12\cdot\left(\frac{35+39-24}{30}\right)$

$=\cancel{12}^{2}\cdot\frac{50}{\cancel{30}_{5}}$

$=\frac{2\cdot\cancel{50}^{10}}{\cancel{5}_{1}}=\mathbf{20}$

g) $\frac{2}{5}\cdot\left(\frac{7}{5}:\frac{1}{2}\right)=\frac{2}{5}\cdot\left(\frac{7}{5}\cdot\frac{2}{1}\right)=\frac{2}{5}\cdot\frac{14}{5}=\frac{28}{25}=\mathbf{1\frac{3}{25}}$

Berechne zuerst die Klammer.

h) $8\frac{1}{2}+2\frac{3}{5}:1\frac{2}{10}=\frac{17}{2}+\frac{13}{5}:\frac{12}{10}$

Punkt vor Strich!

$=\frac{17}{2}+\frac{13}{\cancel{5}_{1}}\cdot\frac{\cancel{10}^{2}}{12}$

$=\frac{17}{2}+\frac{26}{12}$; HN: 12

$=\frac{102}{12}+\frac{26}{12}=\frac{128}{12}\underset{:4}{=}\frac{32}{3}=\mathbf{10\frac{2}{3}}$

i) $\frac{4}{3}\cdot\frac{4}{7}-\frac{7}{4}:\frac{49}{12}=\frac{16}{21}-\frac{\cancel{7}^{1}}{\cancel{4}_{1}}\cdot\frac{\cancel{12}^{3}}{\cancel{49}_{7}}$

Punkt vor Strich!

$=\frac{16}{21}-\frac{3}{7}$

$=\frac{16-9}{21}=\frac{7}{21}\underset{:7}{=}\mathbf{\frac{1}{3}}$

j) $\frac{12}{5}:\frac{12}{15}+\frac{\not{3}^{1}}{\not{8}_{2}}\cdot\frac{\not{4}^{1}}{\not{6}_{2}}=\frac{\not{12}^{1}}{\not{5}_{1}}\cdot\frac{\not{15}^{3}}{\not{12}_{1}}+\frac{1}{4}$ Punkt vor Strich!

$$=\frac{3}{1}+\frac{1}{4}=\frac{12}{4}+\frac{1}{4}=\frac{13}{4}=\mathbf{3\frac{1}{4}}$$

118 a) $\frac{1}{2}+\frac{2}{5}$; HN: 10

$$=\frac{5+4}{10}=\mathbf{\frac{9}{10}}$$

$$2\frac{3}{4}-\frac{2}{3}=\frac{11}{4}-\frac{2}{3};\ \text{HN: }12$$

$$=\frac{33-8}{12}=\mathbf{\frac{25}{12}}$$

$$\Rightarrow\ \frac{9}{10}\cdot\frac{25}{12}=\frac{\not{9}^{3}}{\not{10}_{2}}\cdot\frac{\not{25}^{5}}{\not{12}_{4}}=\frac{3}{2}\cdot\frac{5}{4}=\mathbf{\frac{15}{8}}$$

$$\frac{7}{15}:\frac{14}{25}=\frac{\not{7}^{1}}{\not{15}_{3}}\cdot\frac{\not{25}^{5}}{\not{14}_{2}}=\mathbf{\frac{5}{6}}$$

$$\Rightarrow\ \frac{15}{8}+\frac{5}{6};\ \text{HN: }24$$

$$=\frac{45+20}{24}=\frac{65}{24}=\mathbf{2\frac{17}{24}}$$

b) $\frac{33}{24}:1\frac{3}{8}=\frac{33}{24}:\frac{11}{8}=\frac{\not{33}^{3}}{\not{24}_{3}}\cdot\frac{\not{8}^{1}}{\not{11}_{1}}=\mathbf{1}$

$$\frac{33}{24}:\frac{3}{12}=\frac{\not{33}^{11}}{\not{24}_{2}}\cdot\frac{\not{12}^{1}}{\not{3}_{1}}=\frac{11}{2}=\mathbf{5\frac{1}{2}}$$

c) $2\frac{1}{5}:\frac{2}{11}=\frac{11}{5}:\frac{2}{11}=\frac{11}{5}\cdot\frac{11}{2}=\mathbf{\frac{121}{10}}$

$$\Rightarrow\ \frac{121}{\not{10}_{5}}\cdot\frac{\not{4}^{2}}{7}=\mathbf{\frac{242}{35}}$$

$$2\frac{3}{4}-1\frac{1}{2}=\frac{11}{4}-\frac{3}{2};\ \text{HN: }4$$

$$=\frac{11-6}{4}=\mathbf{\frac{5}{4}}$$

$$\Rightarrow \frac{242}{35}+\frac{5}{4};\ \text{HN: }140$$
$$=\frac{968+175}{140}=\frac{1143}{140}=\mathbf{8\frac{23}{140}}$$

119 a) $\frac{\not{6}^{1}}{\not{15}_{5}}\cdot\frac{\not{12}^{4}}{\not{30}_{5}}=\frac{1}{5}\cdot\frac{4}{5}=\mathbf{\frac{4}{25}}$

b) $\frac{7}{12}-\frac{14}{9};\ \text{HN: }36$
$=\frac{21-56}{36}=\mathbf{-\frac{35}{36}}$

c) $\frac{7}{5}-\frac{2}{3}+\frac{2}{5};\ \text{HN: }15$
$=\frac{21-10+6}{15}=\frac{17}{15}=\mathbf{1\frac{2}{15}}$

d) $\frac{26}{4}-\frac{10}{7};\ \text{HN: }28$
$\frac{182-40}{28}=\frac{142}{28}\underset{:2}{=}\frac{71}{14}=\mathbf{5\frac{1}{14}}$

e) $\frac{\not{15}^{3}}{\not{36}_{4}}\cdot\frac{\not{4}^{1}}{\not{30}_{6}}\cdot\frac{\not{9}^{1}}{\not{16}_{4}}=\frac{\not{3}^{1}}{4}\cdot\frac{1}{\not{6}_{2}}\cdot\frac{1}{4}=\mathbf{\frac{1}{32}}$

f) $\frac{49}{4}-\frac{\not{3}^{1}}{\not{4}_{2}}\cdot\frac{\not{6}^{3}}{\not{18}_{6}}=\frac{49}{4}-\frac{1}{2}\cdot\frac{3}{6}=\frac{49}{4}-\frac{3}{12};\ \text{HN: }12$ Punkt vor Strich!
$=\frac{147-3}{12}$
$=\frac{144}{12}=\mathbf{12}$

g) $\frac{4}{9}\cdot\frac{2}{11}+\frac{4}{9}\cdot\frac{5}{33}=\frac{8}{99}+\frac{20}{297};\ \text{HN: }297$ Punkt vor Strich!
$=\frac{24+20}{297}=\mathbf{\frac{44}{297}}$

h) $\frac{\cancel{32}^4}{\cancel{12}_1} \cdot \frac{\cancel{48}^4}{\cancel{8}_1} \cdot \frac{9}{2} = \frac{4}{1} \cdot \frac{\cancel{4}^2}{1} \cdot \frac{9}{\cancel{2}_1} = \mathbf{72}$

i) $\frac{\cancel{3}^1}{\cancel{7}_1} \cdot \frac{\cancel{21}^3}{\cancel{33}_{11}} = \frac{1}{1} \cdot \frac{3}{11} = \mathbf{\frac{3}{11}}$

j) $\frac{7}{8} - \frac{1}{2} - \frac{2}{5}$; HN: 40

$= \frac{35 - 20 - 16}{40} = \mathbf{-\frac{1}{40}}$

k) $\frac{18}{39} \cdot \left(\frac{24}{7} - \frac{3}{6}\right)$; HN: 42

Die Klammer zuerst.

$= \frac{18}{39} \cdot \left(\frac{144 - 21}{42}\right) = \frac{\cancel{18}^3}{\cancel{39}_{13}} \cdot \frac{\cancel{123}^{41}}{\cancel{42}_7}$

$= \frac{3}{13} \cdot \frac{41}{7} = \frac{123}{91} = \mathbf{1\frac{32}{91}}$

l) $\frac{17}{18} - \frac{5}{12}$; HN: 36

$= \frac{34 - 15}{36} = \mathbf{\frac{19}{36}}$

m) $\frac{14}{\cancel{9}_1} \cdot \frac{\cancel{27}^3}{11} + \frac{7}{11} \cdot \frac{6}{3} = \frac{42}{11} + \frac{42}{33}$; HN: 33

Punkt vor Strich!

$= \frac{126 + 42}{33} = \frac{168}{33}$

$\underset{:3}{=} \frac{56}{11} = \mathbf{5\frac{1}{11}}$

n) $\frac{12}{10} + \frac{19}{6} - \frac{41}{10}$; HN: 30

$= \frac{36 + 95 - 123}{30} = \frac{8}{30} \underset{:2}{=} \mathbf{\frac{4}{15}}$

o) $\frac{57}{26} : \frac{12}{14} = \frac{\cancel{57}^{19}}{\cancel{26}_{13}} \cdot \frac{\cancel{14}^7}{\cancel{12}_4} = \frac{133}{52} = \mathbf{2\frac{29}{52}}$

p) $\frac{\cancel{11}^{1}}{5}\cdot\frac{17}{\cancel{22}_{2}}\cdot\frac{13}{4}=\frac{221}{40}=\mathbf{5\frac{21}{40}}$

q) $\frac{56}{3}:\left(\frac{8}{\cancel{7}_{1}}\cdot\frac{\cancel{56}^{8}}{9}\right)=\frac{56}{3}:\frac{64}{9}=\frac{\cancel{56}^{7}}{\cancel{3}_{1}}\cdot\frac{\cancel{9}^{3}}{\cancel{64}_{8}}=\frac{21}{8}$ Die Klammer zuerst.

$=\mathbf{2\frac{5}{8}}$

r) $\cancel{3}^{1}\cdot\frac{31}{\cancel{6}_{2}}-\frac{13}{3}\cdot\frac{13}{6}=\frac{31}{2}-\frac{169}{18};$ HN: 18 Punkt vor Strich!

$=\frac{279-169}{18}=\frac{110}{18_{:2}}=\frac{55}{9}=\mathbf{6\frac{1}{9}}$

s) $1\frac{2}{8}:\frac{5}{24}=\frac{\cancel{10}^{2}}{\cancel{8}_{1}}\cdot\frac{\cancel{24}^{3}}{\cancel{5}_{1}}=\mathbf{6}$

t) $\left(4\frac{3}{5}-2\frac{3}{8}\right):\left(17\frac{1}{4}+18\frac{7}{20}\right)$ Klammern zuerst.

$=\left(\frac{23}{5}-\frac{19}{8}\right):\left(\frac{69}{4}+\frac{367}{20}\right)$

HN: 40 bzw. 20

$=\frac{184-95}{40}:\frac{345+367}{20}=\frac{89}{40}:\frac{712}{20}$

$=\frac{\cancel{89}^{1}}{\cancel{40}_{2}}\cdot\frac{\cancel{20}^{1}}{\cancel{712}_{8}}=\frac{1}{2}\cdot\frac{1}{8}=\mathbf{\frac{1}{16}}$

u) $\frac{1}{7}\cdot\frac{5}{12}-\frac{5}{\cancel{12}_{3}}\cdot\frac{\cancel{8}^{2}}{7}=\frac{5}{84}-\frac{10}{21};$ HN: 84 Punkt vor Strich!

$=\frac{5-40}{84}=-\frac{35}{84_{:7}}=\mathbf{-\frac{5}{12}}$

v) $\frac{\cancel{3}^{1}}{\cancel{14}_{2}}\cdot\frac{\cancel{7}^{1}}{\cancel{9}_{3}}=\frac{1}{2}\cdot\frac{1}{3}=\mathbf{\frac{1}{6}}$

w) $\frac{19}{\cancel{8}_{2}}\cdot\frac{\cancel{12}^{3}}{4}+\frac{\cancel{12}^{6}}{\cancel{32}_{2}}\cdot\frac{\cancel{16}^{1}}{\cancel{2}_{1}}=\frac{19}{2}\cdot\frac{3}{4}+\frac{6}{2}\cdot\frac{1}{1};$ HN: 8 Punkt vor Strich!

$=\frac{57}{8}+\frac{24}{8}=\frac{81}{8}=\mathbf{10\frac{1}{8}}$

x) $\left(\frac{\not{20}^{10}}{\not{6}_1}\cdot\frac{\not{12}^{2}}{\not{18}_9}\right)+\frac{9}{2}=\frac{10\cdot 2}{1\cdot 9}+\frac{9}{2}$

$=\frac{20}{9}+\frac{9}{2}$; HN: 18

$=\frac{40+81}{18}=\frac{121}{18}=\mathbf{6\frac{13}{18}}$

Die Klammer darf man hier weglassen, da Punkt vor Strich gilt.

120 a) $\frac{5}{6}+\frac{2}{3}+\frac{1}{2}+\frac{3}{5}+\frac{4}{9}$

Bestimmung des HN über das kgV:

$6 = 2\cdot 3$
$3 = 3$
$2 = 2$
$5 = 5$
$9 = 3\cdot 3$

$\text{kgV} = 2\cdot 3\cdot 3\cdot 5 = 90$

HN: 90

$=\frac{75+60+45+54+40}{90}=\frac{274}{90}\underset{:2}{=}\frac{137}{45}=\mathbf{3\frac{2}{45}}$

b) $\left(\frac{2}{3}+\frac{5}{6}+\frac{1}{2}\right):\left(\frac{3}{5}-\frac{4}{9}\right)$; HN: 6 bzw. 45

$=\frac{4+5+3}{6}:\frac{27-20}{45}=\frac{12}{6}:\frac{7}{45}=\frac{\not{12}^{2}}{\not{6}_1}\cdot\frac{45}{7}=\frac{90}{7}=\mathbf{12\frac{6}{7}}$

c) $\frac{\not{3}^{1}}{5}\cdot\frac{4}{\not{9}_3}+\frac{\not{2}^{1}}{3}\cdot\frac{5}{6}\cdot\frac{1}{\not{2}_1}=\frac{4}{15}+\frac{5}{18}$;

Bestimmung des HN über das kgV:

$15 = 3\cdot 5$
$18 = 2\cdot 3\cdot 3$

$\text{kgV} = 2\cdot 3\cdot 3\cdot 5 = 90$

HN: 90

$=\frac{24+25}{90}=\mathbf{\frac{49}{90}}$

d) $\left(\frac{2}{3}+\frac{5}{6}+\frac{1}{2}\right)\cdot\left(\frac{3}{5}:\frac{4}{9}\right)$; HN: 6

$=\frac{12}{6}\cdot\left(\frac{3}{5}\cdot\frac{9}{4}\right)=\frac{\not{12}^{3}}{\not{6}_2}\cdot\frac{\not{27}^{9}}{\not{20}_5}=\frac{27}{10}=\mathbf{2\frac{7}{10}}$

e) $\left(\frac{3}{5}-\frac{4}{9}\right)+\left(\frac{2}{3}+\frac{5}{6}+\frac{1}{2}\right)$; HN: 45 bzw. 6

$=\left(\frac{27-20}{45}\right)+\frac{12}{6}=\frac{7}{45}+\frac{12}{6}$;

Bestimmung des HN über das kgV:

$45 = 3\cdot3\cdot5$

$6 = 2\cdot3$

$\text{kgV}=2\cdot3\cdot3\cdot5=90$

HN: 90

$=\frac{14+180}{90}=\frac{194}{90}\underset{:2}{=}\frac{97}{45}=\mathbf{2\frac{7}{45}}$

121 Summenwert:

Die letzte Spalte ist vollständig. Dadurch lässt sich der Summenwert berechnen.

$\frac{10}{16}+\frac{5}{12}+1\frac{1}{4}+\frac{2}{16}$; HN: 48

$=\frac{30+20+60+6}{48}=\frac{116}{48}\underset{:4}{=}\mathbf{\frac{29}{12}}$

E $\frac{29}{12}-\frac{22}{48}-\frac{2}{6}-1\frac{1}{4}$; HN: 48

Als Erstes wird E oder F berechnet. Die 3. Zeile ist bis auf E komplett.

$=\frac{116-22-16-60}{48}=\frac{18}{48}\underset{:6}{=}\mathbf{\frac{3}{8}}$

F $\frac{29}{12}-\frac{10}{48}-\frac{1}{2}-\frac{2}{6}$; HN: 48

Die 2. Spalte ist komplett bis auf F.

$=\frac{116-10-24-16}{48}=\frac{66}{48}=\frac{22}{16}\underset{:2}{=}\mathbf{\frac{11}{8}}$

A $\frac{29}{12}-\frac{1}{2}-\frac{3}{8}-\frac{2}{16}$; HN: 48

Dann kann man A oder G berechnen. Die Diagonale ist bis auf den Wert für A komplett.

$=\frac{116-24-18-6}{48}=\frac{68}{48}\underset{:4}{=}\mathbf{\frac{17}{12}}$

G $\frac{29}{12}-\frac{1}{4}-\frac{11}{8}-\frac{2}{16}$; HN: 48

Sobald man F weiß, kann man auch G berechnen.

$=\frac{116-12-66-6}{48}=\frac{32}{48}\underset{:16}{=}\mathbf{\frac{2}{3}}$

B $\frac{29}{12}-\frac{17}{12}-\frac{10}{48}-\frac{10}{16}$; HN: 48

$=\frac{116-68-10-30}{48}=\frac{8}{48}\,{}_{:8}=\mathbf{\frac{1}{6}}$

Jetzt können B und C berechnet werden.

C $\frac{29}{12}-\frac{17}{12}-\frac{22}{48}-\frac{1}{4}$; HN: 48

$=\frac{116-68-22-12}{48}=\frac{14}{48}\,{}_{:2}=\mathbf{\frac{7}{24}}$

D $\frac{29}{12}-\frac{7}{24}-\frac{1}{2}-\frac{5}{12}$; HN: 48

$=\frac{116-14-24-20}{48}=\frac{58}{48}\,{}_{:2}=\frac{29}{24}=\mathbf{1\frac{5}{24}}$

Sobald man C weiß oder wenn man B, E und G kennt, kann man D berechnen.

122

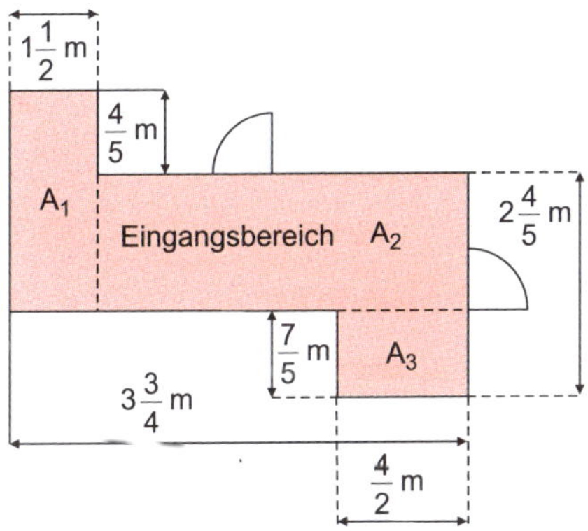

$A_{Gesamt}=A_1+A_2+A_3$; **A = Länge · Breite**

$$A_{Gesamt}=1\frac{1}{2}\,m\cdot\left(\frac{4}{5}+2\frac{4}{5}-\frac{7}{5}\right)m+\left(3\frac{3}{4}-1\frac{1}{2}\right)m\cdot\left(2\frac{4}{5}-\frac{7}{5}\right)m+\frac{4}{2}\,m\cdot\frac{7}{5}\,m$$

$$A_{Gesamt}=\frac{3}{2}\left(\frac{4}{5}+\frac{14}{5}-\frac{7}{5}\right)m^2+\left(\frac{15}{4}-\frac{3}{2}\right)\cdot\left(\frac{14}{5}-\frac{7}{5}\right)m^2+\frac{\overset{2}{\cancel{4}}\cdot 7}{{}_1\cancel{2}\cdot 5}\,m^2$$

$$A_{Gesamt}=\frac{3}{2}\cdot\frac{11}{5}\,m^2+\left(\frac{15-6}{4}\right)\cdot\left(\frac{7}{5}\right)m^2+\frac{14}{5}\,m^2$$

$$A_{Gesamt}=\frac{33}{10}\,m^2+\frac{9}{4}\cdot\frac{7}{5}\,m^2+\frac{14}{5}\,m^2$$

$$A_{Gesamt}=\frac{33}{10}\,m^2+\frac{63}{20}\,m^2+\frac{14}{5}\,m^2$$

$$A_{Gesamt} = \frac{66+63+56}{20}\ m^2$$

$$A_{Gesamt} = \frac{185}{20}\ m^2 \underset{:5}{=} \frac{37}{4}\ m^2 = \mathbf{9\frac{1}{4}\ m^2}$$

$$9\frac{1}{4}\ m^2 + \frac{3}{4}\ m^2 = \mathbf{10\ m^2}$$

Den Verschnitt muss man dazu zählen.

$$10\ \cancel{m^2} \cdot 150 \frac{€}{\cancel{m^2}} = 1\,500\ €$$

Man kann auch Einheiten kürzen.

Das veranschlagte Geld von 1 200 € reicht nicht aus.

123 a) $22 \cdot 1\frac{1}{4} = 22 \cdot \frac{5}{4} = \frac{110}{4} \underset{:2}{=} \frac{55}{2} = 55:2 = \mathbf{27{,}5\ Überstunden}$

$$\frac{55}{2} \cdot 10\frac{4}{5}\ € = \frac{\cancel{55}^{11}}{\cancel{2}_1} \cdot \frac{\cancel{54}^{27}}{\cancel{5}_1}\ € = \frac{11}{1} \cdot \frac{27}{1}\ € = \mathbf{297\ €}$$

Herr Grohmann bekommt 297 € mehr ausbezahlt.

b) $\frac{1}{4} + \frac{2}{5} = \frac{5+8}{20} = \frac{13}{20}$; HN: 20

$$1 - \frac{13}{20} = \frac{20-13}{20} = \frac{7}{20}$$

$$\mathbf{\frac{7}{20} < \frac{1}{2}}$$

Herr Grohmann hat die Richtlinie in diesem Monat nicht erfüllt.

124 Es wird berechnet, wie viel Abfall die beiden Forstarbeiter produzieren. Derjenige, der weniger Abfall produziert, hat recht.

Forstarbeiter 1:

$\frac{1}{3} + \frac{2}{5}$; HN: 15

$$= \frac{5+6}{15} = \mathbf{\frac{11}{15}}$$

Forstarbeiter 2:

$\frac{2}{4} + \frac{1}{5}$; HN: 20

$$= \frac{10+4}{20} = \mathbf{\frac{14}{20}}$$

Vergleich von Brüchen bei gleichem Nenner möglich:

$$\frac{11}{15} \underset{\cdot 4}{=} \frac{\mathbf{44}}{\mathbf{60}}$$

$$\frac{14}{20} \underset{\cdot 3}{=} \frac{\mathbf{42}}{\mathbf{60}}$$

$$\frac{42}{60} < \frac{44}{60}$$

weniger Abfall

Der Forstarbeiter 2 würde den längeren Baumstamm erhalten. Er hat deshalb recht.

125 Benzinverbrauch beider Generatoren pro Tag:

$$2 \cdot 10\frac{1}{2}\,\ell = {}^{1}\cancel{2} \cdot \frac{21}{\cancel{2}_1}\,\ell = \mathbf{21\ \ell}$$

$$\Rightarrow \quad 472\frac{2}{4}\,\ell : 21\,\frac{\ell}{d} = \frac{1\,890}{4} \cdot \frac{1}{21}\,\ell \cdot \frac{d}{\ell}$$

$$= \frac{\cancel{1890}^{945}}{\cancel{4}_2} \cdot \frac{1}{21}\,d$$

$$= \frac{945}{42}\,d \underset{:3}{=} \frac{315}{14}\,d \underset{:7}{=} \frac{45}{2}\,d = 45:2\,d = \mathbf{22{,}5\ d}$$

3 Wochen sind 21 Tage, somit ist die Stromgewinnung bis zur nächsten Lieferung gesichert.

126 a) $3{,}87 + 2{,}589 = \mathbf{6{,}459}$

$$\begin{array}{r} 3{,}87 \\ +\ 2{,}589 \\ \hline 6{,}459 \end{array}$$

Schreibe die Dezimalbrüche so untereinander, dass Komma unter Komma steht. Dann rechne wie gewohnt. Im Ergebnis ist das Komma an derselben Stelle.

b) $-12{,}04 - 13{,}3 = -(12{,}04 + 13{,}3) = \mathbf{-25{,}34}$

$$\begin{array}{r} 12{,}04 \\ +\ 13{,}3 \\ \hline 25{,}34 \end{array}$$

Das Ergebnis hat das gemeinsame Vorzeichen.

c) $214{,}871 + 981{,}74 = \mathbf{1\,196{,}611}$

$$\begin{array}{r} 214{,}871 \\ +\ 981{,}74 \\ \hline 1196{,}611 \end{array}$$

d) $9{,}62 - 3{,}54 = \mathbf{6{,}08}$

$$\begin{array}{r} 9{,}62 \\ -\ 3{,}54 \\ \hline 6{,}08 \end{array}$$

e) $-323{,}421 + 78{,}39 = -(323{,}421 - 78{,}39)$
$= \mathbf{-245{,}031}$

$$\begin{array}{r} 323{,}421 \\ -\ 78{,}39 \\ \hline \mathbf{245{,}031} \end{array}$$

Subtrahiere den kleineren vom größeren Betrag. Das Vorzeichen der betragsmäßig größeren Zahl steht vor dem Ergebnis.

f) $12{,}345 - 71{,}892 = -(71{,}892 - 12{,}345)$
$= \mathbf{-59{,}547}$

$$\begin{array}{r} 71{,}892 \\ -\ 12{,}345 \\ \hline 59{,}547 \end{array}$$

Subtrahiere den kleineren vom größeren Betrag. Das Vorzeichen der betragsmäßig größeren Zahl steht vor dem Ergebnis.

127

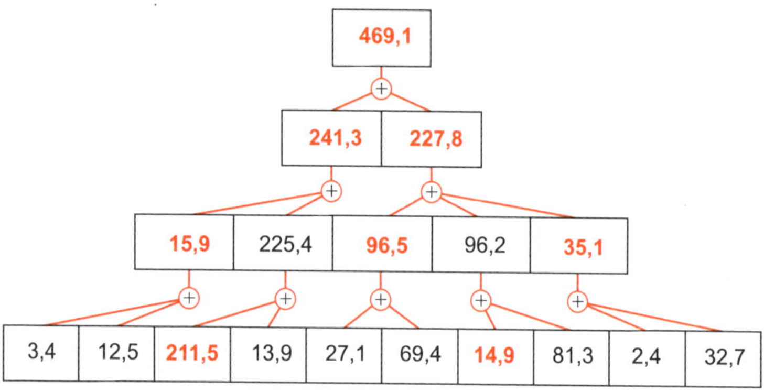

128

a) $2{,}7 + 4{,}25 = \mathbf{6{,}95}$

b) $-2{,}15 + 12{,}3 = \mathbf{10{,}15}$

c) $-0{,}45 - 0{,}59 = \mathbf{-1{,}04}$

d) $78{,}34 + 19{,}52 = \mathbf{97{,}86}$

e) $13{,}9 - 212{,}3 = \mathbf{-198{,}4}$

f) $83{,}41 - 21{,}2 = \mathbf{62{,}21}$

g) $13{,}4 + 35{,}5 + 2{,}25 = \mathbf{51{,}15}$

h) $41{,}4 - 14{,}5 - 3{,}8 = \mathbf{23{,}1}$

–6,96	10,25	65,4	62,21	78,3
97,87	6,95	62,31	–198,4	19,4
23,3	10,15	51,17	51,15	197,4
12,31	–1,04	–2,04	23,1	49,72
10,19	97,86	198,6	23,15	6,93
0,95	1,03	6,91	23,15	23,7

129 a) $2{,}49 - 5{,}2 = -2{,}71$ (S)

b) $-57{,}14 + 12{,}85 = -44{,}29$ (T)

c) $-14{,}7 - 4{,}37 = -19{,}07$ (A)

d) $63{,}19 + 7{,}56 = 70{,}75$ (E)

e) $18{,}042 - 20{,}162 = -2{,}12$ (C)

f) $-11{,}14 + 62{,}04 = 50{,}9$ (H)

$-44{,}29 < -19{,}07 < -2{,}71 < -2{,}12 < 50{,}9 < 70{,}75$

T A S C H E

130

·	10	100	1 000	10 000
0,378	**3,78**	**37,8**	**378**	**3 780**
3,0479	**30,479**	**304,79**	**3 047,9**	**30 479**
41,801	**418,01**	**4 180,1**	**41 801**	**418 010**
17,3474	**173,474**	**1 734,74**	**17 347,4**	**173 474**

131 Der Mond würde einen scheinbaren Durchmesser von **35 cm** haben.

3,5 cm · 10 = **35 cm**

132 a) 15,65 m · 10 = **156,5 m**

Das Komma verschiebt sich um 1 Stelle nach rechts.

b) 15,65 m · 100 = **1 565 m**

Das Komma wird um 2 Stellen nach rechts verschoben.

c) 15,65 m · 100 000 = **1 565 000 m**

Das Komma wird um 5 Stellen nach rechts verschoben.

133 a) $-19{,}73 \cdot 7{,}58 = \mathbf{-149{,}5534}$

Die Faktoren haben insgesamt 4 Nachkommastellen. Das Ergebnis deshalb auch. Denke auch daran, das Vorzeichen richtig zu setzen.

```
1973 · 758
 13811
   9865
+  15784
 1495534
```

b) $2,379 \cdot 8,54 =$ **20,31666**

Genau wie die Faktoren insgesamt hat das Ergebnis 5 Stellen hinter dem Komma.

$$
\begin{array}{r}
\underline{2379 \cdot 854} \\
19032 \\
11895 \\
\underline{+ \quad 9516} \\
2031666
\end{array}
$$

c) $241,2 \cdot 4,32 =$ **1 041,984**

Setze das Komma im Ergebnis an die dritte Stelle von hinten.

$$
\begin{array}{r}
\underline{2412 \cdot 432} \\
9648 \\
7236 \\
\underline{+ \quad 4824} \\
1041984
\end{array}
$$

d) $-1,27 \cdot (-3,6) = +4,572 =$ **4,572**

$$
\begin{array}{r}
\underline{127 \cdot 36} \\
381 \\
\underline{+ \quad 762} \\
4572
\end{array}
$$

134

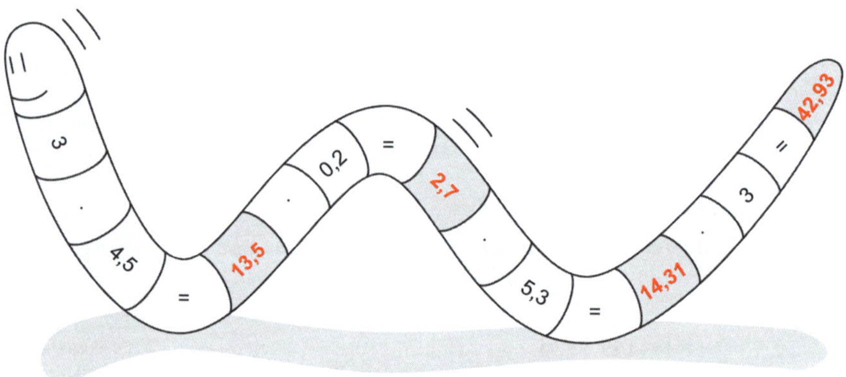

135 $55 \cdot 1,36 =$ **74,8**

55 kW entsprechen 74,8 PS.

$105 \cdot 0,735 =$ **77,175**

105 PS entsprechen 77,18 kW.

1 kW = 1,36 PS

55 kW = 55 · 1,36 PS

1 PS = 0,735 kW

105 PS = 105 · 0,735 kW

136 a) $2 \cdot 4{,}8 = \mathbf{9{,}6}$

b) $4 \cdot 0{,}6 = \mathbf{2{,}4}$

c) $1{,}5 \cdot 5 = \mathbf{7{,}5}$

d) $1\,000 \cdot 12{,}53 = \mathbf{12\,530}$

137 Fläche = 52,3 m · 31,45 m
Fläche = 1 644,835 m^2
Grundstücksgebühren ⇒

$$\begin{array}{r} \underline{1644{,}835 \cdot 73{,}4} \\ 11513845 \\ 4934505 \\ +\quad 6579340 \\ \hline \mathbf{120730{,}8890} \end{array}$$

Fläche = Länge · Breite

Der Bauherr muss 120 730,89 € an Grundstücksgebühren zahlen.

138 a) $14 \cdot 35{,}2 = \mathbf{492{,}8}$

$$\begin{array}{r} \underline{14 \cdot 352} \\ 42 \\ 70 \\ +\quad 28 \\ \hline 4928 \end{array}$$

b) $19{,}7 \cdot 21{,}03 = \mathbf{414{,}291}$

$$\begin{array}{r} \underline{197 \cdot 2103} \\ 394 \\ 197 \\ +\quad 591 \\ \hline 414291 \end{array}$$

c) $-0{,}4 \cdot 0{,}6 = \mathbf{-0{,}24}$

$$\begin{array}{r} \underline{4 \cdot 6} \\ 24 \end{array}$$

Die schriftliche Nebenrechnung ohne Vorzeichen und Kommas kann hier auch im Kopf erfolgen. Setze dann das richtige Vorzeichen und das Komma an die richtige Stelle.

d) $0{,}03 \cdot 0{,}004 = \mathbf{0{,}00012}$

$$\begin{array}{r} \underline{3 \cdot 4} \\ 12 \end{array}$$

Die Faktoren haben 2 und 3 Nachkommastellen, das Ergebnis also 2 + 3 = 5 Nachkommastellen.

e) $124{,}5 \cdot 3{,}87 = \mathbf{481{,}815}$

$$\begin{array}{r} \underline{1245 \cdot 387} \\ 3735 \\ 9960 \\ +\quad 8715 \\ \hline 481815 \end{array}$$

f) $-7{,}3 \cdot 1{,}4 = \mathbf{-10{,}22}$

$$\begin{array}{r} \underline{73 \cdot 14} \\ 73 \\ \underline{+\ 292} \\ 1022 \end{array}$$

g) $62{,}403 \cdot 17 = \mathbf{1060{,}851}$

$$\begin{array}{r} \underline{62403 \cdot 17} \\ 62403 \\ \underline{+\ 436821} \\ 1060851 \end{array}$$

h) $13{,}43 \cdot 17{,}12 = \mathbf{229{,}9216}$

$$\begin{array}{l} \underline{1343 \cdot 1712} \\ \ \ 1343 \\ \ \ \ \ 9401 \\ \ \ \ \ \ \ 1343 \\ \underline{+\ \ \ \ \ \ \ 2686} \\ \ \ 2299216 \end{array}$$

i) $0{,}75 \cdot (-51{,}7) = \mathbf{-38{,}775}$

$$\begin{array}{l} \underline{75 \cdot 517} \\ \ 375 \\ \ \ \ \ 75 \\ \underline{+\ \ \ 525} \\ \ 38775 \end{array}$$

j) $-226{,}3 \cdot (-4{,}53) = \mathbf{1\,025{,}139}$

$$\begin{array}{l} \underline{2263 \cdot 453} \\ \ \ 9052 \\ \ \ \ \ 11315 \\ \underline{+\ \ \ \ \ 6789} \\ \ \ 1025139 \end{array}$$

139

:	10	100	1 000	10 000
123,5	**12,35**	**1,235**	**0,1235**	**0,01235**
12,47	**1,247**	**0,1247**	**0,01247**	**0,001247**
528,91	**52,891**	**5,2891**	**0,52891**	**0,052891**
2 314,9	**231,49**	**23,149**	**2,3149**	**0,23149**
−1,41	**−0,141**	**−0,0141**	**−0,00141**	**−0,000141**

Das Komma verschiebt sich um die Anzahl der Nullen der Stufenzahl nach links.

140 a) $78 : (-3{,}2) = 780 : (-32) = \mathbf{-24{,}375}$

```
64
140
128
 120
  96
  240
  224
   160
   160
     0
```

Bevor du anfängst zu rechnen, verschiebe das Komma bei Dividend und Divisor um 1 Stelle, um eine ganze Zahl als Divisor zu erhalten.

b) $5{,}4 : 1{,}6 = 54 : 16 = \mathbf{3{,}375}$

```
48
 60
 48
 120
 112
   80
   80
    0
```

Verschiebe das Komma zuerst um 1 Stelle.

c) $45{,}6 : 2{,}85 = 4560 : 285 = \mathbf{16}$

```
285
1710
1710
   0
```

Verschiebe das Komma zuerst um 2 Stellen.

d) $-542{,}35 : 5 = -54235 : 500 = \mathbf{-108{,}47}$

$$\begin{array}{r} \underline{500} \\ 4235 \\ \underline{4000} \\ 2350 \\ \underline{2000} \\ 3500 \\ \underline{3500} \\ 0 \end{array}$$

Verschiebe das Komma zuerst um 2 Stellen, dann kannst du einfacher rechnen.

e) $-15{,}2 : (-0{,}5) = -152 : (-5) = +30{,}4 = \mathbf{30{,}4}$

$$\begin{array}{r} \underline{15} \\ 020 \\ \underline{20} \\ 0 \end{array}$$

Verschiebe das Komma zuerst um 1 Stelle.
Beachte: Minus mal minus ergibt plus.

f) $0{,}55 : 0{,}25 = 55 : 25 = \mathbf{2{,}2}$

$$\begin{array}{r} \underline{50} \\ 50 \\ \underline{50} \\ 0 \end{array}$$

Multipliziere zunächst Dividend und Divisor mit 100.

141

1.	$-25{,}6 : 0{,}1 = \mathbf{-256}$	R	$- : + = -$
3.	$46{,}768 : 7{,}4 = \mathbf{6{,}32}$	D	
5.	$147{,}2 : (-23) = \mathbf{-6{,}4}$	N	$+ : - = -$
7.	$280{,}36 : (-16{,}3) = \mathbf{-17{,}2}$	U	
10.	$-0{,}36 : (-0{,}15) = \mathbf{2{,}4}$	N	$- : - = +$
		ORDNUNG	

142 a) $18{,}3 - [(6{,}4 - 3{,}5) + 5{,}3 + (9{,}7 - 7{,}3)] =$
$18{,}3 - [2{,}9 + 5{,}3 + 2{,}4] =$
$18{,}3 - 10{,}6 = \mathbf{7{,}7}$

Berechne zuerst die inneren runden Klammern, dann die eckige Klammer und dann den Rest.

b) $(13{,}56 + 34{,}24) + [(256{,}3 - 246{,}8) \cdot 19{,}6] =$
$47{,}8 + [9{,}5 \cdot 19{,}6] =$
$47{,}8 + 186{,}2 = \mathbf{234}$

Klammer vor Punkt vor Strich!

c) $[(96{,}4 - 89{,}3) : 4] + 6{,}125 =$
$[7{,}1 : 4] + 6{,}125 =$
$1{,}775 + 6{,}125 = \mathbf{7{,}9}$

Zuerst die runde Klammer, dann die eckige Klammer.

143

	1	2	3	4	5	6
1	3,16	0,68	3 082,05	15,847	3,5	☺
2	7,29	2,85	5	–379,35	☺	17,435
3	☺	5,9	3,3	3,3	69,904	3,4
4	9,58	408,96	479,93	☺	–1 014,4	203,7
5	161,28	☺	2,653	–6,34	26,25	33,2
6	12,22	–128,7	☺	17,64	98,46	14,01

144

a) $154 : 5 =$ **30,8**

b) $-72,42 : 6 =$ **–12,07**

c) $-1\,495 : (-5,2) =$ **287,5**

d) $-275 : 5,5 =$ **–50**

145

a) $4 \cdot (1,8 + 1,9) =$ **14,8**

b) $4,3 \cdot 4,2 =$ **18,06**

c) $1,5 \cdot 1,5 =$ **2,25**

d) $(25,62 - 12,42) \cdot 0,25 =$ **3,3**

e) $(0,85 + 1,15) \cdot 15,2 =$ **30,4**

f) $(12,3 - 2,3) \cdot (252,74 + 8,25) =$ **2 609,9**

g) $2\,225 \cdot 0,01 =$ **22,25**

h) $25,74 \cdot 10 =$ **257,4**

i) $6,3 : 2,1 =$ **3**

j) $(426,2 : 10) + 3,7 =$ **46,32**

k) $16 \cdot 9,55 =$ **152,8**

l) $30,24 : 3,6 =$ **8,4**

m) $28,122 : 4,3 =$ **6,54**

S 5	P 12	M 11	C 9	L 7	I 3	B 8	O 4
R 6	H 10	E 1	A 2			T 13	

Wort	Punkte	Wort	Punkte	Wort	Punkte
ROSE	**16**	ATOME	**31**	PLASTE	**40**
OPA	**18**	MAST	**31**	SPALTE	**40**
ARME	**20**	BROTE	**32**	BARSCHE	**41**
AST	**20**	RASCH	**32**	SCHELM	**43**
POL	**23**	AMPEL	**33**	MARSCH	**43**
ROT	**23**	LAMPE	**33**	RATSCHE	**46**
TOR	**23**	LASCHE	**34**	SCHLEIM	**46**
ASCHE	**27**	OBLATE	**35**	LATSCHE	**47**
LESBAR	**29**	MATHE	**37**	MATSCH	**50**
REICH	**29**	BLEICH	**38**	TISCHLER	**54**
PROBE	**31**	TISCH	**40**	SCHLAMPER	**63**
				PROBLEMATISCH	**91**

146

a) 52,6 cm = **526 mm** — 1 cm = 10 mm

b) $2{,}3\ \text{mm}^2 = \mathbf{0{,}00023\ dm^2}$ — $1\ \text{mm}^2 = 0{,}0001\ \text{dm}^2$

c) $15{,}1\ m\ell = \mathbf{1{,}51\ c\ell}$ — $1\ m\ell = 0{,}1\ c\ell$

d) $38{,}2\ \text{m}^2 = \mathbf{3\,820\ dm^2}$ — $1\ \text{m}^2 = 100\ \text{dm}^2$

e) 7,23 m = **7 230 mm** — 1 m = 1 000 mm

f) $34{,}26\ c\ell = \mathbf{342{,}6\ m\ell}$ — $1\ c\ell = 10\ m\ell$

g) 47,985 km = **47 985 m** — 1 km = 1 000 m

h) 81,7 t = **81 700 kg** — 1 t = 1 000 kg

i) 5 896 mg = **5,896 g** — 1 mg = 0,001 g

j) $98{,}3\ \text{dm}^3 = \mathbf{0{,}0983\ m^3}$ — $1\ \text{dm}^3 = 0{,}001\ \text{m}^3$

147

a) 51,3 mm = 5,13 cm — 1 mm = 0,1 cm
5,13 cm + 2,46 cm = **7,59 cm**

b) $11{,}1\ m\ell = 1{,}11\ c\ell$ — $1\ m\ell = 0{,}1\ c\ell$
$22{,}2\ m\ell = 2{,}22\ c\ell$
$1{,}11\ c\ell + 1{,}1\ c\ell + 2{,}22\ c\ell = \mathbf{4{,}43\ c\ell}$

c) 2 165 mg = 2,165 g — 1 mg = 0,001 g
12 mg = 0,012 g
2,165 g – 1,562 g – 0,012 g = **0,591 g**

d) $98\ cm^2 = 0{,}98\ dm^2$
$1{,}5\ cm^2 = 0{,}015\ dm^2$
$0{,}98\ dm^2 + 75{,}2\ dm^2 - 0{,}015\ dm^2 =$ **$76{,}165\ dm^2$**

$1\ cm^2 = 0{,}01\ dm^2$

148 geg.: Stärke eines Blatts = 0,08 mm
Stärke des Buchs = 1,8 cm

Was ist gegeben?

ges.: Anzahl der Blätter

Was ist gesucht?

1,8 cm = 18 mm

Lege sinnvolle Maßeinheiten fest und rechne um.

18 mm : 0,08 mm = 1800 : 8 = 225

```
1800 : 8 = 225
16
 20
 16
  40
  40
   0
```

Anzahl der Blätter = Stärke des Buchs : Stärke eines Blatts

Das Buch müsste 225 Blätter haben.

Antwortsatz

149 a) $62{,}78\ cm^2 : 7{,}3\ cm =$ **$8{,}6\ cm$**

Fläche = Länge · Breite
⇒ Breite = Fläche : Länge

b) $91{,}52\ m^2 : 17{,}6\ m =$ **$5{,}2\ m$**

⇒ Länge = Fläche : Breite

150 3,4 Bayerische Ellen in cm:

```
83,33 · 3,4
  24999
+ 33332
 283,322
```

283,322

3,4 Preußische Ellen in cm:

```
66,69 · 3,4
  20007
+ 26676
 226,746
```

226,746

3,4 Sächsische Ellen in cm:

```
56,6 · 3,4
  1698
+ 2264
 192,44
```

192,44

In Bayern waren 3,4 Ellen etwa 283 cm lang,
in Preußen 227 cm und in Sachsen 192 cm.

151 Bayern:
$18 \cdot 34{,}07\ a = 613{,}26\ a$
$613{,}26\ a \cdot 100 = 61\,326\ m^2$
$61\,326\ m^2 : 10\,000 =$ **6,1326 ha**

Wie groß ist die Fläche in a?
Wie groß ist die Fläche in m^2?
Wie groß ist die Fläche in ha?

Preußen:
$18 \cdot 25{,}53\ a = 459{,}54\ a$
$459{,}54\ a \cdot 100 = 45\,954\ m^2$
$45\,954\ m^2 : 10\,000 =$ **4,5954 ha**

Sachsen:
$18 \cdot 27{,}67\ a = 498{,}06\ a$
$498{,}06\ a \cdot 100 = 49\,806\ m^2$
$49\,806\ m^2 : 10\,000 =$ **4,9806 ha**

152 a) Zuladung
$= 98{,}3\ kg + 77{,}6\ kg + 7{,}5\ kg + 26{,}3\ kg + 25{,}6\ kg + 120\ kg + 23{,}5\ kg + 100\ kg$
$=$ **478,8 kg**

Die Zuladung beträgt 478,8 kg.

Wandle alles in kg um und addiere.

b) Überladung
$= 1\,075\ kg + 478{,}8\ kg - 1\,530\ kg =$ **23,8 kg**

Herr Maier müsste mindestens auf den kleinen Schuhschrank, den vollen Koffer oder zwei Hantelscheiben verzichten.

Addiere das Leergewicht und die Zuladung und ziehe davon das zulässige Gesamtgewicht ab.

153 a) $60\ g : 32 =$ **1,875 g**
Eine Skatkarte wiegt 1,875 g.

b) $1{,}54\ cm : 7 =$ **0,22 cm**

Eine 20-Cent-Münze hat eine Höhe von 0,22 cm.

154 $A_1 = 3{,}25\ m \cdot 4{,}56\ m = 14{,}82\ m^2$
$A_2 = 3{,}52 \cdot 2{,}5 = 8{,}8\ m^2$
Gesamtfläche $= A_1 + A_2$
$= 14{,}82\ m^2 + 8{,}8\ m^2$
$= 23{,}62\ m^2$

Fläche = Länge · Breite

Kosten $= 23{,}62 \cdot 32$ €
$=$ **755,84 €**

Kosten = Quadratmeter · Preis pro Quadratmeter

Die Kosten für den Parkettboden betragen 755,84 €.

155 Entfernung $= 2 \cdot 780\ \text{m} = 1\,560\ \text{m}$

Der Schall geht zur Bergwand und wieder zurück.

Geschwindigkeit $= 1\,560\ \text{m} : 4{,}68\ \text{s} = \mathbf{333{,}\overline{3}\ \frac{m}{s}}$

Der Schall legt in einer Sekunde etwa 333 m zurück.

156 Anzahl der Schritte $= 1\,832{,}6\ \text{m} : 0{,}85\ \text{m} = \mathbf{2\,156}$

Anzahl der Schritte = Strecke : Schrittlänge

Der Langläufer braucht für die Strecke 2 156 Schritte.

157 $(17{,}3+14{,}6+12{,}5)\cdot(-4{,}2)$
$= 44{,}4\cdot(-4{,}2)$
$= \mathbf{-186{,}48}$

158 $\frac{1}{2}\left(1\frac{2}{5}-0{,}8\right)+2\left(\frac{45}{4}:\frac{45}{20}\right)$

$= \frac{1}{2}\cdot\left(\frac{7}{5}-0{,}8\right)+2\left(\frac{\cancel{45}^{1}}{\cancel{4}_{1}}\cdot\frac{\cancel{20}^{5}}{\cancel{45}_{1}}\right)$

$= \frac{1}{2}\cdot\frac{7}{5}-\frac{1}{2}\cdot 0{,}8+2\cdot\frac{5}{1}$

$= \frac{7}{10}-0{,}4+10$

$= 0{,}7-0{,}4+10$

$= 0{,}3+10$

$= \mathbf{10{,}3}$

159 a) $\mathbf{2x-1}$

b) $\mathbf{\frac{x}{2}+15}$

c) $\mathbf{x+3+4x}$

d) $\mathbf{(x-2)\cdot x}$

e) $\mathbf{\frac{x}{3}\cdot 3x}$

160 a) $T(8)=3\cdot 8+4=\mathbf{28}$
$T(9)=3\cdot 9+4=\mathbf{31}$
$T(11)=3\cdot 11+4=\mathbf{37}$
$T(12)=3\cdot 12+4=\mathbf{40}$

Setze, der Reihe nach, für x die Elemente der Grundmenge ein und berechne die Termwerte.

b) $T(1)=2\cdot 1+3\cdot 1=\mathbf{5}$
$T(2)=2\cdot 2+3\cdot 2=\mathbf{10}$
$T(3)=2\cdot 3+3\cdot 3=\mathbf{15}$
$T(4)=2\cdot 4+3\cdot 4=\mathbf{20}$

c) $T(2)=(2+2):2=\mathbf{2}$
$T(4)=(4+2):2=\mathbf{3}$
$T(6)=(6+2):2=\mathbf{4}$
$T(8)=(8+2):2=\mathbf{5}$
$T(10)=(10+2):2=\mathbf{6}$

d) $T(1)=(20-1)\cdot 2\cdot 1=\mathbf{38}$
$T(2)=(20-2)\cdot 2\cdot 2=\mathbf{72}$
$T(3)=(20-3)\cdot 2\cdot 3=\mathbf{102}$

161 a)

x	5	6	7
$T(x)=7-x\cdot 1$	2	1	0

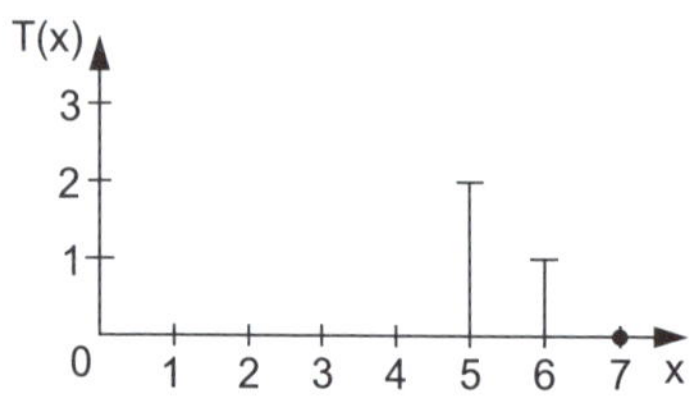

b)

x	2	4	6	8
$T(x) = 2 \cdot x - 0{,}5 \cdot x$	3	6	9	12

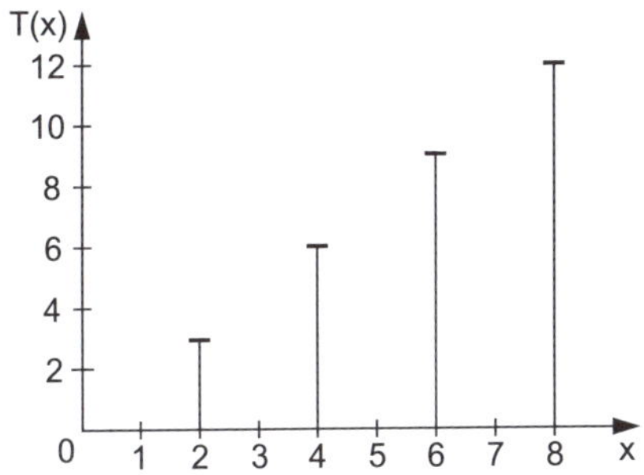

c)

x	2	3	4	5	6
$T(x) = 3 \cdot (x+2)$	12	15	18	21	24

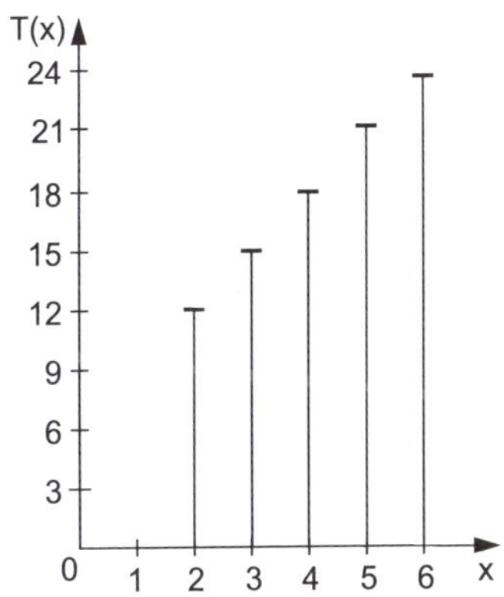

162 a) $T(x) = 2 \cdot x$
$T(50) = 2 \cdot 50 = \mathbf{100}$

b) $T(x) = x + 1$
$T(50) = 50 + 1 = \mathbf{51}$

c) $T(x) = 2 \cdot (x + 1)$
$T(50) = 2 \cdot (50 + 1) = \mathbf{102}$

d) $T(x) = \dfrac{x}{x+1}$

$T(50) = \dfrac{50}{50+1} = \mathbf{\dfrac{50}{51}}$

163 a) Bei einem Quader sieht man 3 Seiten, bei zwei Quadern sind es 5 Seiten und bei 3 Quadern sieht man 7 Seiten. Bei jedem zusätzlichen Quader sieht man also zwei Seiten mehr. Die Tabelle stellt den Sachverhalt dar:

Quader	1	2	3	4	5	6	7
sichtbare Seiten	3	5	7	9	11	13	15
davon Deckseiten	1	1	1	1	1	1	1
davon andere Seiten	2	4	6	8	10	12	14

Anzahl der Quader: x
Sichtbare Deckseiten: 1
Sichtbare Front-/Seitenflächen: $2 \cdot x$

Term:
$T(x) = 2 \cdot x + 1$

Es ist immer nur die Deckfläche des obersten Quaders sichtbar.

Da zwei Seiten von einem Quader zu sehen sind, heißt der Term $2 \cdot x$; und da die Deckseite immer zu sehen ist, wird sie noch dazugerechnet.

b) Ein Turm aus **72** Quadern hat $T(\mathbf{72}) = 2 \cdot \mathbf{72} + 1 = \mathbf{145}$ sichtbare Seiten.

164 Stelle den Sachverhalt zunächst in einer Tabelle dar und zähle die Streichhölzer.

Reihenhäuser	1	2	3	4	5
Streichhölzer	6	11	16	21	26
ganz links	1	1	1	1	1
weitere	5	10	15	20	25

Skizze:

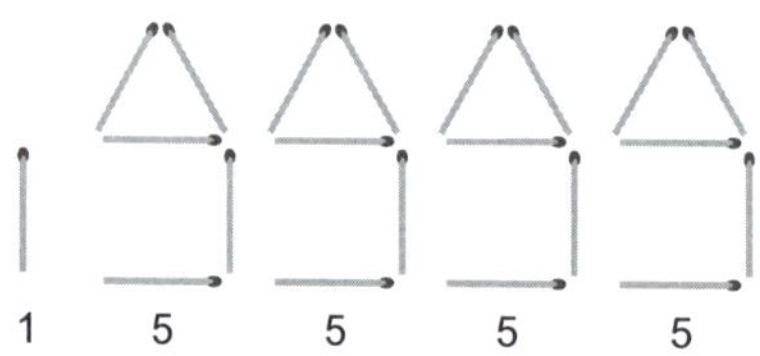

Bei jedem neuen Häuschen werden 5 zusätzliche Streichhölzer benötigt. Dabei ist die linke Außenwand des neuen Häuschens die rechte Außenwand des alten Häuschens daneben. Nur das erste Häuschen hat eine linke Außenwand für sich allein.

Anzahl der Reihenhäuser: x
Streichholz ganz links: 1
restliche Streichhölzer: $5 \cdot x$

Term:
$T(x) = 5 \cdot x + 1$

Damit **19** Reihenhäuser mit Streichhölzern gelegt werden können, werden $T(\mathbf{19}) = 5 \cdot \mathbf{19} + 1 =$ **96 Streichhölzer** gebraucht.

165 Skizze:

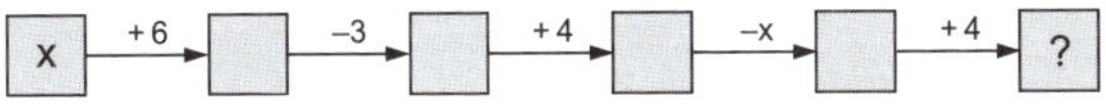

Der Term heißt:

$T(x) = \cancel{x} + 6 - 3 + 4 - \cancel{x} + 4 = 6 - 3 + 4 + 4 = 11$

$\vdots$

$T(3) = 3 + 6 - 3 + 4 - 3 + 4 = 9 - 3 + 4 - 3 + 4 = 11$

$\vdots$

$T(7) = 7 + 6 - 13 + 4 - 7 + 4 = 13 - 3 + 4 - 7 + 4 = 11$

$\vdots$

Das Ergebnis ist immer **11**. Die **gedachte Zahl hebt sich auf** und da die anderen Zahlen gleich sind und gleich addiert bzw. subtrahiert werden, ist das Ergebnis immer dasselbe.

166 a)

Schritte	Meter
2	1
4	2
6	3
8	4
10	5
…	…
x	x : 2

$T(x) = x : 2$ oder $T(x) = 0{,}5 \cdot x$

Bei 670 Schritten legt der Wanderer $T(x) = 0{,}5 \cdot 670 =$ **335 Meter** zurück.

Bei 2 250 Schritten legt der Wanderer $T(x) = 0{,}5 \cdot 2\,250 =$ **1 125 Meter** zurück.

b) Für 550 Meter benötigt der Wanderer **1 100 Schritte**, denn aus $0{,}5 \cdot x = 550$ folgt $x = 1\,100$.

Für 2 300 Meter benötigt der Wanderer **4 600 Schritte**, denn aus $0{,}5 \cdot x = 2\,300$ folgt $x = 4\,600$.

167 a) $T_1(x) = (x+2)^2$

x	1	2	3	5
$T_1(x)$	9	16	25	49

$T_2(x) = x^2 + 4x + 4$

x	1	2	3	5
$T_2(x)$	9	16	25	49

Die Terme stimmen bei allen Belegungen der Grundmenge überein und sind somit **äquivalent**.

b) $T_1(x) = 2x + 2$

x	7	9	11
$T_1(x)$	16	20	24

$T_2(x) = 2 \cdot (x + 1)$

x	7	9	11
$T_2(x)$	16	20	24

Die Terme stimmen bei allen Belegungen der Grundmenge überein und sind somit **äquivalent**.

c) $T_1(x) = \frac{18}{2 \cdot x}$

x	1	3
$T_1(x)$	9	3

$T_2(x) = \frac{18}{2 + x}$

x	1	3
$T_2(x)$	6	3,6

Die Terme stimmen nicht bei allen Belegungen der Grundmenge überein und sind somit **nicht äquivalent**.

168 Vereinfachen des ersten Summenterms:

$S_1(x) = (x + x + 4 \cdot 2) + (2 \cdot x + 2) + (x + 1)$ — Löse die Klammern auf.

$S_1(x) = \mathbf{x} + \mathbf{x} + 4 \cdot 2 + \mathbf{2 \cdot x} + 2 + \mathbf{x} + 1$ — Fasse die gleichartigen Termglieder zusammen.

$S_1(x) = \mathbf{5 \cdot x} + 11$

Vereinfachen des zweiten Summenterms:

$S_2(x) = (2 \cdot x + 5) + (x + 2 \cdot x + 6)$

$S_2(x) = \mathbf{2 \cdot x} + 5 + \mathbf{x} + \mathbf{2 \cdot x} + 6$

$S_2(x) = \mathbf{5 \cdot x} + 11$

Beide Terme lassen sich in den Term $5 \cdot x + 11$ umformen, sie sind also **äquivalent** zueinander.

169 Es gibt vier naheliegende Möglichkeiten, einen Term aufzustellen, von denen sich alle in den Term $19{,}5 \cdot b$ umformen lassen:

- $\mathbf{T_1(b) = 3 \cdot (6{,}5 \cdot b)}$
  $= 19{,}5 \cdot b$

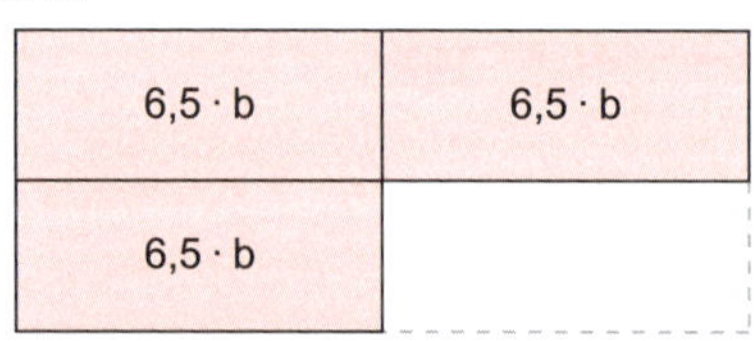

- $\mathbf{T_2(b) = (2 \cdot 6{,}5) \cdot b + 6{,}5 \cdot b}$
  $= 13 \cdot b + 6{,}5 \cdot b$
  $= 19{,}5 \cdot b$

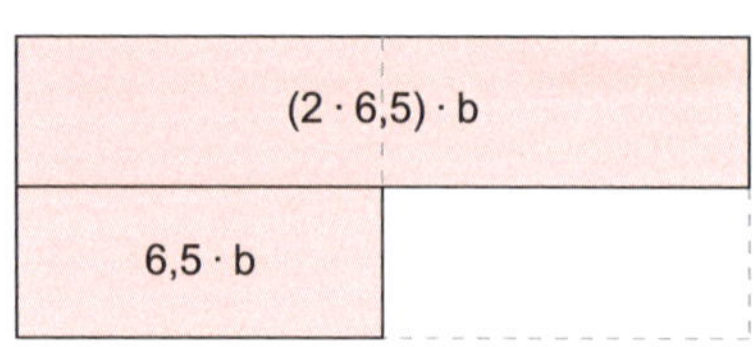

- $\mathbf{T_3(b) = 6{,}5 \cdot (2 \cdot b) + (6{,}5 \cdot b)}$
  $= 13 \cdot b + 6{,}5 \cdot b$
  $= 19{,}5 \cdot b$

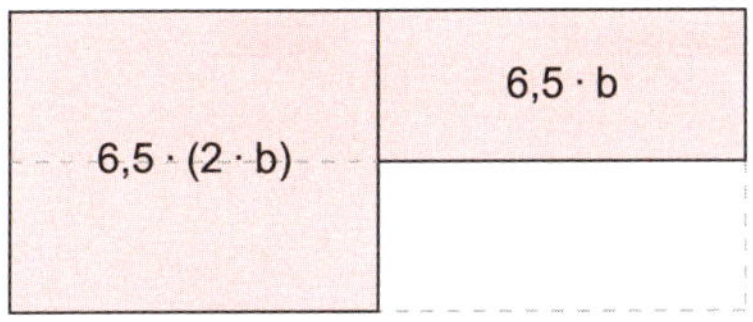

- $\mathbf{T_4(b) = (2 \cdot 6{,}5) \cdot (2 \cdot b) - 6{,}5 \cdot b}$
  $= 26 \cdot b - 6{,}5 \cdot b$
  $= 19{,}5 \cdot b$

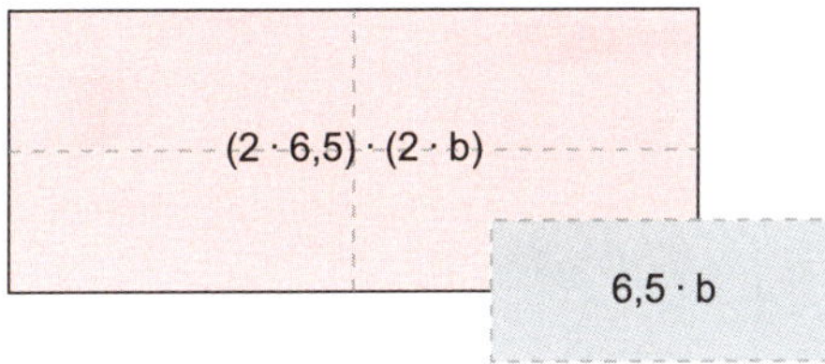

170 a) $\frac{1}{3}x + 5 = 12 \quad |-5$

$\Leftrightarrow \quad \frac{1}{3}x = 7 \quad |\cdot 3$

$\Leftrightarrow \quad \mathbf{x = 21}$

$L = \{21\}$

b) $9 + 4x = 19 \quad |-9$

$\Leftrightarrow \quad 4x = 10 \quad |:4$

$\Leftrightarrow \quad \mathbf{x = 2{,}5}$

$L = \{2{,}5\}$

c) $5y - \frac{3}{4} = 19{,}25 \quad |+\frac{3}{4}$

$\Leftrightarrow \quad 5y = 19{,}25 + 0{,}75$

$\Leftrightarrow \quad 5y = 20 \quad |:5$

$\Leftrightarrow \quad \mathbf{y = 4}$

$L = \{4\}$

d) $(0{,}7 + 0{,}3) \cdot 15 + x = 40{,}5$

$\Leftrightarrow \quad (1) \cdot 15 + x = 40{,}5$

$\Leftrightarrow \quad 15 + x = 40{,}5 \quad |-15$

$\Leftrightarrow \quad \mathbf{x = 25{,}5}$

$L = \{25{,}5\}$

e) $2x - \frac{4}{8} + 6 = 9{,}5$

$\Leftrightarrow \quad 2x - 0{,}5 + 6 = 9{,}5 \quad |-6$

$\Leftrightarrow \quad 2x - 0{,}5 = 3{,}5 \quad |+0{,}5$

$\Leftrightarrow \quad 2x = 4 \quad |:2$

$\Leftrightarrow \quad \mathbf{x = 2}$

$L = \{2\}$

f) $18 + 0{,}5x = 32\frac{4}{5}$

$\Leftrightarrow \quad 18 + 0{,}5x = 32{,}8 \quad |-18$

$\Leftrightarrow \quad \frac{1}{2}x = 14{,}8 \quad |\cdot 2$

$\Leftrightarrow \quad \mathbf{x = 29{,}6}$

$L = \{29{,}6\}$

171 a) $14{,}2x = 63{,}9 \quad |:14{,}2$

$\Leftrightarrow \quad \mathbf{x = 4{,}5}$

$L = \{4{,}5\}$

b) $0{,}6y = 15 \quad |:0{,}6$

$\Leftrightarrow \quad \mathbf{y = 25}$

$L = \{25\}$

c) $x + 9{,}8 = 12 \quad |-9{,}8$

$\Leftrightarrow \quad \mathbf{x = 2{,}2}$

$L = \{2{,}2\}$

d) $y - \frac{3}{4} = 20\frac{1}{4} \quad \left|+\frac{3}{4}\right.$

$\Leftrightarrow \quad y = \frac{81}{4} + \frac{3}{4}$

$\Leftrightarrow \quad y = \frac{84}{4}$

$\Leftrightarrow \quad \mathbf{y = 21}$

$L = \{21\}$

e) $x : 6 = 25 \quad |\cdot 6$

$\Leftrightarrow \quad \mathbf{x = 150}$

$L = \{150\}$

f) $x - \frac{2}{10} = 76{,}8 \quad \left|+\frac{2}{10}\right.$

$\Leftrightarrow \quad x = 76{,}8 + 0{,}2$

$\Leftrightarrow \quad \mathbf{x = 77}$

$L = \{77\}$

g)
$$y \cdot \frac{4}{5} = 20 \qquad \Big| \cdot \frac{5}{4}$$
$$\Leftrightarrow \quad y = \frac{20 \cdot 5}{4}$$
$$\Leftrightarrow \quad y = \frac{100}{4}$$
$$\Leftrightarrow \quad \mathbf{y = 25}$$
$L = \{25\}$

h)
$$x - 21 = -11 \qquad |+21$$
$$\Leftrightarrow \quad \mathbf{x = 10}$$
$L = \{10\}$

i)
$$36{,}4 + x = 98{,}4 \qquad |-36{,}4$$
$$\Leftrightarrow \quad \mathbf{x = 62}$$
$L = \{62\}$

j)
$$2\frac{1}{2}x = 10 \qquad |:2{,}5$$
$$\Leftrightarrow \quad x = 10 : 2{,}5$$
$$\Leftrightarrow \quad \mathbf{x = 4}$$
$L = \{4\}$

k)
$$y + 24{,}5 = 60{,}5 \qquad |-24{,}5$$
$$\Leftrightarrow \quad \mathbf{y = 36}$$
$L = \{36\}$

l)
$$8{,}2 + x = 14 \qquad |-8{,}2$$
$$\Leftrightarrow \quad \mathbf{x = 5{,}8}$$
$L = \{5{,}8\}$

Berechnung des Verkaufswerts:
$(4{,}5 + 25 + 2{,}2 + 21 + 150 + 77 + 25 + 10 + 62 + 4 + 36 + 5{,}8)$ € $\cdot$ 1 000
$= 422{,}5$ € $\cdot$ 1 000 $=$ **422 500 €**

172 a)
$$11{,}5x = 1328{,}4 - 86{,}4$$
$$\Leftrightarrow \quad 11{,}5x = 1242 \qquad |:11{,}5$$
$$\Leftrightarrow \quad \mathbf{x = 108}$$
$L = \{108\}$
1 m^2 Holzdecke kostet 108 €.

b)
$$120x = 300 \qquad |:120$$
$$\Leftrightarrow \quad \mathbf{x = 2{,}5}$$
$L = \{2{,}5\}$
Eine Leberwurst muss für 2,50 € verkauft werden.

173
1. Die Grundmenge ist die Menge der natürlichen Zahlen ($G = \mathbb{N}$).
2. Die Variable x kann sich entweder auf das Alter von Ferdi oder Julia beziehen. Man legt die Zuordnung der Variablen geschickt fest. Die **Variable x** soll für das **Alter** von **Julia** stehen.

3.

Text	mathematischer Term
Ferdi ist viermal so alt wie Julia	$4 \cdot x$ Jahre
Alter von Julia in acht Jahren	x Jahre + 8 Jahre
Alter von Ferdi in acht Jahren	$4 \cdot x$ Jahre + 8 Jahre
zusammen	+

4. Die Gleichung lautet:
(x Jahre + 8 Jahre) + (4 · x Jahre + 8 Jahre) = 41 Jahre

5. Maßzahlengleichung:

$$
\begin{aligned}
& (x+8)+(4\cdot x+8)=41 && \text{Vereinfachen.}\\
\Leftrightarrow\ & 5\cdot x+16=41 && |-16\\
\Leftrightarrow\ & 5\cdot x=41-16 &&\\
\Leftrightarrow\ & 5\cdot x=25 && |:5\\
\Leftrightarrow\ & x=5 \text{ Jahre} &&
\end{aligned}
$$

$L=\{5\}$

Julia ist heute **5 Jahre** und Ferdi $4 \cdot \mathbf{5} = \mathbf{20}$ **Jahre** alt.

174 Skizze:

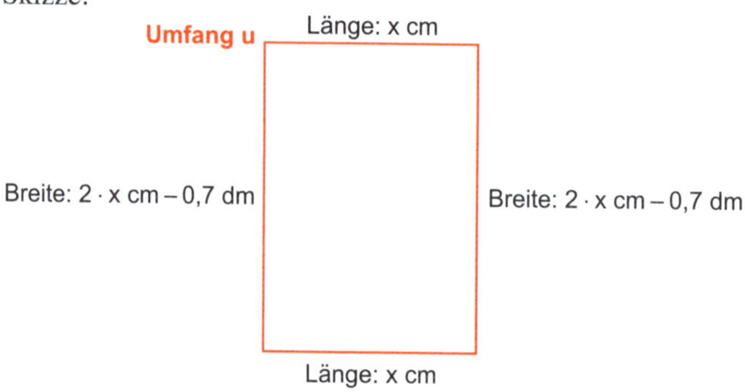

1. Die Grundmenge ist die Menge der rationalen Zahlen ($G = \mathbb{Q}$).
2. Die Variable x steht für die Länge des Rechtecks.
3.

Text	mathematischer Term
Länge des Rechteckes	x cm
doppelte Länge des Rechteckes	$2 \cdot x$ cm
vermindert um 0,7 dm	–0,7 dm
Breite des Rechteckes	$2 \cdot x$ m – 0,7 dm

Umfang u = Länge + Breite + Länge + Breite **= 2 · (Länge + Breite)**

4. Die Gleichung lautet:

   $34\ \text{cm} = 2 \cdot [\text{x cm} + (2 \cdot \text{x cm} - \mathbf{0{,}7\ dm})]$

   Die Größen müssen noch in die gleiche Einheit umgewandelt werden.
   Es bietet sich an, die Größen in cm anzugeben.

   $34\ \text{cm} = 2 \cdot [\text{x cm} + (2 \cdot \text{x cm} - \mathbf{7\ cm})]$

5. Maßzahlengleichung:

   $$\begin{aligned} & 34 = 2 \cdot [x + (2 \cdot x - 7)] && \text{Vereinfachen.} \\ \Leftrightarrow\ & 34 = 2 \cdot [3 \cdot x - 7] && \\ \Leftrightarrow\ & 34 = 6 \cdot x - 14 && |+14 \\ \Leftrightarrow\ & 48 = 6 \cdot x && |:6 \\ \Leftrightarrow\ & x = 8\ \text{cm} && \end{aligned}$$

   $L = \{8\}$

   Das Rechteck ist **8 cm** lang und $2 \cdot \mathbf{8\ cm} - 7\ \text{cm} = \mathbf{9\ cm}$ breit.

175 Mithilfe einer grafischen Veranschaulichung lässt sich ausgehend von 0 Goldstücken mit den Umkehroperationen rückwärts (von rechts nach links) rechnen:

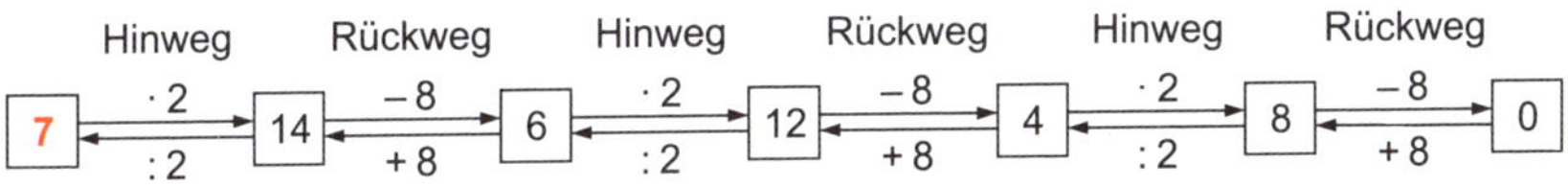

Der Räuber hatte anfangs 7 Goldstücke im Beutesack.

176 Diese Aufgabe ist am besten durch Rückwärtsrechnen und Probieren zu lösen, da nach einer Reihe von Ereignissen, dem Auffüllen und Ausschütten der Eimer, sich letztlich im 8 Liter-Eimer noch genau 4 Liter Wasser befinden sollen.

Wenn man es schafft, dass im 8-Liter-Eimer nur 1 Liter Wasser ist, dann würde man zusammen mit den 3 Litern Wasser aus dem anderen Eimer exakt 4 Liter Wasser haben.

Dazu schüttet der Gärtner das Wasser aus dem vollen 3-Liter-Eimer in den 8-Liter-Eimer. Diesen Vorgang wiederholt er. Nun sind 6 Liter im 8-Liter-Eimer und es ist noch Platz für 2 Liter. Jetzt schüttet er aus dem vollen 3-Liter-Eimer so lange Wasser nach bis der 8-Liter-Eimer voll ist und schüttet den großen Eimer aus. Es bleibt noch genau 1 Liter im 3-Liter-Eimer. Schüttet er diesen 1 Liter und noch 3 weitere Liter mit dem kleinen Eimer in den 8-Liter-Eimer hat er exakt 4 Liter Wasser zum Gießen zur Verfügung.

177

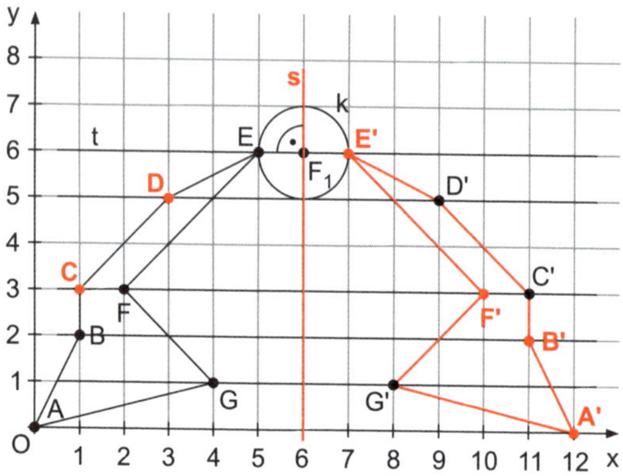

Der Punkt E' wurde beispielhaft mit einem Kreis um F_1 konstruiert, die restlichen Punkte mit dem Geodreieck.

178

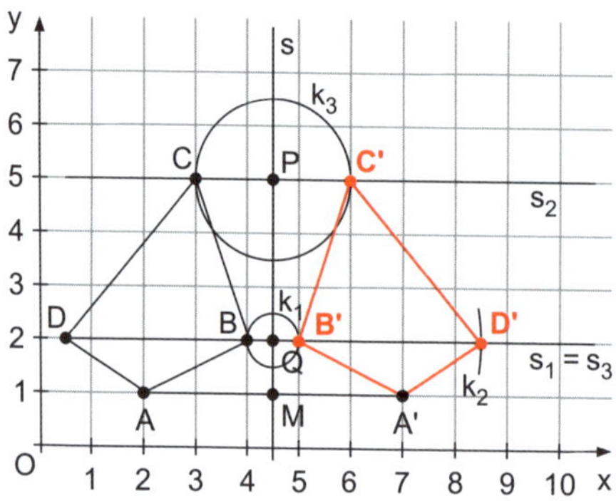

Konstruktionsbeschreibung:

1. Zeichnen der Strecke $\overline{AA'}$.
2. Finden des Mittelpunktes M der Strecke $\overline{AA'}$.
3. Zeichnen einer Senkrechten s zur Strecke $\overline{AA'}$ durch den Punkt M (Senkrechte = Spiegelachse).
4. Zeichnen der Senkrechten s_1, s_2 und s_3 zur Spiegelachse durch die Punkte B, C und D.
5. $s_1, s_3 \cap s = \{Q\}$, $s_2 \cap s = \{P\}$.
6. Zeichnen der Kreise $k_1(Q; r = |\overline{QB}|)$, $k_2(Q; r = |\overline{DQ}|)$ und $k_3(P; r = |\overline{PC}|)$.
7. $k_1 \cap s_1 = \{B'\}$, $k_2 \cap s_3 = \{D'\}$ und $k_3 \cap s_2 = \{C'\}$.
8. Zeichnen des Vierecks A'B'C'D'.

179

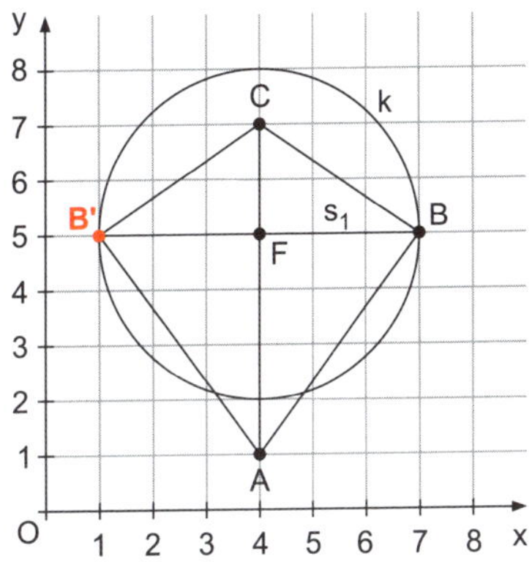

Konstruktionsbeschreibung:

1. Zeichnen der Senkrechten s_1 zur Strecke $\overline{AC}$ durch den Punkt B.
2. $s_1 \cap \overline{AC} = \{F\}$.
3. Zeichnen des Kreises $k(F; r = |\overline{FB}|)$.
4. $k \cap s_1 = \{B'\}$.
5. Verbinden der Punkte ABCB'.

Es entsteht ein achsensymmetrischer Drachen.

180

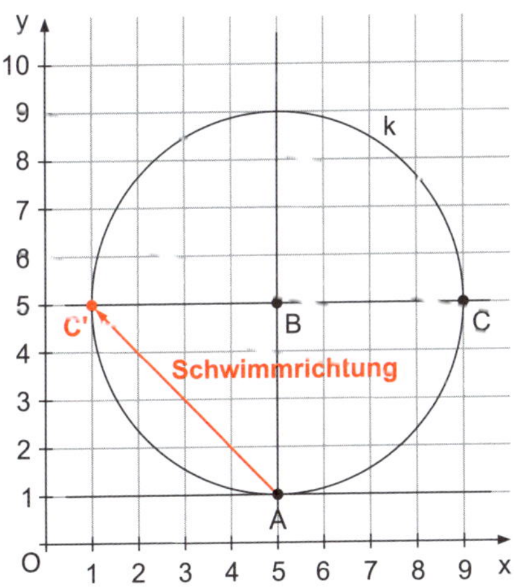

Konstruktionsbeschreibung:

1. Zeichnen der Geraden AB.
2. Zeichnen der Geraden BC.
3. Zeichnen des Kreises $k(B; r = |\overline{BC}|)$.
4. $BC \cap k = \{C'\}$.
5. Zeichnen der Halbgeraden [AC'.

181

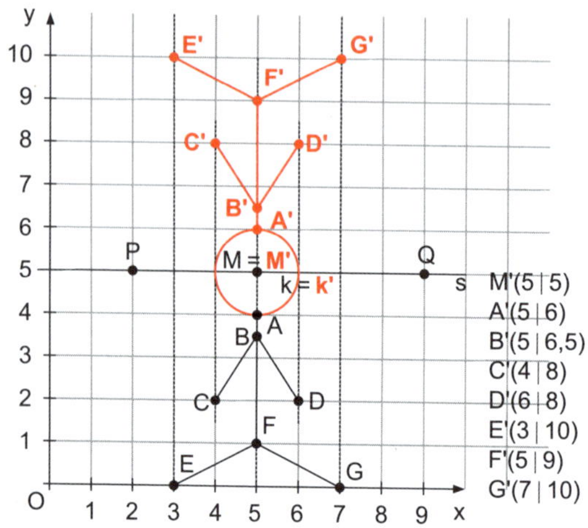

Konstruktionsbeschreibung:

1. Zeichnen der Figur ABCDEFGM und der Spiegelachse PQ.
2. Der Kreis k' ist der Kreis k, da der Mittelpunkt M ein Fixpunkt ist und die Achsenspiegelung kreistreu ist.
3. Abbilden der Punkte A, B, C, D, E, F und G sowie Ablesen der Koordinaten der Bildpunkte.
4. Zeichnen der Bildfigur A'B'C'D'E'F'G'M'.

182

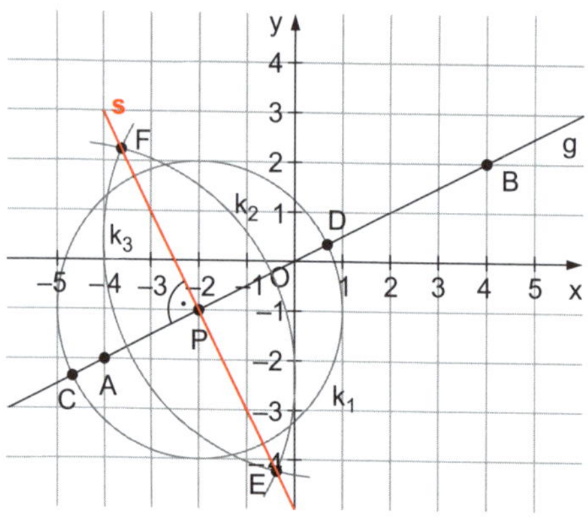

Konstruktionsbeschreibung:

1. Eintragen der Punkte A, B und zeichnen der Gerade g = AB.
2. Eintragen des Punktes P.
3. Zeichnen eines Kreises $k_1(P; r_1)$.
4. $k_1 \cap \overline{AB} = \{C; D\}$.
5. Zeichnen des Kreises $k_2(C; r_2 > r_1)$.
6. Zeichnen des Kreises $k_3(D; r_2 > r_1)$.

7. $k_2 \cap k_3 = \{E; F\}$.
8. Zeichnen der senkrechten Gerade $s = EF$.

183

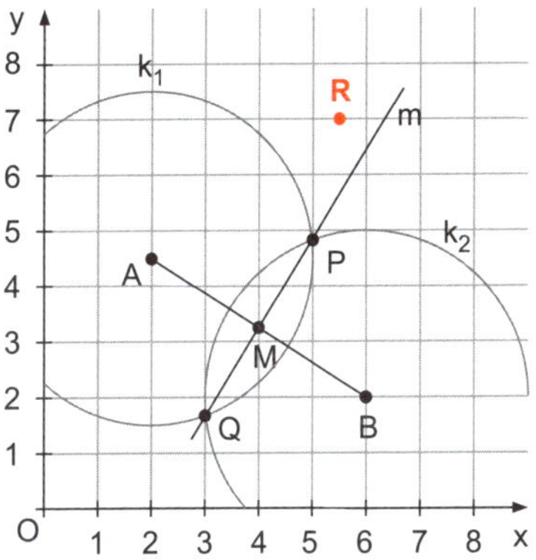

Konstruktionsbeschreibung:

1. Zeichnen der Strecke $\overline{AB}$.
2. Zeichnen des Kreises $k_1\left(A; r > \frac{|\overline{AB}|}{2}\right)$.
3. Zeichnen des Kreises $k_2(B; r)$.
4. $k_1 \cap k_2 = \{P; Q\}$.
5. Zeichnen der Geraden $PQ = m$.
6. $m \cap \overline{AB} = \{M\}$.

Der Punkt R liegt nicht auf der Mittelsenkrechten m.

184

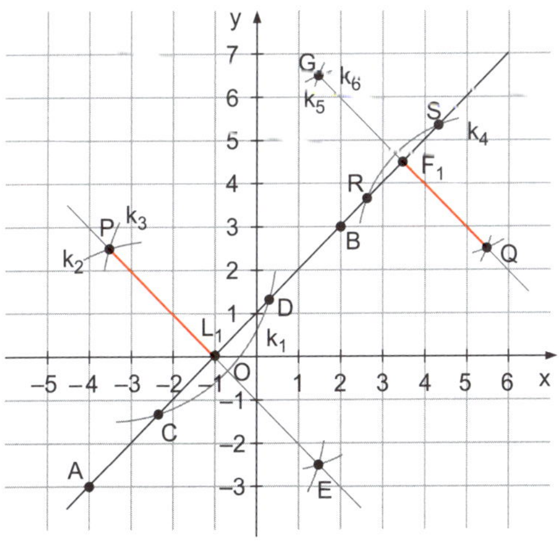

Konstruktionsbeschreibung:
1. Eintragen der Punkte A und B sowie Zeichnen der Geraden AB.
2. Eintragen der Punkte P und Q.
3. Zeichnen des Kreises $k_1(P;\ r_1 > d(P;\ \overline{AB}))$.
4. $k_1 \cap AB = \{C;\ D\}$.
5. Zeichnen des Kreises $k_2(C;\ r_2 = |\overline{CP}|)$.
6. Zeichnen des Kreises $k_3(D;\ r_2)$.
7. $k_2 \cap k_3 = \{P;\ E\}$.
8. Zeichnen des Lots von P auf AB durch Verbinden der Punkte P und E.
9. Zeichnen des Kreises $k_4(Q;\ r_3 > d(Q;\ AB))$.
10. $k_4 \cap AB = \{R;\ S\}$.
11. Zeichnen des Kreises $k_5(R;\ r_4 = |\overline{RQ}|)$.
12. Zeichnen des Kreises $k_6\ (S;\ r_4)$.
13. $k_5 \cap k_6 = \{Q;\ G\}$.
14. Zeichnen des Lots von Q auf AB durch Verbinden der Punkte Q und G.

185 a)

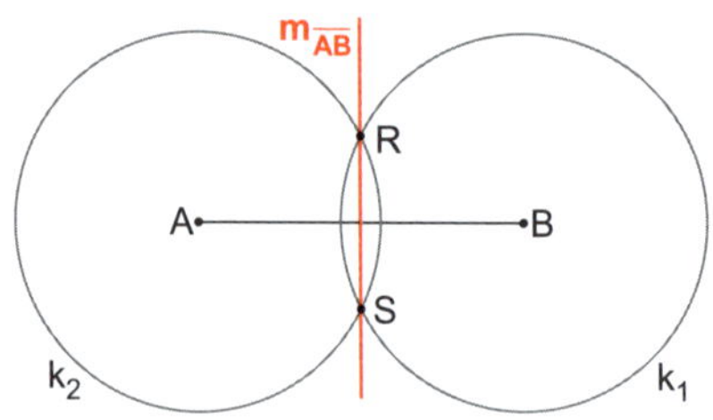

Konstruktionsbeschreibung:
1. Zeichnen der Strecke $\overline{AB}$.
2. Zeichnen des Kreises $k_1\left(B;\ r > \frac{|\overline{AB}|}{2}\right)$.
3. Zeichnen des Kreises $k_2(A;\ r)$.
4. $k_1 \cap k_2 = \{R;\ S\}$.
5. Zeichnen der Gerade $RS = m_{\overline{AB}}$.

b)

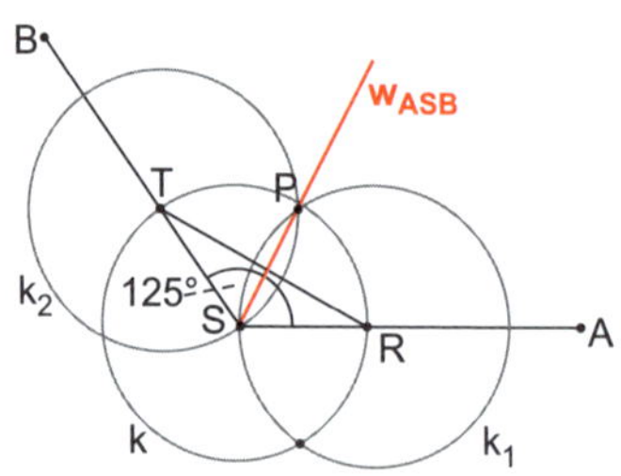

Konstruktionsbeschreibung:
1. Zeichnen des Kreises k(s; r = beliebig).
2. $k \cap [SA = \{R\}$.
3. $k \cap [SB = \{T\}$.
4. Zeichnen der Strecke $\overline{RT}$.
5. Zeichnen des Kreises $k_1\left(R; r_1 = |\overline{SR}| > \frac{|\overline{TR}|}{2}\right)$.
6. Zeichnen des Kreises $k_2(T; r_1)$.
7. $k_1 \cap k_2 = \{S; P\}$.
8. Zeichnen der $\underbrace{\text{Halbgeraden}}_{\text{(Winkelhalbierenden)}}$ $[SP = w_{ASB}$.

186

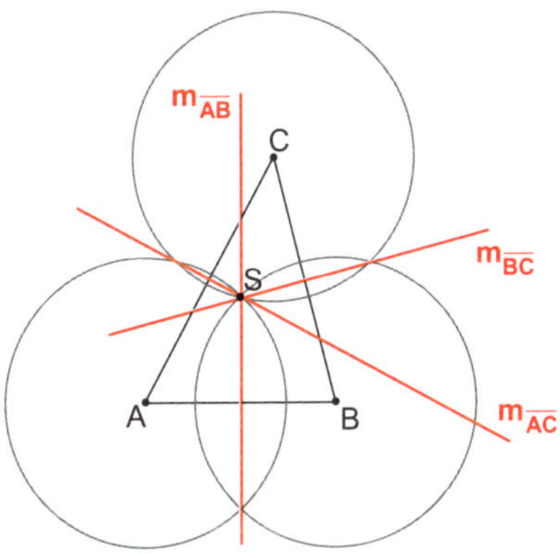

Konstruktionsbeschreibung:
1. Zeichnen eines beliebigen spitzwinkligen Dreiecks ABC (alle Winkel kleiner als 90°).
2. Konstruktion der Mittelsenkrechten $m_{\overline{AB}}$, $m_{\overline{AC}}$ und $m_{\overline{BC}}$.
3. $m_{\overline{AB}} \cap m_{\overline{AC}} \cap m_{\overline{BC}} = \{S\}$.

Die Mittelsenkrechten schneiden sich in einem gemeinsamen Punkt S.

187 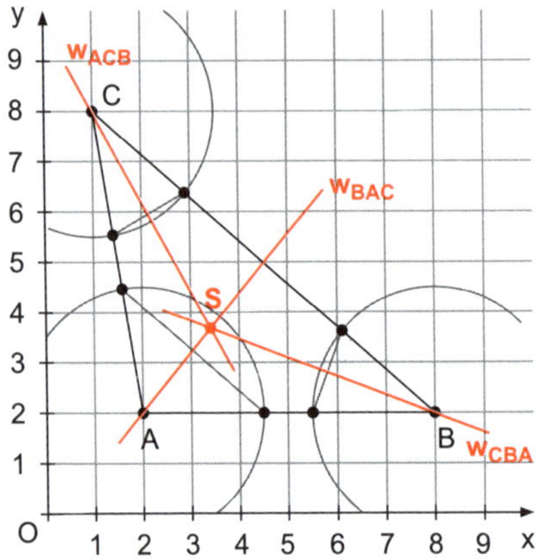

Konstruktionsbeschreibung:

1. Zeichnen eines beliebigen stumpfwinkligen Dreiecks ABC (ein Winkel größer als 90°).
2. Konstruktion der Winkelhalbierenden w_{BAC}, w_{ACB} und w_{CBA}.
3. $w_{BAC} \cap w_{ACB} \cap w_{CBA} = \{S\}$.

Die Winkelhalbierenden schneiden sich in einem gemeinsamen Punkt S.

188 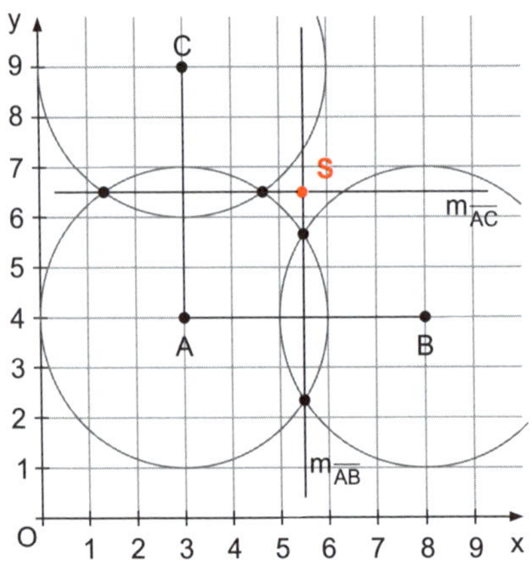

Konstruktionsbeschreibung:

1. Zeichnen der Strecken $\overline{AB}$ und $\overline{AC}$.
2. Konstruktion der Mittelsenkrechten der Strecken $\overline{AB}$ und $\overline{AC}$.
3. $m_{\overline{AB}} \cap m_{\overline{AC}} = \{S\}$.

Die Punkte auf $m_{\overline{AB}}$ haben den gleichen Abstand zu A und B. Die Punkte auf $m_{\overline{AC}}$ haben den gleichen Abstand zu A und C.

Damit hat S als Schnittpunkt von $m_{\overline{AB}}$ und $m_{\overline{AC}}$ den gleichen Abstand zu A, B und C.

Der Schnittpunkt der Mittelsenkrechten der Strecken $\overline{AB}$ und $\overline{AC}$ ist der gesuchte Punkt S.

189 Konstruktion der Winkelhalbierenden des Winkels BAC

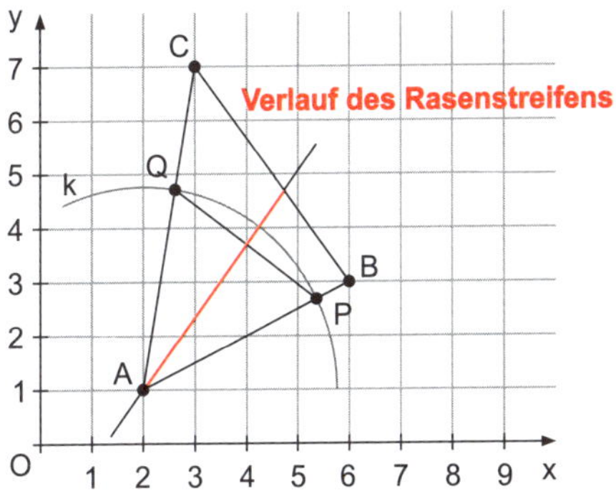

Konstruktionsbeschreibung:

1. Zeichnen des Dreiecks ABC.
2. Konstruktion der Winkelhalbierenden des Winkels BAC.
3. Die Winkelhalbierende ist zugleich die Mittelsenkrechte der Strecke $\overline{QP}$ und damit ist sie der gesuchte Rasenstreifen.

190

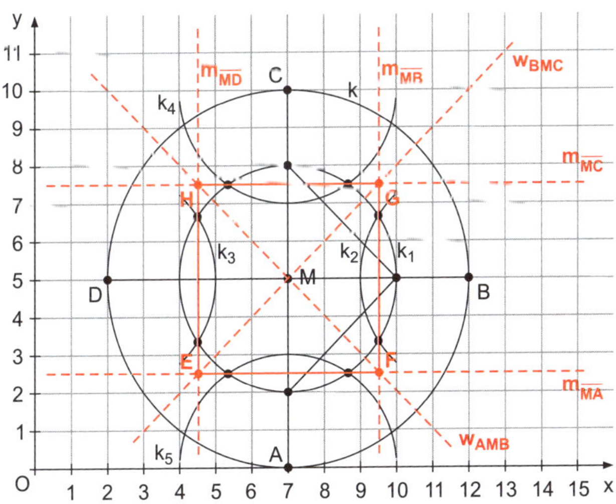

Koordinaten: **E(4,5 | 2,5)**, **F(9,5 | 2,5)**, **G(9,5 | 7,5)**, **H(4,5 | 7,5)**

Konstruktionsbeschreibung:
1. Zeichnen des Kreises k mit dem Mittelpunkt M und dem Radius r.
2. Zeichnen der Punkte A, B, C und D.
3. Zeichnen der Strecken $\overline{MA}$, $\overline{MB}$, $\overline{MC}$ und $\overline{MD}$.
4. Konstruktion der Winkelhalbierenden des Winkels BMC.
5. Konstruktion der Winkelhalbierenden des Winkels AMB.
6. Konstruktion der Mittelsenkrechten $m_{\overline{MA}}$, $m_{\overline{MB}}$, $m_{\overline{MC}}$ und $m_{\overline{MD}}$.
7. Die Winkelhalbierende des Winkels BMC schneidet $m_{\overline{MB}}$ im Punkt G und $m_{\overline{MD}}$ im Punkt E.
8. Die Winkelhalbierende des Winkels AMB schneidet $m_{\overline{MA}}$ im Punkt F und $m_{\overline{MC}}$ im Punkt H.
9. Verbinden der Punkte EFGH.

Durch Verbinden der Schnittpunkte EFGH entsteht ein **Quadrat**.

191

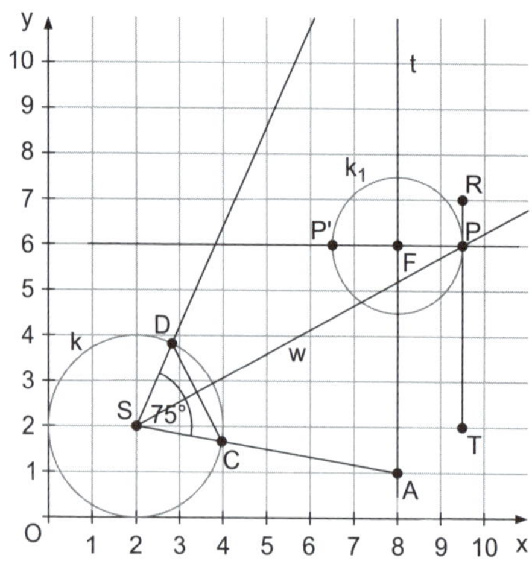

Koordinaten: **P'(6,5 | 6)**

Konstruktionsbeschreibung:
1. Zeichnen der Strecke $\overline{SA}$.
2. Antragen des Winkels α im Punkt S und Zeichnen des freien Schenkels.
3. Konstruktion der Winkelhalbierenden w des Winkels α.
4. Zeichnen der Strecke $\overline{RT}$.
5. Die Winkelhalbierende schneidet die Strecke $\overline{RT}$ im Punkt P.
6. Zeichnen der Parallele t zur y-Achse durch den Punkt A.
7. Achsenspiegelung des Punktes P an der Spiegelachse t.

192

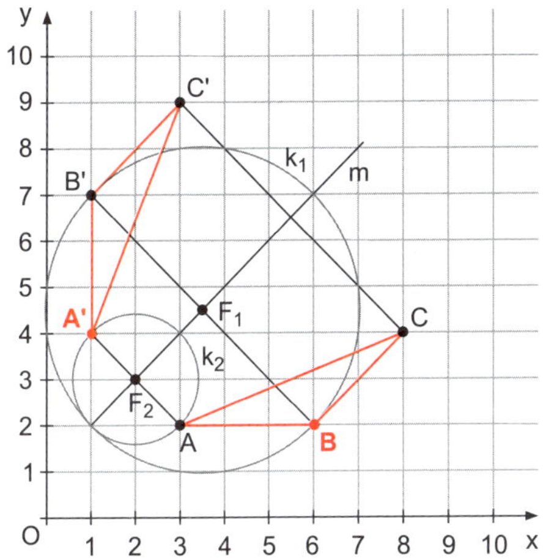

Konstruktionsbeschreibung:

1. Zeichnen der Punkte A, B', C und C'.
2. Zeichnen der Strecke $\overline{CC'}$.
3. Konstruktion der Mittelsenkrechten m der Strecke $\overline{CC'}$.
4. Konstruktion des Punktes B durch Achsenspiegelung des Punktes B' an der Spiegelachse m.
5. Konstruktion des Punktes A' durch Achsenspiegelung des Punktes A an der Spiegelachse m.
6. Zeichnen der Dreiecke ABC und A'B'C'.

193 a)

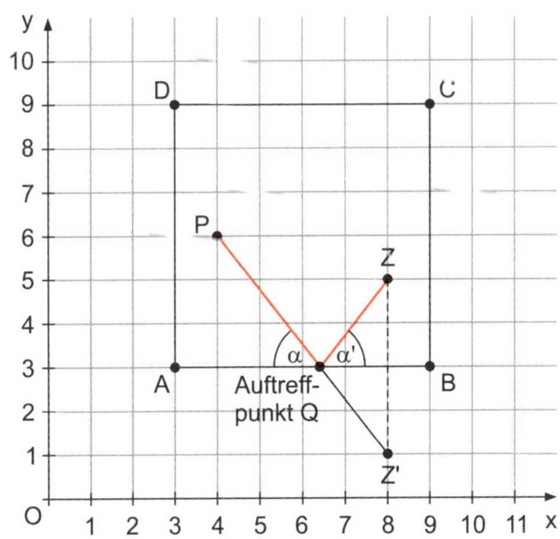

Konstruktionsbeschreibung:

1. Zeichnen der Punkte A, B, C, D, P und Z.
2. Zeichnen des Rechtecks ABCD.

3. Der Punkt Z wird an der Spiegelachse AB auf den Punkt Z' gespiegelt.
4. Zeichnen der Strecke $\overline{PZ'}$.
5. Die Strecke $\overline{PZ'}$ schneidet die Strecke $\overline{AB}$ im Auftreffpunkt Q.
6. Zeichnen der Strecke $\overline{QZ}$.

b)

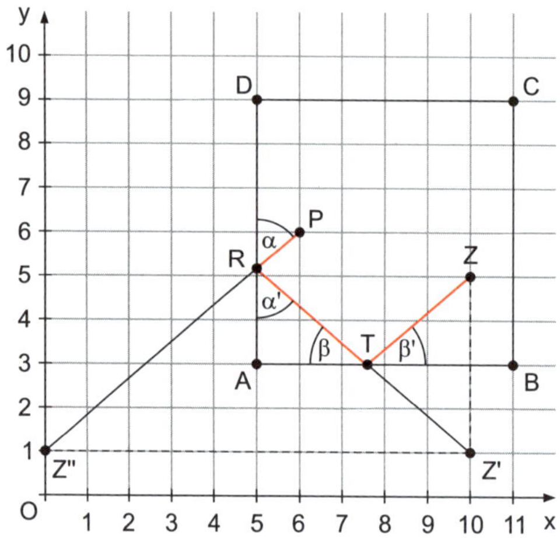

Konstruktionsbeschreibung:

1. Zeichnen der Punkte A, B, C, D, P und Z.
2. Zeichnen des Rechtecks ABCD.
3. Der Punkt Z wird an der Spiegelachse AB auf den Punkt Z' gespiegelt.
4. Der Punkt Z' wird an der Spiegelachse AD auf den Punkt Z'' gespiegelt.
5. Zeichnen der Strecke $\overline{Z''P}$.
6. Die Strecke $\overline{Z''P}$ schneidet die Strecke $\overline{AD}$ im Punkt R.
7. Zeichnen der Strecke $\overline{RZ'}$.
8. Die Strecke $\overline{RZ'}$ schneidet die Strecke $\overline{AB}$ im Punkt T.
9. Zeichnen der Strecke $\overline{TZ}$.

194 a) $A = g \cdot h = 5\text{ cm} \cdot 8\text{ cm} = \mathbf{40\text{ cm}^2}$

b) $A = g \cdot h \quad |:g$

$h = \frac{A}{g}$

$h = \frac{35\text{ cm}^2}{7\text{ cm}}$

$h = \mathbf{5\text{ cm}}$

c) $A = g \cdot h \quad |:h$

$g = \frac{A}{h}$

$g = \frac{18\text{ cm}^2}{2\text{ cm}}$

$g = \mathbf{9\text{ cm}}$

195

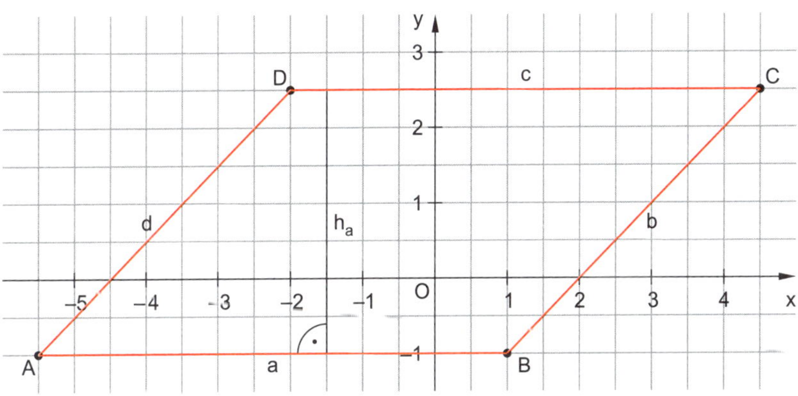

Die Strecke $\overline{AB}$ misst 6,5 cm und die zugehörige Höhe h_a misst 3,5 cm.
$A = a \cdot h_a = 6{,}5\text{ cm} \cdot 3{,}5\text{ cm} = 22{,}75\text{ cm}^2$

196 a) $A = \frac{1}{2} \cdot g \cdot h$

$48\text{ cm}^2 = \frac{1}{2} \cdot 8\text{ cm} \cdot h \quad |\cdot 2$

$96\text{ cm}^2 = 8\text{ cm} \cdot h \quad |:8\text{ cm}$

$h = 96\text{ cm}^2 : 8\text{ cm}$

$h = \mathbf{12\text{ cm}}$

b) $A = \frac{1}{2} \cdot g \cdot h$

$A = \frac{1}{2} \cdot 6{,}5\ \text{cm} \cdot 4\ \text{cm} \quad | \cdot 2$

$A = \frac{1}{2} \cdot 26\ \text{cm}^2$

$A = \mathbf{13\ cm^2}$

c) $A = \frac{1}{2} \cdot g \cdot h$

$20\ \text{cm}^2 = \frac{1}{2} \cdot g \cdot 5\ \text{cm} \quad | \cdot 2$

$40\ \text{cm}^2 = g \cdot 5\ \text{cm} \quad | : 5\ \text{cm}$

$g = 40\ \text{cm}^2 : 5\ \text{cm}$

$g = \mathbf{8\ cm}$

197

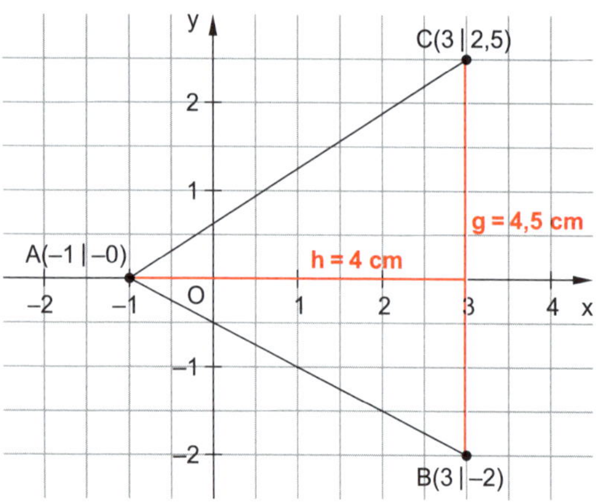

$A = \frac{1}{2} \cdot g \cdot h = \frac{1}{2} \cdot 4{,}5\ \text{cm} \cdot 4\ \text{cm} = \mathbf{9\ cm^2}$

198 a) $A = \frac{1}{2} \cdot (a + c) \cdot h$

$A = \frac{1}{2} \cdot (5\ cm + 3\ cm) \cdot 2\ cm$

$A = \frac{1}{2} \cdot 8\ cm \cdot 2\ cm$

$A = \mathbf{8\ cm^2}$

b) $A = \frac{1}{2} \cdot (a + c) \cdot h$

$100\ cm^2 = \frac{1}{2} \cdot (10\ cm + c) \cdot 5\ cm \quad |:5\ cm$

$20\ cm = \frac{1}{2} \cdot (10\ cm + c) \quad |\cdot 2$

$40\ cm = 10\ cm + c \quad |-10\ cm$

$c = \mathbf{30\ cm}$

199

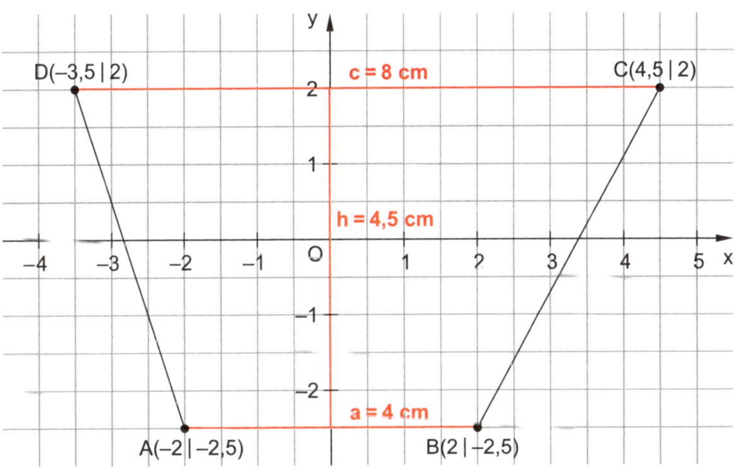

Die Grundseite a ist 4 cm lang, die Grundseite c ist 8 cm lang und die Höhe hat eine Länge von 4,5 cm.

$A = \frac{1}{2} \cdot (a + c) \cdot h$

$A = \frac{1}{2} \cdot (4\ cm + 8\ cm) \cdot 4,5\ cm = \frac{1}{2} \cdot 12\ cm \cdot 4,5\ cm = \mathbf{27\ cm^2}$

200

$$A = \frac{1}{2} \cdot e \cdot f$$

$$40{,}5\ cm^2 = \frac{1}{2} \cdot 9\ cm \cdot f \quad |\cdot 2$$

$$81\ cm^2 = 9\ cm \cdot f \quad |:9\ cm$$

$$f = 81\ cm^2 : 9\ cm$$

$$f = \mathbf{9\ cm}$$

Die Diagonalen sind gleich lang. Es handelt sich um ein **Quadrat**.

201

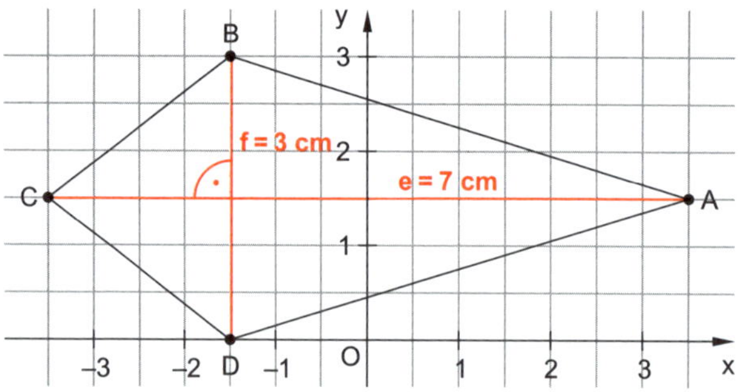

Die Diagonale e ist 7 cm lang und die Diagonale f hat eine Länge von 3 cm.

$$A = \frac{1}{2} \cdot e \cdot f$$

$$A = \frac{1}{2} \cdot 7\ cm \cdot 3\ cm$$

$$A = \frac{1}{2} \cdot 21\ cm^2$$

$$A = \mathbf{10{,}5\ cm^2}$$

202

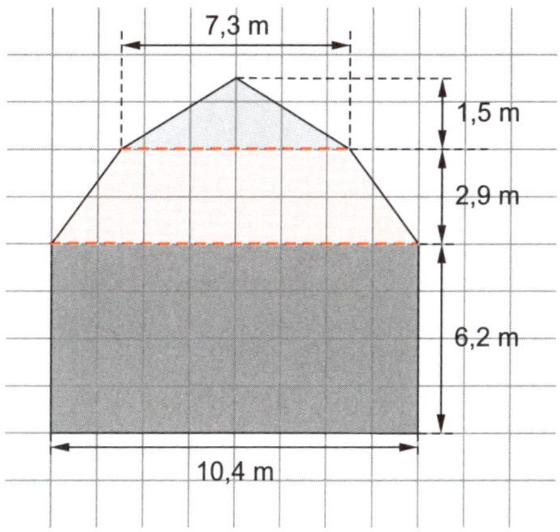

a) Berechnung der Teilfiguren:

$A_{Rechteck} = a \cdot b = 10,4 \text{ m} \cdot 6,2 \text{ m} = 64,48 \text{ m}^2$

$A_{Trapez} = \frac{1}{2} \cdot (a + c) \cdot h = 0,5 \cdot (10,4 \text{ m} + 7,3 \text{ m}) \cdot 2,9 \text{ m} = 25,665 \text{ m}^2$

$A_{Dreieck} = \frac{1}{2} \cdot g \cdot h = 0,5 \cdot 7,3 \text{ m} \cdot 1,5 \text{ m} = 5,475 \text{ m}^2$

Berechnung der Gesamtfläche:

$A_{Haushälfte} = A_{Rechteck} + A_{Trapez} + A_{Dreieck}$

$A_{Haushälfte} = 64,48 \text{ m}^2 + 25,665 \text{ m}^2 + 5,475 \text{ m}^2 = \mathbf{95,62 \text{ m}^2}$

Für die Haushälfte werden 95,62 m² Dämmmaterial benötigt.

b) Berechnung der benötigten Menge:
$95,62 \text{ m}^2 : 10 = 9,562\ \ell$

Es werden also 10 Farbeimer benötigt.

Berechnung der Kosten:
$10 \cdot 15\ € = \mathbf{150\ €}$

Das Streichen kostet 150 €.

203 Der Mosaikstein lässt sich in Teilfiguren zerlegen, deren Flächen berechnet werden können.

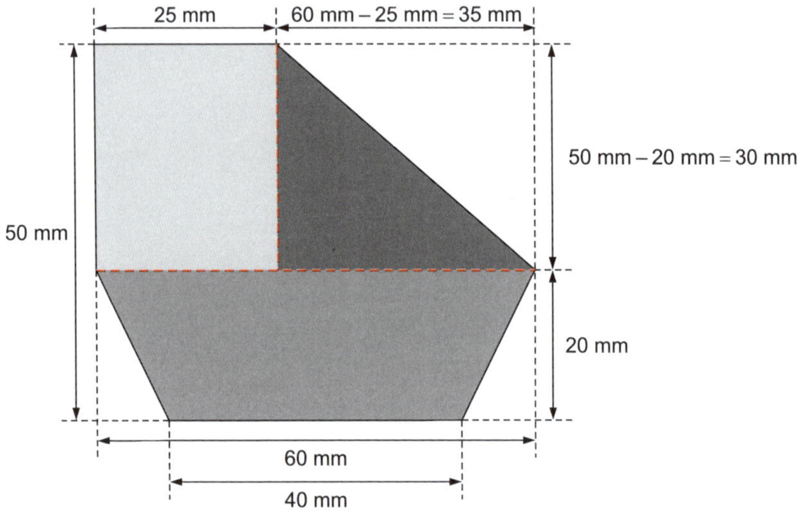

$A = A_T + A_R + A_D$

$A = \frac{1}{2} \cdot (a + c) \cdot h + a \cdot b + \frac{1}{2} \cdot g \cdot h$

$A = \frac{1}{2} \cdot (40\text{ mm} + 60\text{ mm}) \cdot 20\text{ mm} + 25\text{ mm} \cdot 30\text{ mm} + \frac{1}{2} \cdot 35\text{ mm} \cdot 30\text{ mm}$

$A = 1\,000\text{ mm}^2 + 750\text{ mm}^2 + 525\text{ mm}^2 = \mathbf{2\,275\text{ mm}^2}$

Der Mosaikstein hat eine Fläche von 2 275 mm².

204 Umrechnung von Länge und Breite in dm:
$a = 30\text{ cm} = 3\text{ dm}$
$b = 1{,}2\text{ m} = 12\text{ dm}$

Berechnung der Oberfläche:
$O = 2 \cdot (a \cdot b + b \cdot c + a \cdot c)$
$O = 2 \cdot (3\text{ dm} \cdot 12\text{ dm} + 12\text{ dm} \cdot 4{,}5\text{ dm} + 3\text{ dm} \cdot 4{,}5\text{ dm})$
$O = 2 \cdot (36\text{ dm}^2 + 54\text{ dm}^2 + 13{,}5\text{ dm}^2)$
$O = 2 \cdot 103{,}5\text{ dm}^2 = \mathbf{207\text{ dm}^2}$

Der Quader hat einen Oberflächeninhalt von 207 dm².

205 Umrechnung der Breite in m:
$b = 500\ \text{dm} = 50\ \text{m}$

Es muss mit den gleichen Einheiten gerechnet werden. Am einfachsten ist es, hier in Metern zu rechnen.

Berechnung der Oberfläche:

$O = 2 \cdot (a \cdot b + b \cdot c + a \cdot c)$

$O = 2 \cdot (25\ \text{m} \cdot 50\ \text{m} + 50\ \text{m} \cdot 12\ \text{m} + 25\ \text{m} \cdot 12\ \text{m})$

$O = 2 \cdot (1\,250\ \text{m}^2 + 600\ \text{m}^2 + 300\ \text{m}^2)$

$O = 2 \cdot 2\,150\ \text{m}^2$

$O = \mathbf{4\,300\ m^2}$

Der Quader hat einen Oberflächeninhalt von 4 300 m^2.

206 Bei einem quadratischen Querschnitt ist der Balken genauso breit wie hoch, also $b = c = 40\ \text{cm} = 0{,}4\ \text{m}$.

Es muss mit gleichen Einheiten gerechnet werden. Hier ist es sinnvoll, wenn in Metern gerechnet wird.

Berechnung der Quaderoberfläche:

$O_{Quader} = 2 \cdot (a \cdot b + b \cdot c + a \cdot c)$

$O_{Quader} = 2 \cdot (12\ \text{m} \cdot 0{,}4\ \text{m} + 0{,}4\ \text{m} \cdot 0{,}4\ \text{m} + 12\ \text{m} \cdot 0{,}4\ \text{m})$

$O_{Quader} = 2 \cdot (4{,}8\ \text{m}^2 + 0{,}16\ \text{m}^2 + 4{,}8\ \text{m}^2)$

$O_{Quader} = 2 \cdot 9{,}76\ \text{m}^2 = \mathbf{19{,}52\ m^2}$

Die Seitenkanten des Würfels haben das gleiche Maß wie das kleinste Maß des Balkens, also $40\ \text{cm} = 0{,}4\ \text{m}$.

Berechnung der Würfeloberfläche:

$O_{Würfel} = 6 \cdot a^2 = 6 \cdot (0{,}4\ \text{m})^2 = 6 \cdot 0{,}16\ \text{m}^2 = \mathbf{0{,}96\ m^2}$

Der Balken hat eine Oberfläche von 19,52 m^2 und die Würfeloberfläche beträgt 0,96 m^2.

207 Umrechnungen in cm.
$400\ \text{mm} = 40\ \text{cm}$; $6\ \text{dm} = 60\ \text{cm}$

Berechnung der Oberfläche einer oben geschlossenen Holzkiste:

$O_{Quader} = 2 \cdot (a \cdot b + b \cdot c + a \cdot c)$

$O_{Quader} = 2 \cdot (80\ \text{cm} \cdot 40\ \text{cm} + 40\ \text{cm} \cdot 60\ \text{cm} + 80\ \text{cm} \cdot 60\ \text{cm})$

$O_{Quader} = 2 \cdot (3\,200\ \text{cm}^2 + 2\,400\ \text{cm}^2 + 4\,800\ \text{cm}^2)$

$O_{Quader} = 2 \cdot 10\,400\ \text{cm}^2$

$O_{Quader} = 20\,800\ \text{cm}^2$

Die Fläche des Deckels muss noch abgezogen werden:

$A_{Deckel} = a \cdot b = 80\ \text{cm} \cdot 40\ \text{cm} = 3\,200\ \text{cm}^2$

$A_{Klebefläche} = 2 \cdot (O_{Quader} - A_{Deckel})$

$A_{Klebefläche} = 2 \cdot (20\,800\ cm^2 - 3\,200\ cm^2)$

$A_{Klebefläche} = 2 \cdot 17\,600\ cm^2$

$A_{Klebefläche} = \mathbf{35\,200\ cm^2 = 352\ dm^2 = 3{,}52\ m^2}$

Julian muss für 3,52 m^2 Klebefolie kaufen.

208 $A = 2 \cdot a \cdot b + 2 \cdot b \cdot c + 2 \cdot a \cdot c$

$A = 2 \cdot 15\ cm \cdot 10\ cm + 2 \cdot 10\ cm \cdot 5\ cm + 2 \cdot 15\ cm \cdot 5\ cm$

$A = 300\ cm^2 + 100\ cm^2 + 150\ cm^2$

$A = 550\ cm^2$

$550\ cm^2 + 13\ cm^2 = \mathbf{563\ cm^2}$

Es werden 563 cm^2 Papier benötigt.

209 $O_{großer\ Würfel} = 6 \cdot a^2$

$O_{großer\ Würfel} = 6 \cdot (9\ cm)^2$

$O_{großer\ Würfel} = 6 \cdot 81\ cm^2$

$O_{großer\ Würfel} = \mathbf{486\ cm^2}$

Es sind $3 \cdot 3 \cdot 3 = 27$ kleine Würfel mit Kantenlänge $9\ cm : 3 = 3\ cm$. Für deren gemeinsame Oberfläche gilt:

$O_{kleine\ Würfel} = 27 \cdot 6 \cdot a^2$

$O_{kleine\ Würfel} = 27 \cdot 6 \cdot (3\ cm)^2$

$O_{kleine\ Würfel} = 27 \cdot 6 \cdot 9\ cm^2$

$O_{kleine\ Würfel} = \mathbf{1\,458\ cm^2}$

Berechnung des Verhältnisses:

$$\frac{O_{kleine\ Würfel}}{O_{großer\ Würfel}} = \frac{1\,458\ cm^2}{486\ cm^2} = \mathbf{3}$$

Der Oberflächeninhalt aller kleinen Würfel zusammen ist **dreimal so groß** wie der Oberflächeninhalt des großen Würfels.

210

a) $354\ \text{cm}^3 = \mathbf{0{,}354\ dm^3}$

b) $78\ \text{mm}^3 = \mathbf{0{,}078\ cm^3}$

c) $23{,}7\ \text{dm}^3 = \mathbf{0{,}0237\ m^3}$

d) $897\ \text{m}^3 = \mathbf{897\,000\ dm^3}$

e) $21\ h\ell = \mathbf{2\,100\ \ell}$

f) $326\ \ell = \mathbf{3{,}26\ h\ell}$

g) $9\ h\ell\ 4\ \ell = \mathbf{904\ \ell}$

h) $35\ \ell = 35\,000\ m\ell = \mathbf{35\,000\ cm^3}$

i) $2{,}5\,h\ell = 250\ \ell = 250\ \text{dm}^3 \underset{:1\,000}{=} \mathbf{0{,}25\ m^3}$

j) $4\ \ell = \mathbf{4\ dm^3}$

k) $15\ \text{m}^3 = 15\,000\ \text{dm}^3 = 15\,000\ \ell \underset{:100}{=} \mathbf{150\ h\ell}$

l) $4{,}2\ \text{dm}^3 \underset{\cdot 1\,000}{=} 4\,200\ \text{cm}^3 = \mathbf{4\,200\ m\ell}$

m) $24\ \text{dm}^3 = \mathbf{24\ \ell}$

n) $4\,637\ m\ell = \mathbf{4\,637\ cm^3}$

o) $364\ \text{dm}^3 = 364\ \ell = \mathbf{364\,000\ m\ell}$

p) $56\ \text{cm}^3 = 56\ m\ell = \mathbf{0{,}056\ \ell}$

q) $23\ \text{cm}^3 = \mathbf{0{,}023\ dm^3}$

r) $0{,}046327\ \text{dm}^3 = \mathbf{46\,327\ mm^3}$

s) $20\ \text{cm}^3 = \mathbf{20\ m\ell}$

t) $10\ c\ell \underset{:100}{=} 0{,}1\ \ell = 0{,}1\ \text{dm}^3 \underset{\cdot 1\,000}{=} \mathbf{100\ cm^3}$

u) $50\ \text{dm}^3 = 50\,000\ \text{cm}^3 = \mathbf{50\,000\ m\ell}$

v) $0{,}456\ m\ell = \mathbf{0{,}456\ cm^3}$

211

Gießkanne	$10\ \ell$
Badewanne	$140\ \ell$
Patrone	$1\ m\ell$
Teekanne	$400\ m\ell$
Fass	$200\ \ell$

212 a) $56\ m\ell + 44\ m\ell = 100\ m\ell = \mathbf{10\ c\ell}$

b) $70\ c\ell + 500\ m\ell = 70\ c\ell + 50\ c\ell = 120\ c\ell = \mathbf{1{,}2\ \ell}$

c) $250\ \ell + 5\,000\ c\ell = 250\ \ell + 50\ \ell = 300\ \ell = \mathbf{3\ h\ell}$

d) $40{,}5\ c\ell + 15\ m\ell = 40{,}5\ c\ell + 1{,}5\ c\ell = 42\ c\ell = \mathbf{0{,}42\ \ell}$

213 $V_Q = a \cdot b \cdot c$
$V_Q = 8\ m \cdot 2\ m \cdot 2{,}50\ m$
$V_Q = 16\ m^2 \cdot 2{,}50\ m$
$V_Q = \mathbf{40\ m^3}$

214 $V_Q = a \cdot b \cdot c$

$\Leftrightarrow\ 2\,250\ cm^3 = 15\ cm \cdot 30\ cm \cdot c$

$\Leftrightarrow\ 2\,250\ cm^3 = 450\ cm^2 \cdot c \quad |:450\ cm^2$

$\Leftrightarrow\ \mathbf{5\ cm = c}$

215 $V_Q = a \cdot b \cdot c$

$V_Q = (b \cdot 2) \cdot b \cdot (b:2)$

$V_Q = [(16 \cdot 2) \cdot 16 \cdot (16:2)]\ m^3$

$V_Q = (32 \cdot 16 \cdot 8)\ m^3$

$V_Q = \mathbf{4\,096\ m^3}$

Das Volumen des Quaders beträgt $4\,096\ m^3$.

216 a) $A_Q = a^2 = 20^2\ m^2 = 400\ m^2$

Es gilt: $400\ m^2 < 500\ m^2$

Das Sprungbecken kann gebaut werden.

b) $V_Q = a \cdot b \cdot c$
$V_Q = 20\ m \cdot 20\ m \cdot (5 - 0{,}1)\ m$
$V_Q = 400\ m^2 \cdot 4{,}9\ m$
$V_Q = 1\,960\ m^3$
$V_Q = 1\,960\,000\ dm^3$
$V_Q = \mathbf{1\,960\,000\ \ell}$

Das Becken kann $1\,960\,000\ \ell$ fassen.

217 a) $V_Q = a \cdot b \cdot c = 10\ m \cdot 2\ m \cdot 2\ m = 40\ m^3$

Volumen einer Kiste in Kubikmetern:
$200\ dm^3 = 0{,}2\ m^3$

Anzahl der Kisten, die auf den Anhänger passen:
$40\ m^3 : 0{,}2\ m^3 =$ **200**

Es können maximal 200 Kisten verladen werden.

b) Eine Ladung von 200 Kisten würde das Volumen des Anhängers voll ausschöpfen. Dazu müssen die Abmessungen der Kisten aber so sein, dass sie auch lückenlos in den Anhänger gestapelt werden können. Andernfalls passen nicht alle 200 Kisten in den Anhänger.

218 a) $V_Q = a \cdot b \cdot c$
$V_Q = 1{,}5\ m \cdot 1\ m \cdot 0{,}5\ m$
$V_Q = 15\ dm \cdot 10\ dm \cdot 5\ dm$
$V_Q =$ **$750\ dm^3$**

Es müssen $750\ dm^3 = 0{,}75\ m^3$ Erde bewegt werden.

b) Sandkastenvolumen in Litern:
$750\ dm^3 = 750\ \ell$

Anzahl der benötigten Säcke:
$750\ \ell : 25\ \ell =$ **30**

Sie muss 30 Sandsäcke besorgen.

219 a) $V = (70 \cdot 50 \cdot 120)\ cm^3$
$V = 420\,000\ cm^3$
$V = 420\ dm^3$

Das Aquarium fasst **420 ℓ** Wasser.

b) Es müssen $420 : 10 = 42$ mal 10 Liter Wasser durch den Schlauch laufen
Das dauert $42 \cdot 5\ s =$ **210 s**.
Das Füllen des Aquariums dauert 210 Sekunden.

220 Flascheninhalt in Millilitern:
$0{,}1\ \ell = 100\ m\ell$

Anzahl der Portionen:
$100\ m\ell : 5\ m\ell =$ **20**

Der Hustensaft reicht für 20 Tage.

221 Tagesbedarf in Litern:
1,5 hℓ = 150 ℓ

Heizölvorrat ohne Restmenge:
3 000 ℓ − 300 ℓ = 2 700 ℓ

Anzahl der Tage, für die der Vorrat ohne Restmenge reicht:
2 700 ℓ : 150 ℓ = **18**

Nach 18 Tagen müsste der Händler benachrichtigt werden.

222 Glasinhalt in Dezilitern:
0,5 ℓ = 5 dℓ

Volumen aller Flaschen:
4 · 12 · 1 ℓ = 48 ℓ = 480 dℓ

Anzahl der Portionen:
480 dℓ : 5 dℓ = **96**

Es können 96 0,5-ℓ-Gläser ausgeschenkt werden.

223 Limo: 5 · 6 € = 30 €
Wasser: 4 · 4 € = 16 €
Cola: 1,50 € · 10 = 15 €

(30 + 16 + 15) € = 61 €

Das Geld reicht für die Getränke aus.

224 a) Fassungsvermögen in Litern:
$6{,}5\ m^3 = 6\,500\ dm^3 = 6\,500$ ℓ

Benötigte Eimerfüllungen:
6 500 ℓ : 10 ℓ = **650**

Familie Meier muss 650 10-ℓ-Eimer tragen.

b) 6 500 ℓ · 0,5 ct = 3 250 ct = **32,5 €**

Eine Füllung kostet 32,50 Euro.

225 a) $V_Q = a \cdot b \cdot c$
$V_Q = 17\ m \cdot 12\ m \cdot 4\ m$
$V_Q = 204\ m^2 \cdot 4\ m$
$V_Q = \mathbf{816\ m^3}$

b) Fassungsvermögen in Litern:
$816\ m^3 = 816\,000$ ℓ

Anzahl der benötigen 68 000-ℓ-Füllungen:
816 000 ℓ : 68 000 ℓ = 12

Dauer von zwölf 68 000-ℓ-Füllungen:
$12 \cdot 30$ min = **360 min**

Nach 360 min = 6 Stunden ist die Baugrube vollgelaufen.

c) 816 000 : 272 000 = **3**

Nach 3 Stunden ist die Baugrube leer gepumpt.

226 Das Volumen des Siegerpodestes setzt sich aus zwei Quadern zusammen.

$V_{ges} = V_{Q_1} + V_{Q_2}$

$V_{ges} = a_1 \cdot b_1 \cdot c_1 + a_2 \cdot b_2 \cdot c_2$

$V_{ges} = (18\text{ dm} \cdot 6\text{ dm} \cdot 3\text{ dm}) + [(18\text{ dm} - 2 \cdot 6\text{ dm}) \cdot 6\text{ dm} \cdot 6\text{ dm}]$

$V_{ges} = 324\text{ dm}^3 + 216\text{ dm}^3$

$V_{ges} = \mathbf{540\text{ dm}^3}$

227 $V_{Träger} = V_{Q_1} + V_{Q_2}$

$V_{Träger} = a_1 \cdot b_1 \cdot c_1 + a_2 \cdot b_2 \cdot c_2$

$V_{Träger} = 6\text{ m} \cdot 1{,}5\text{ m} \cdot 0{,}75\text{ m} + 4\text{ m} \cdot 2\text{ m} \cdot 0{,}75\text{ m}$

$V_{Träger} = 6{,}75\text{ m}^3 + 6\text{ m}^3$

$V_{Träger} = 12{,}75\text{ m}^3$

$V_{Träger} \underset{\cdot 1\,000}{=} \mathbf{12\,750\text{ cm}^3}$

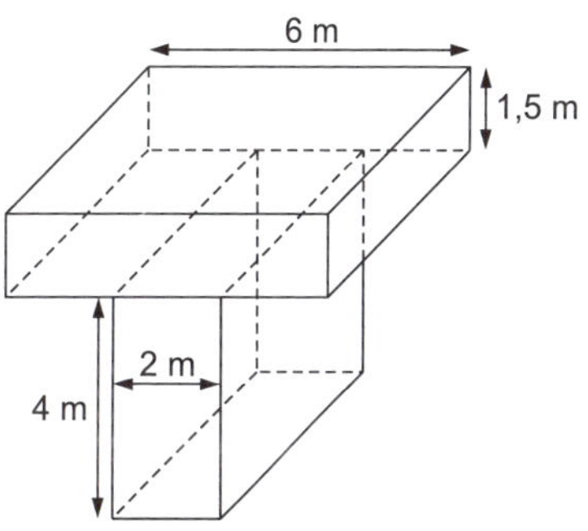

$\Rightarrow$ $\text{Masse} = 12\,750\text{ cm}^3 \cdot 7{,}9\,\frac{\text{g}}{\text{cm}^3} = 100\,725\text{ g} \overset{:1\,000}{=} \mathbf{100{,}725\text{ kg}}$

228 Der Würfelrahmen besteht aus 12 Quadern. Von den 12 Quadern haben jeweils 8 Quader und 4 Quader das gleiche Volumen. Die fehlende Kantenlänge berechnet sich wie folgt:

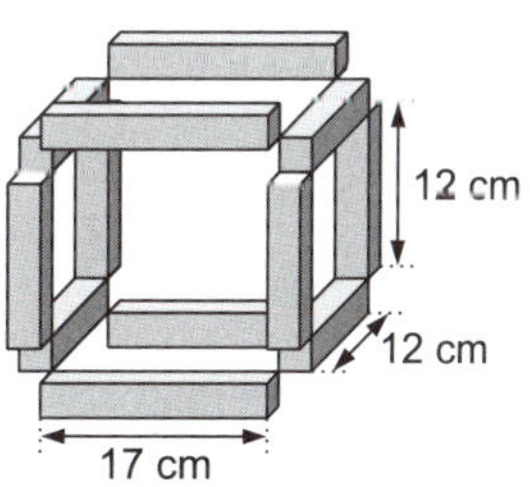

(17 cm – 12 cm) : 2 = 2,5 cm

$V_{Würfelrahmen} = 4 \cdot V_{Q_1} + 8 \cdot V_{Q_2}$

$V_{Würfelrahmen} = 4 \cdot (17\text{ cm} \cdot 2{,}5\text{ cm} \cdot 2{,}5\text{ cm}) + 8 \cdot (12\text{ cm} \cdot 2{,}5\text{ cm} \cdot 2{,}5\text{ cm})$

$V_{Würfelrahmen} = 425\text{ cm}^3 + 600\text{ cm}^3$

$V_{Würfelrahmen} = \mathbf{1\,025\text{ cm}^3}$

229 Zum Gefäß A gehört der **Füllgraph 1**.
Begründung: Die Querschnittsfläche im Gefäß A wird nach oben hin immer größer. Also steigt das Wasser im Gefäß erst schnell und dann immer langsamer. Entsprechend verläuft der Füllgraph mit der Zeit immer flacher.

Zum Gefäß B gehört der **Füllgraph 4**.
Begründung: Die Querschnittsfläche des Gefäßes ist im unteren Teil größer als im oberen. Daher steigt das Wasser im unteren Teil erst langsam; wenn es den oberen Teil erreicht, sofort deutlich schneller. Die Füllhöhe nimmt also erst gleichmäßig langsam zu, dann gleichmäßig schneller. Am Übergang hat der Füllgraph einen Knick.

230 a)

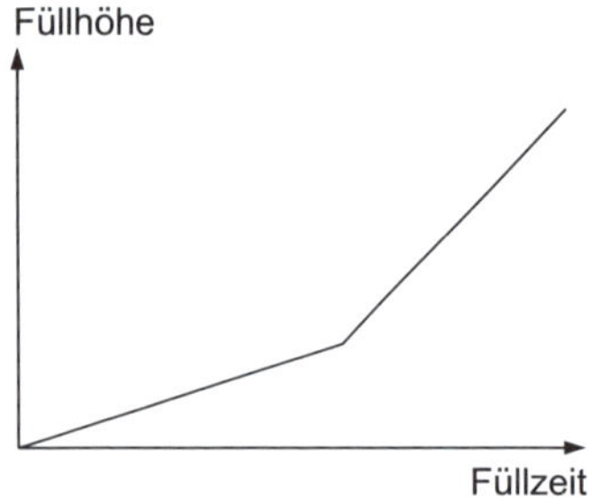

b)

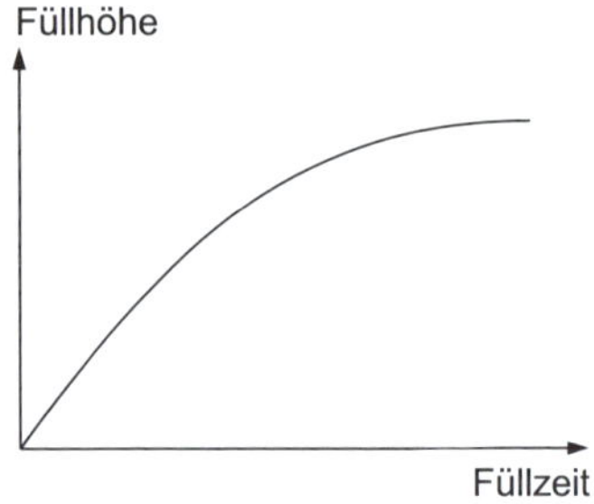

c)

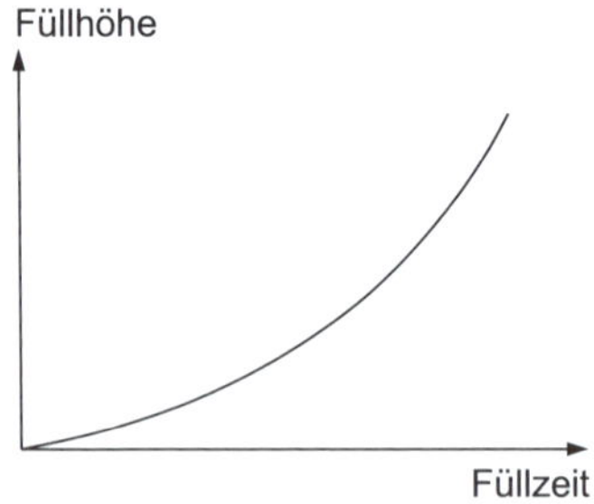

231
- Fabio startet um **7:20** Uhr und hat mit **350** m den kürzesten Schulweg.
- Sara überholt **Samuel** um **7:30** Uhr.
- **Samuel** geht schnell los und macht um **7:25** Uhr eine Pause von **5** Minuten und geht dann mit dem gleichen Tempo wie **Fabio** weiter in die Schule.
- Gamze hat mit **1 000** m den **längsten** Schulweg, braucht bei ihrem Tempo mit **10** min aber die wenigste Zeit.
- **Fabio** und **Gamze** gehen mit gleichbleibender Geschwindigkeit zur Schule.

232

x	3	4	5	8	16
y	2,25	3	3,75	6	12

Multipliziere die x-Werte mit dem Proportionalitätsfaktor k, um die entsprechenden y-Werte zu erhalten.

233 a) Die Fahrzeit t ist **direkt proportional** zur Fahrstrecke s.

$$k = \frac{4}{1} = \frac{8}{2} = \ldots = \frac{44}{11} = 4$$

Wenn für alle Quotienten der Wertepaare gilt $\frac{y}{x} = k$, dann ist die Zuordnung direkt proportional.

b)

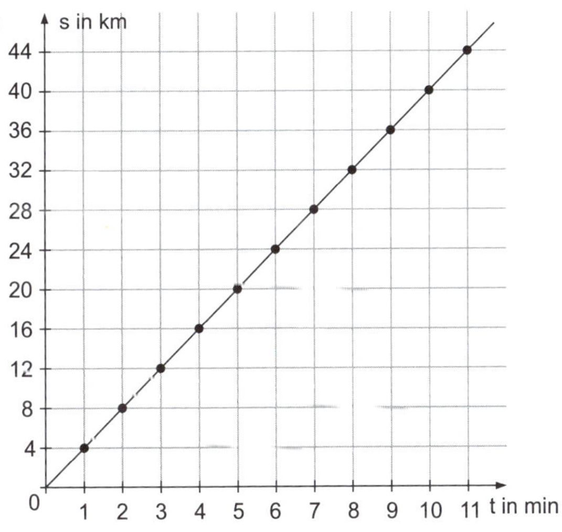

Zeichne die geordneten Wertepaare der Tabelle als Punkte in das Koordinatensystem. Die Fahrzeit ist der Wert auf der horizontalen Achse. Die Fahrstrecke ist der Wert auf der vertikalen Achse.
Verbinde die Punkte dann zu einer Ursprungshalbgeraden.

234

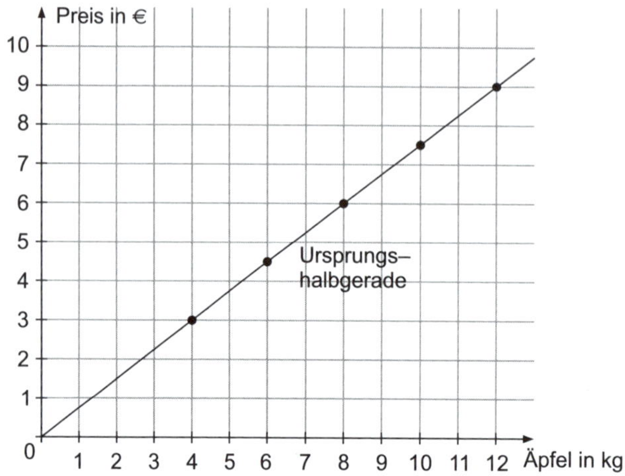

Es liegt eine direkte Proportionalität vor.

Zeichne die geordneten Wertepaare in das Koordinatensystem ein.
Da die Punkte alle auf einer Geraden liegen, die durch den Ursprung geht, liegt eine direkte Proportionalität vor.

235 a)

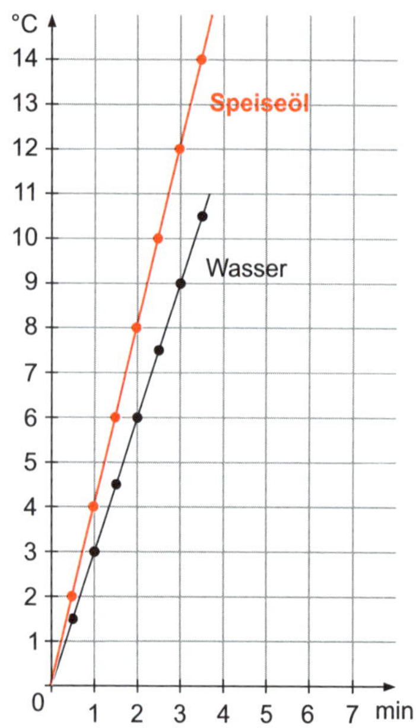

Auf der horizontalen Achse wird die Erwärmungszeit abgetragen, auf der vertikalen Achse die Temperaturerhöhung.

b) Das Speiseöl erwärmt sich in der gleichen Zeit schneller, da die Ursprungshalbgerade einen steileren Verlauf hat.

Je steiler die Gerade, umso schneller erwärmt sich der Stoff.

c) Wasser: $k_W = 1{,}5 : 0{,}5 = \mathbf{3}$
Speiseöl: $k_S = 2{,}0 : 0{,}5 = \mathbf{4}$
Das Speiseöl hat einen größeren Proportionalitätsfaktor als das Wasser.

Den Proportionalitätsfaktor berechnest du als Quotient $\frac{y}{x}$ eines der Wertepaare.

236

Liter Diesel	**4**	27	35	**40**	**64**
Preis in €	4,20	**28,35**	36,75	42	67,20

- $k = y : x = 36{,}75 : 35 = 1{,}05$
  1 Liter kostet 1,05 €.
- $x = y : k = 4{,}20 : 1{,}05 = \mathbf{4}$
- $y = x \cdot k = 27 \cdot 1{,}05 = \mathbf{28{,}35}$
- $x = y : k = 42 : 1{,}05 = \mathbf{40}$
- $x = y : k = 67{,}20 : 1{,}05 = \mathbf{64}$

$\frac{y}{x} = k$; stelle die Gleichung nach der gesuchten Größe um.

237

Liter Super	12	20	**25**	**42**	65
Preis in €	13,20	**22**	27,50	46,20	**71,50**

- $13{,}20 : 12 = 1{,}1$
  1 Liter kostet 1,10 €.
- $y = x \cdot k = 20 \cdot 1{,}1 = \mathbf{22}$
- $x = y : k = 27{,}50 : 1{,}1 = \mathbf{25}$
- $x = y : k = 46{,}20 : 1{,}1 = \mathbf{42}$
- $y = x \cdot k = 65 \cdot 1{,}1 = \mathbf{71{,}50}$

$\frac{y}{x} = k$; stelle die Gleichung nach der gesuchten Größe um.

238 Lösung mit Dreisatz:

$36\,m^2 \mathrel{\hat{=}} 900$ Marmorfliesen — Teile durch 36.
$1\,m^2 \mathrel{\hat{=}} 900 : 36 = 25$ Marmorfliesen — Multipliziere mit 40.
$40\,m^2 \mathrel{\hat{=}} 25 \cdot 40 =$ **1 000 Marmorfliesen**

Lösung mit Verhältnisgleichung:

$$\frac{x \text{ Marmorfliesen}}{40\,m^2} = \frac{900 \text{ Marmorfliesen}}{36\,m^2} \quad \Big| \cdot 40\,m^2$$

$$\Leftrightarrow \quad x \text{ Marmorfliesen} = \frac{900 \text{ Marmorfliesen} \cdot 40\,m^2}{36\,m^2}$$

$$\Leftrightarrow \quad x \text{ Marmorfliesen} = \mathbf{1\,000 \text{ Marmorfliesen}}$$

Es müssen 1 000 Marmorfliesen gekauft werden.

239 Berechnung des Preises von 95 Schachteln im Werkverkauf:
Dreisatz:

65 Schachteln $\triangleq$ 780 €
1 Schachtel $\triangleq$ 780 € : 65 = 12 € — Teile durch 65.
95 Schachteln $\triangleq$ 12 € · 95 = 1140 € — Multipliziere mit 95.

Verhältnisgleichung:

$$\frac{x\ €}{95\ \text{Schachteln}} = \frac{780\ €}{65\ \text{Schachteln}} \quad \Big|\cdot 95\ \text{Schachteln}$$

$$\Leftrightarrow \quad x\ € = \frac{780\ € \cdot 95\ \text{Schachteln}}{65\ \text{Schachteln}}$$

$$\Leftrightarrow \quad x\ € = 1140\ €$$

Im Supermarkt kosten 95 Nougatschachteln
1 140 € + 95 · 1 € = **1 235 €**.

Im Supermarkt kostet jede Nougatschachtel einen Euro mehr.

240 Dreisatz:

12 000 m $\triangleq$ 30 min — Teile durch 12 000.
1 m $\triangleq$ 30 min : 12 000 = 0,0025 min — Multipliziere mit 600.
600 m $\triangleq$ 0,0025 min · 600 = **1,5 min**

Verhältnisgleichung:

$$\frac{x\ \text{min}}{600\ \text{m}} = \frac{30\ \text{min}}{12\,000\ \text{m}} \quad \Big|\cdot 600\ \text{m}$$

$$\Leftrightarrow \quad x\ \text{min} = \frac{30\ \text{min} \cdot 600\ \text{m}}{12\,000\ \text{m}}$$

$$\Leftrightarrow \quad x\ \text{min} = \mathbf{1{,}5\ min}$$

241 Dreisatz:

a) 200 s $\triangleq$ 3 000 m — Teile durch 200.
1 s $\triangleq$ 3 000 m : 200 = 15 m — Multipliziere mit 14.
14 s $\triangleq$ 15 m · 14 = **210 m**

Verhältnisgleichung:

$$\frac{x\ \text{m}}{14\ \text{s}} = \frac{3\,000\ \text{m}}{200\ \text{s}} \quad \Big|\cdot 14\ \text{s}$$

$$\Leftrightarrow \quad x\ \text{m} = \frac{3\,000\ \text{m} \cdot 14\ \text{s}}{200\ \text{s}}$$

$$\Leftrightarrow \quad x\ \text{m} = \mathbf{210\ m}$$

Rennfahrer 1 fährt 210 m in 14 s.

b) Dreisatz:

$2\,500\text{ m} \mathrel{\hat{=}} 200\text{ s}$ — Teile durch 2 500.

$1\text{ m} \mathrel{\hat{=}} 200\text{ s} : 2\,500 = 0{,}08\text{ s}$ — Multipliziere mit 500.

$500\text{ m} \mathrel{\hat{=}} 0{,}08\text{ s} \cdot 500 = \mathbf{40\text{ s}}$

Verhältnisgleichung:

$$\frac{x\text{ s}}{500\text{ m}} = \frac{200\text{ s}}{2\,500\text{ m}} \quad |\cdot 500\text{ m}$$

$$\Leftrightarrow \quad x\text{ s} = \frac{200\text{ s} \cdot 500\text{ m}}{2\,500\text{ m}}$$

$$\Leftrightarrow \quad x\text{ s} = \mathbf{40\text{ s}}$$

Rennfahrer 2 braucht 40 s zur Bewältigung der Reststrecke.

242 Dreisatz:

$4\,\ell \mathrel{\hat{=}} 5\text{ min}$ — Dividiere durch 4.

$1\,\ell \mathrel{\hat{=}} 5\text{ min} : 4 = 1{,}25\text{ min}$ — Multipliziere mit 200.

$200\,\ell \mathrel{\hat{=}} 1{,}25\text{ min} \cdot 200 = 250\text{ min}$

Verhältnisgleichung:

$$\frac{x\text{ min}}{200\,\ell} = \frac{5\text{ min}}{4\,\ell} \quad |\cdot 200\,\ell$$

$$\Leftrightarrow \quad x\text{ min} = \frac{5\text{ min} \cdot 200\,\ell}{4\,\ell}$$

$$\Leftrightarrow \quad x\text{ min} = 250\text{ min}$$

Es müsste noch 250 min − 5 min = **245 min** weiterregnen und die Tonne wäre voll.

243 a)

$$\frac{x}{3\,\%} = \frac{165\text{ €}}{100\,\%} \quad |\cdot 3\,\% \qquad\qquad \frac{x}{3\,\%} = \frac{60\text{ €}}{100\,\%} \quad |\cdot 3\,\%$$

$$\Leftrightarrow \quad x = \frac{165\text{ €} \cdot 3\,\%}{100\,\%} \qquad\qquad \Leftrightarrow \quad x = \frac{60\text{ €} \cdot 3\,\%}{100\,\%}$$

$$\Leftrightarrow \quad x = \mathbf{4{,}95\text{ €}} \qquad\qquad \Leftrightarrow \quad x = \mathbf{1{,}80\text{ €}}$$

b)

$$\frac{x}{10\,\%} = \frac{320\text{ cm}^2}{100\,\%} \quad |\cdot 10\,\% \qquad\qquad \frac{x}{10\,\%} = \frac{540\text{ g}}{100\,\%} \quad |\cdot 10\,\%$$

$$\Leftrightarrow \quad x = \frac{320\text{ cm}^2 \cdot 10\,\%}{100\,\%} \qquad\qquad \Leftrightarrow \quad x = \frac{540\text{ g} \cdot 10\,\%}{100\,\%}$$

$$\Leftrightarrow \quad x = \mathbf{32\text{ cm}^2} \qquad\qquad \Leftrightarrow \quad x = \mathbf{54\text{ g}}$$

c) $\frac{x}{40\,\%} = \frac{1\,200\text{ km}}{100\,\%} \quad |\cdot 40\,\%$

$\Leftrightarrow \quad x = \frac{1\,200\text{ km} \cdot 40\,\%}{100\,\%}$

$\Leftrightarrow \quad x = \mathbf{480\text{ km}}$

$\frac{x}{40\,\%} = \frac{120\text{ m}}{100\,\%} \quad |\cdot 40\,\%$

$\Leftrightarrow \quad x = \frac{120\text{ km} \cdot 40\,\%}{100\,\%}$

$\Leftrightarrow \quad x = \mathbf{48\text{ m}}$

244 geg.: p % = 3 %
GW = 42,70 €
ges.: PW

$\frac{PW}{p\,\%} = \frac{GW}{100\,\%}$

$\Leftrightarrow \quad \frac{x}{3\,\%} = \frac{42,70\text{ €}}{100\,\%} \quad |\cdot 3\,\%$

$\Leftrightarrow \quad x = \frac{42,70\text{ €} \cdot 3\,\%}{100\,\%}$

$\Leftrightarrow \quad x = 1,281\text{ €} \approx \mathbf{1,28\text{ €}}$

Der Preisnachlass beträgt 1,28 €.

245 geg.: p % = 148 %
GW = 250 €
ges.: PW

$\frac{PW}{p\,\%} = \frac{GW}{100\,\%}$

$\Leftrightarrow \quad \frac{x}{148\,\%} = \frac{250\text{ €}}{100\,\%} \quad |\cdot 148\,\%$

$\Leftrightarrow \quad x = \frac{250\text{ €} \cdot 148\,\%}{100\,\%}$

$\Leftrightarrow \quad x = \mathbf{370\text{ €}}$

Der Kurswert der Aktie beträgt 370 €.

246 geg.: p % = 3,5 %
GW = 184 244,75 €
ges.: PW

$\frac{PW}{p\,\%} = \frac{GW}{100\,\%}$

$\Leftrightarrow \quad \frac{x}{3,5\,\%} = \frac{184\,244,75\text{ €}}{100\,\%} \quad |\cdot 3,5\,\%$

$\Leftrightarrow \quad x = \dfrac{184\,244{,}75\ € \cdot 3{,}5\ \%}{100\ \%}$

$\Leftrightarrow \quad x = 6\,448{,}566\ldots\ € \approx$ **6 448,57 €**

Im folgenden Jahr kann das Schuhhaus 6 448,57 € für Werbung ausgeben.

247 geg.: GW = 4 h 34 min 16 s = 16 456 s
p % = 12 %
ges.: PW

NR: 4 h = 240 min
240 min + 34 min = 274 min
274 · 60 s = 16 440 s
16 440 s + 16 s = 16 456 s

$\dfrac{PW}{p\ \%} = \dfrac{GW}{100\ \%}$

$\Leftrightarrow \quad \dfrac{x}{12\ \%} = \dfrac{16\,456\ s}{100\ \%} \qquad | \cdot 12\ \%$

$\Leftrightarrow \quad x = \dfrac{16\,456\ s \cdot 12\ \%}{100\ \%}$

$\Leftrightarrow \quad x = 1\,974{,}72\ s \approx 1\,975\ s$

$1\,975\ s : 60\ \dfrac{s}{min} \approx 32{,}9\ min =$ **32 min 54 s**

1 min sind 60 s und 0,1 min sind 6 s, somit sind 0,9 min 54 s.

4 h 34 min 16 s + 32 min 54 s = 5 h 7 min 10 s
Man musste eine Zeit von 5 h 7 min 10 s fahren.

248 a) $\dfrac{x}{100\ \%} = \dfrac{150\ km}{20\ \%} \qquad | \cdot 100\ \%$

$\Leftrightarrow \quad x = \dfrac{150\ km \cdot 100\ \%}{20\ \%}$

$\Leftrightarrow \quad x =$ **750 km**

b) $\dfrac{x}{100\ \%} = \dfrac{9\ kg}{12\ \%} \qquad | \cdot 100\ \%$

$\Leftrightarrow \quad x = \dfrac{9\ kg \cdot 100\ \%}{12\ \%}$

$\Leftrightarrow \quad x =$ **75 kg**

c) $\frac{x}{100\,\%} = \frac{90\text{ m}^2}{50\,\%} \quad |\cdot 100\,\%$

$\Leftrightarrow \quad x = \frac{90\text{ m}^2 \cdot 100\,\%}{50\,\%}$

$\Leftrightarrow \quad x = \mathbf{180\text{ m}^2}$

249 geg.: PW = 747,50 €
p % = 23 %
ges.: GW

$\frac{GW}{100\,\%} = \frac{PW}{p\,\%}$

$\Leftrightarrow \quad \frac{x}{100\,\%} = \frac{747{,}50\text{ €}}{23\,\%} \quad |\cdot 100\,\%$

$\Leftrightarrow \quad x = \frac{747{,}50\text{ €} \cdot 100\,\%}{23\,\%}$

$\Leftrightarrow \quad x = \mathbf{3\,250\text{ €}}$

Das Aktienkapital betrug 3 250 €.

250 geg.: p % = 132 %
PW = 330 €
ges.: GW

$\frac{GW}{100\,\%} = \frac{PW}{p\,\%}$

$\Leftrightarrow \quad \frac{x}{100\,\%} = \frac{330\text{ €}}{132\,\%} \quad |\cdot 100\,\%$

$\Leftrightarrow \quad x = \frac{330\text{ €} \cdot 100\,\%}{132\,\%}$

$\Leftrightarrow \quad x = \mathbf{250\text{ €}}$

Der Nennwert der Aktie beträgt 250 €.

251 a) $\frac{x}{40\text{ km}} = \frac{100\,\%}{200\text{ km}} \quad |\cdot 40\text{ km}$

$\Leftrightarrow \quad x = \frac{100\,\% \cdot 40\text{ km}}{200\text{ km}}$

$\Leftrightarrow \quad x = \mathbf{20\,\%}$

b) $\frac{x}{15\text{ €}} = \frac{100\ \%}{500\text{ €}} \quad |\cdot 15\text{ €}$

$\Leftrightarrow \quad x = \frac{100\ \% \cdot 15\text{ €}}{500\text{ €}}$

$\Leftrightarrow \quad x = \mathbf{3\ \%}$

c) $\frac{x}{400\text{ mg}} = \frac{100\ \%}{1\,000\text{ mg}} \quad |\cdot 400\text{ mg}$

$\Leftrightarrow \quad x = \frac{100\ \% \cdot 400\text{ mg}}{1\,000\text{ mg}}$

$\Leftrightarrow \quad x = \mathbf{40\ \%}$

252 geg.: GW = 480 €
PW = 540 €
ges.: p %

Die nötigen Werte findest du in der Angabe.

$\frac{p\ \%}{PW} = \frac{100\ \%}{GW}$

Setze die gegebenen Werte in die Formel ein.

$\Leftrightarrow \quad \frac{x}{540\text{ €}} = \frac{100\ \%}{480\text{ €}} \quad |\cdot 540\text{ €}$

$\Leftrightarrow \quad x = \frac{100\ \% \cdot 540\text{ €}}{480\text{ €}}$

$\Leftrightarrow \quad x = 112{,}5\ \%$

$112{,}5\ \% - 100\ \% = \mathbf{12{,}5\ \%}$

Die Gehaltssteigerung beträgt 12,5 %.

Das erhöhte Gehalt beträgt 112,5 % des ursprünglichen. Um die Steigerung zu berechnen, musst du noch 100 % abziehen.

253 geg.: GW = 30 kg + 17,6 kg + 1,8 kg + 4,7 kg + 4,2 kg
GW = 58,3 kg
$PW_1 = 30$ kg $\quad PW_2 = 17{,}6$ kg
$PW_3 = 1{,}8$ kg $\quad PW_4 = 4{,}7$ kg
$PW_5 = 4{,}2$ kg
ges.: $p_1\ \%,\ p_2\ \%,\ p_3\ \%,\ p_4\ \%,\ p_5\ \%$

$\frac{p\ \%}{100\ \%} = \frac{PW}{GW} \quad |\cdot 100\ \%$

$\Leftrightarrow \quad p\ \% = \frac{PW}{GW} \cdot 100\ \%$

$$p_1\,\% = \frac{30\text{ kg}}{58{,}3\text{ kg}} \cdot 100\,\% = 51{,}45\ldots\,\% \approx \mathbf{51{,}5\,\%}$$

$$p_2\,\% = \frac{17{,}6\text{ kg}}{58{,}3\text{ kg}} \cdot 100\,\% = 30{,}18\ldots\,\% \approx \mathbf{30{,}2\,\%}$$

$$p_3\,\% = \frac{1{,}8\text{ kg}}{58{,}3\text{ kg}} \cdot 100\,\% = 3{,}08\ldots\,\% \approx \mathbf{3{,}1\,\%}$$

$$p_4\,\% = \frac{4{,}7\text{ kg}}{58{,}3\text{ kg}} \cdot 100\,\% = 8{,}06\ldots\,\% \approx \mathbf{8{,}1\,\%}$$

$$p_5\,\% = \frac{4{,}2\text{ kg}}{58{,}3\text{ kg}} \cdot 100\,\% = 7{,}20\ldots\,\% \approx \mathbf{7{,}2\,\%}$$

254 geg.: GW = 582 €
PW = 582 € – 567,45 € = 14,55 €
ges.: p %

$$\frac{p\,\%}{PW} = \frac{100\,\%}{GW}$$

$$\Leftrightarrow \quad \frac{x}{14{,}55\text{ €}} = \frac{100\,\%}{582\text{ €}} \qquad |\cdot 14{,}55\text{ €}$$

$$\Leftrightarrow \quad x = \frac{100\,\% \cdot 14{,}55\text{ €}}{582\text{ €}}$$

$$\Leftrightarrow \quad x = \mathbf{2{,}5\,\%}$$

Der Kunde hat 2,5 % Skonto abgezogen.

255 geg.: GW = 180 €
PW = 25,20 €
ges.: p %

$$\frac{p\,\%}{PW} = \frac{100\,\%}{GW}$$

$$\Leftrightarrow \quad \frac{x}{25{,}20\text{ €}} = \frac{100\,\%}{180\text{ €}} \qquad |\cdot 25{,}20\text{ €}$$

$$\Leftrightarrow \quad x = \frac{100\,\% \cdot 25{,}20\text{ €}}{180\text{ €}}$$

$$\Leftrightarrow \quad x = \mathbf{14\,\%}$$

Der Anzug wurde um 14 % billiger verkauft.

256 a) geg.: GW = 30 Mio. €
p % = 43 %
ges.: PW

$$\frac{PW}{p\,\%} = \frac{GW}{100\,\%}$$

$$\Leftrightarrow \quad \frac{x}{43\,\%} = \frac{30\,000\,000\,€}{100\,\%} \qquad |\cdot 43\,\%$$

$$\Leftrightarrow \quad x = \frac{30\,000\,000\,€ \cdot 43\,\%}{100\,\%}$$

$$\Leftrightarrow \quad x = 12\,900\,000\,€ = \mathbf{12{,}9\ Mio.\ €}$$

Für die Programmgestaltung werden 12,9 Mio. € ausgegeben.

b) geg.: PW = 930 000 €
GW = 30 Mio. €
ges.: p %

$$\frac{p\,\%}{PW} = \frac{100\,\%}{GW}$$

$$\Leftrightarrow \quad \frac{x}{930\,000\,€} = \frac{100\,\%}{30\,000\,000\,€} \qquad |\cdot 930\,000\,€$$

$$\Leftrightarrow \quad x = \frac{100\,\% \cdot 930\,000\,€}{30\,000\,000\,€}$$

$$\Leftrightarrow \quad x = \mathbf{3{,}1\,\%}$$

Die Werbeausgaben belaufen sich auf 3,1 %.

257 a) geg.: Transporter: GW = 3 000 €
Pkw: 1 650 €
Verkaufspreis für Transporter: 3 360 €
→ Gewinn: PW = 3 360 € – 3 000 € = 360 €
ges.: p %

$$\frac{p\,\%}{PW} = \frac{100\,\%}{GW}$$

$$\Leftrightarrow \quad \frac{x}{360\,€} = \frac{100\,\%}{3\,000\,€} \qquad |\cdot 360\,€$$

$$\Leftrightarrow \quad x = \frac{100\,\% \cdot 360\,€}{3\,000\,€}$$

$$\Leftrightarrow \quad x = \mathbf{12\,\%}$$

Der Gewinn belief sich auf 12 % vom Einkaufspreis.

b) geg.: Selbstkostenpreis = Einkaufspreis + Unkosten
GW = 1 650 € + 397,62 € = 2 047,62 €
p % = 10 %

ges.: PW

$$\frac{PW}{p\,\%} = \frac{GW}{100\,\%}$$

$$\Leftrightarrow \quad \frac{x}{10\,\%} = \frac{2\,047{,}62\,€}{100\,\%} \qquad |\cdot 10\,\%$$

$$\Leftrightarrow \quad x = \frac{2\,047{,}62\,€ \cdot 10\,\%}{100\,\%}$$

$$\Leftrightarrow \quad x = 204{,}762\,€ \approx \mathbf{204{,}76\,€}$$

Berechnung des Verkaufspreises:
2 047,62 € + 204,76 € = **2 252,38 €**

Der Händler konnte den Pkw für 2 252,38 € verkaufen.

c) geg.: Gesamtgewinn = 360 € + 204,76 € = 564,76 € = PW
Selbstkostenpreis = 3 000 € + 2 047,62 € = 5 047,62 € = GW

ges.: p %

$$\frac{p\,\%}{PW} = \frac{100\,\%}{GW}$$

$$\Leftrightarrow \quad \frac{x}{564{,}76\,€} = \frac{100\,\%}{5\,047{,}42\,€} \qquad |\cdot 564{,}76\,€$$

$$\Leftrightarrow \quad x = \frac{100\,\% \cdot 564{,}76\,€}{5\,047{,}42\,€}$$

$$\Leftrightarrow \quad x = 11{,}189\ldots\,\% \approx \mathbf{11{,}19\,\%}$$

Der Händler erzielte einen Gesamtgewinn von 564,76 €, das sind 11,19 % vom Selbstkostenpreis.